Lebensräume und ihre Bewohner

Arbeitsheft

Herausgegeben von:
Monika Böger

Bearbeitet von:
Annegret Dorn
Marlies Jentsch
Dr. Harald Kähler
Dr. Eckhard Philipp
Eckhard Pohl

Unter Mitwirkung der Verlagsredaktion

Illustrationen:
Brigitte Karnath-Eidner
Liselotte Lüddecke
Karin Mall
Susanne Thater

ISBN 3-507-**76833**-X

Druck A 5 4 3 2 1 / Jahr 2005 2004 2003 2002 2001

Alle Drucke der Serie A sind im Unterricht parallel verwendbar, da bis auf die Behebung von Druckfehlern unverändert. Die letzte Zahl bezeichnet das Jahr dieses Druckes.

RECYCLING
Gedruckt auf umweltfreundlichem Recycling-Papier (100 % Altpapieranteile)

Satz: O&S Satz GmbH, Hildesheim
Druck und Verarbeitung: Oeding Druck GmbH, Braunschweig

Inhaltsverzeichnis

Hinweis: Einige Seiten in diesem Band sind nicht bedruckt. Es handelt sich um Rückseiten von Ausschneide-Material.

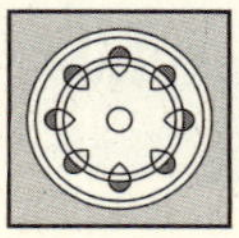

Bau und Leistungen der Pflanzen

Wald

See

Hecke und Wiese

Inhaltsverzeichnis

Meer

Stadt

4	**Wege des Wassers in einer Pflanze**

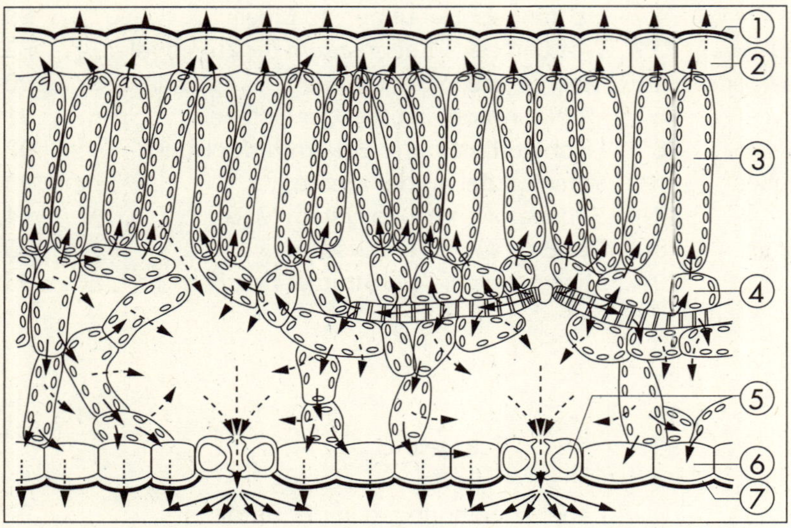

A

① ____________________

② ____________________

③ ____________________

④ ____________________

⑤ ____________________

⑥ ____________________

⑦ ____________________

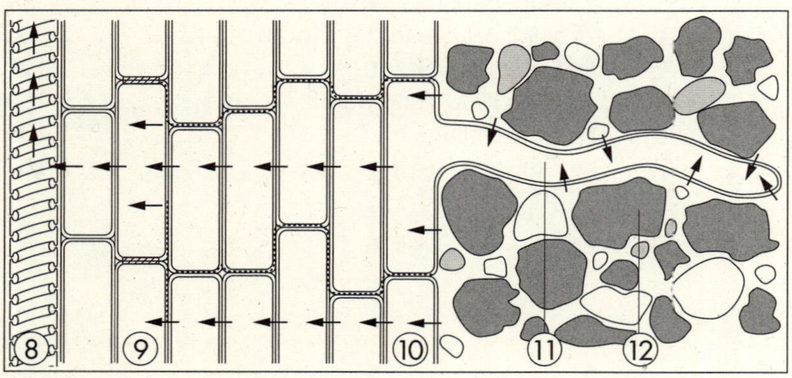

B

⑧ ____________________

⑨ ____________________

____

⑩ ____________________

⑪ ____________________

⑫ ____________________

1. Welche Teile einer Pflanze sind in den Abbildungen A und B dargestellt?

____

2. Ordne den Ziffern die entsprechenden Fachbegriffe zu.

3. Was ist durch die Pfeile in den beiden Abbildungen A und B dargestellt?

4. Beschreibe die in den beiden Abbildungen A und B dargestellten Vorgänge stichwortartig.

5. Welche Teile einer Pflanze müssten zusätzlich gezeichnet werden, um zwischen den beiden Abbildungen A und B eine Verbindung herzustellen?

____

____

____

Querschnitte durch eine Pflanze

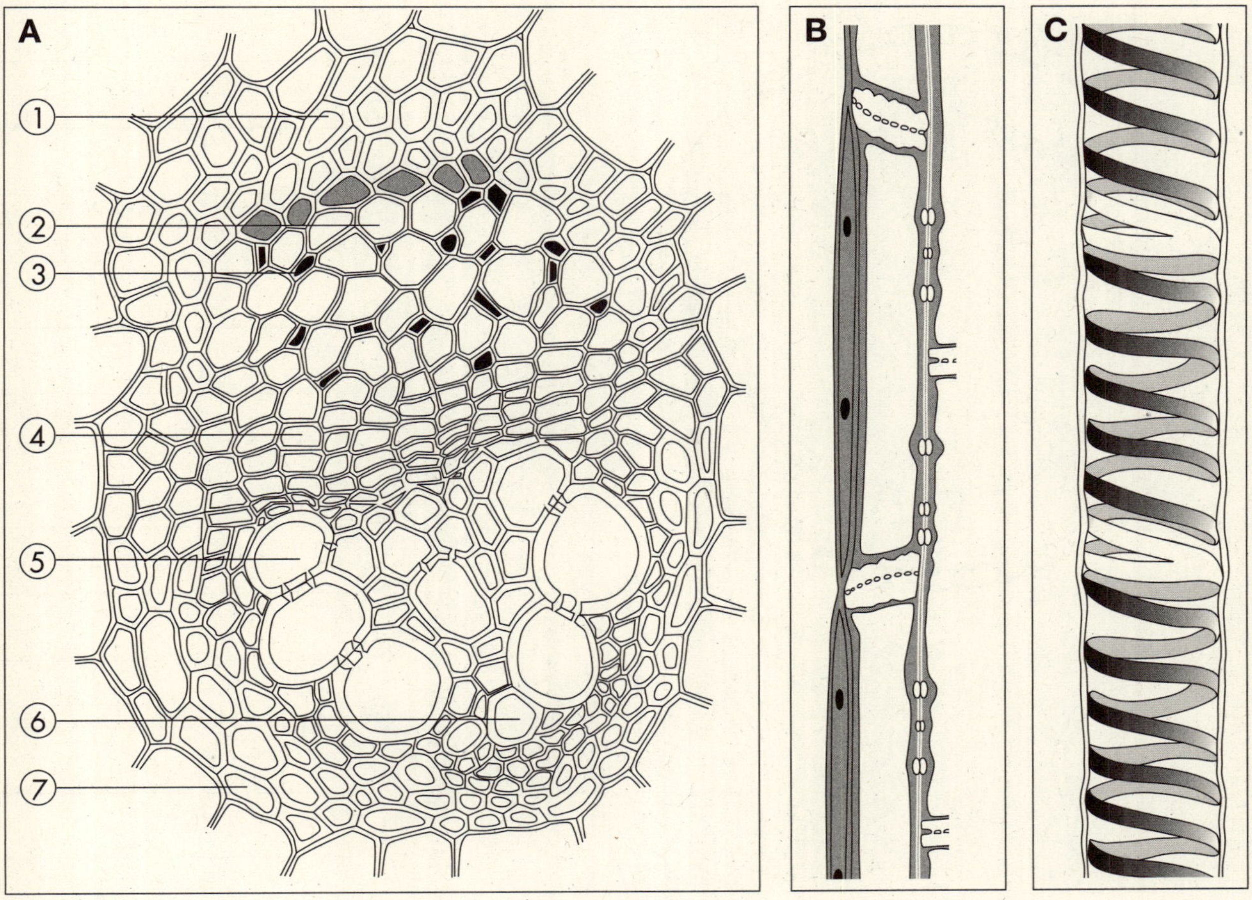

1. A stellt einen Querschnitt durch ein ____________ dar, B den Längsschnitt durch eine ____________ und durch eine ____________, bei C geht es um den Ausschnitt einer ____________, die von der Seite betrachtet wird.

2. Ordne den Zahlen in Abbildung A die entsprechenden Fachbegriffe zu. Welcher Teil der Abbildung weist in Richtung Rinde?

① ______________________________ ④ ______________________________

② ______________________________ ⑤ ______________________________

③ ______________________________ ⑥ ______________________________

⑦ ____________________ Der ____________________________ weist in Richtung Rinde.

3. Vergleiche die Strukturen B und C hinsichtlich Bau und Funktion.

____

____

____

6 Stängel und Wurzel im Vergleich

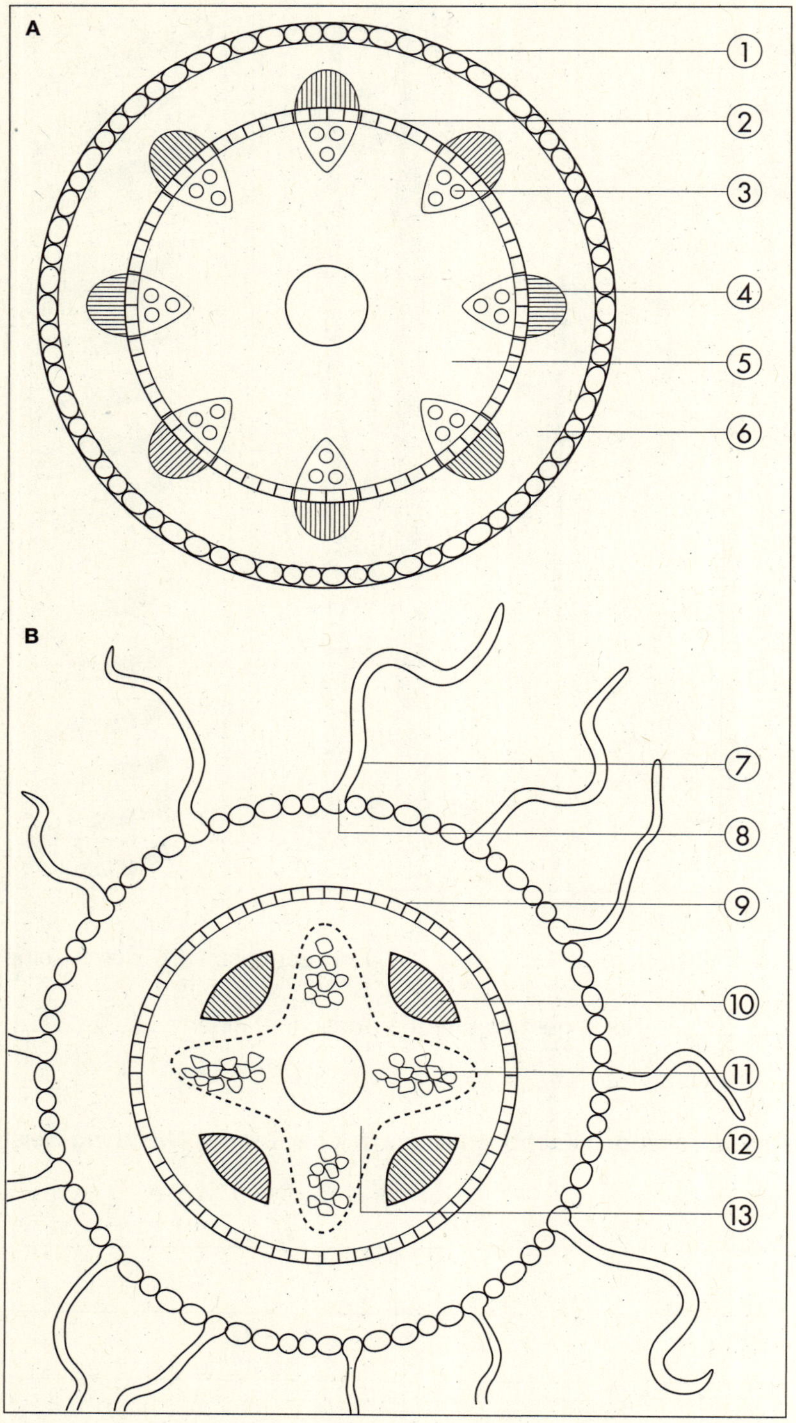

① ______________________

② ______________________

③ ______________________

④ ______________________

⑤ ______________________

⑥ ______________________

⑦ ______________________

⑧ ______________________

⑨ ______________________

⑩ ______________________

⑪ ______________________

⑫ ______________________

⑬ ______________________

1. Bei welcher Abbildung geht es um einen Stängelquerschnitt, bei welcher um einen der Wurzel?

____

2. Ordne den Zahlen die entsprechenden Begriffe zu.

3. Nenne Unterschiede zwischen den beiden Querschnitten.

Verschiedene Blätter am selben Baum

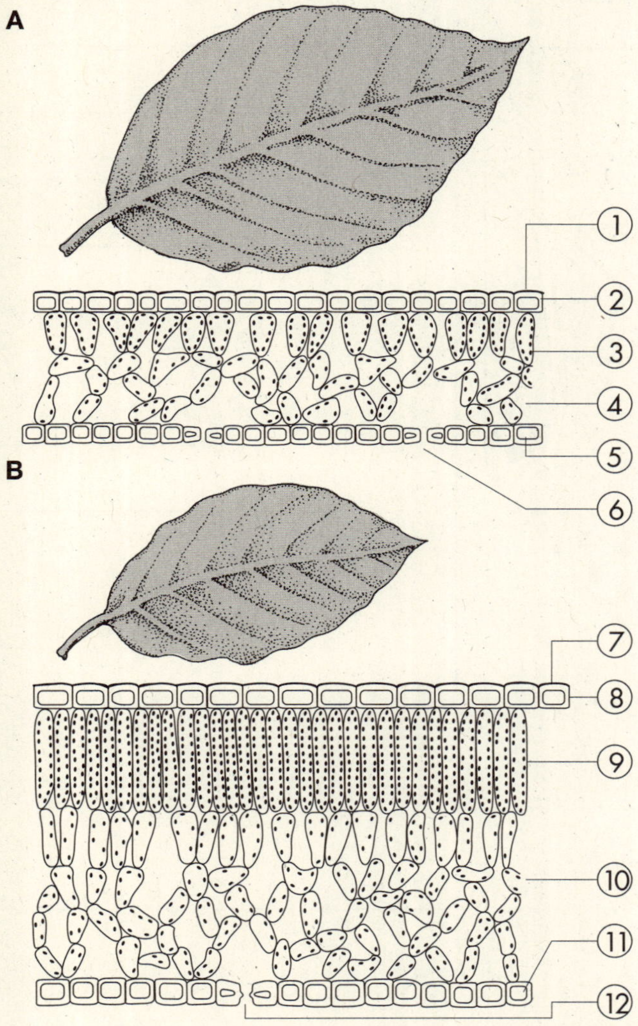

1. Bei A handelt es sich um ein ____________-Blatt, bei B um ein ____________-Blatt der __________ (Name des Baumes).

2. Ordne den Ziffern die entsprechenden Fachbegriffe zu.

3. Erfasse die Unterschiede der beiden Blattformen in folgender Tabelle:

	Blatt A	Blatt B
Palisadengewebe		
Schwammgewebe		
Blattgröße		

8 Wasserdampfabgabe

A Ausschnitt aus der Blattoberseite eines Blattes

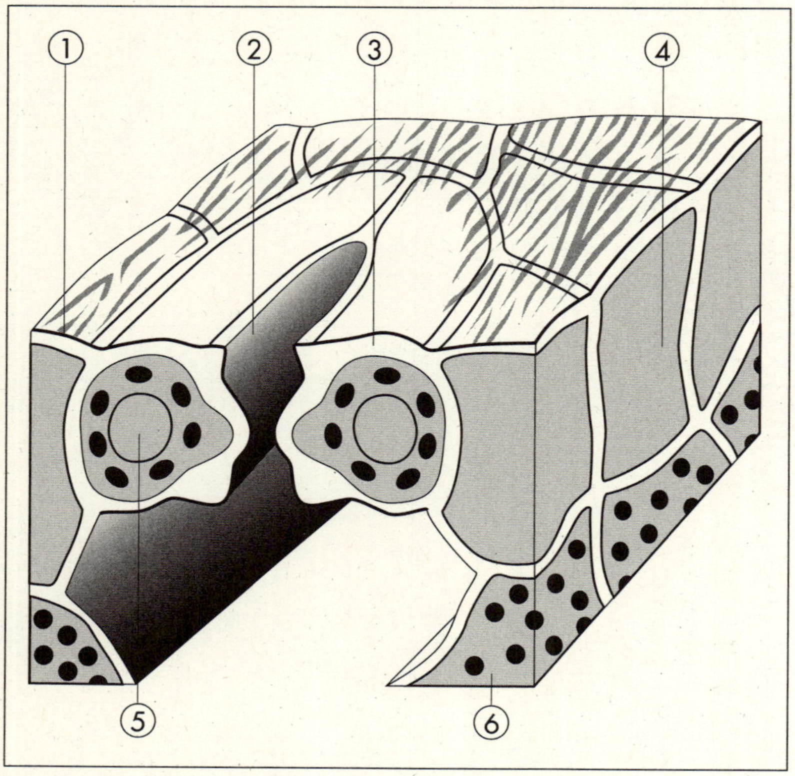

① ______________________

② ______________________

③ ______________________

④ ______________________

⑤ ______________________

____

⑥ ______________________

____

B Tagesgang der Wasserdampfabgabe einer Pflanze

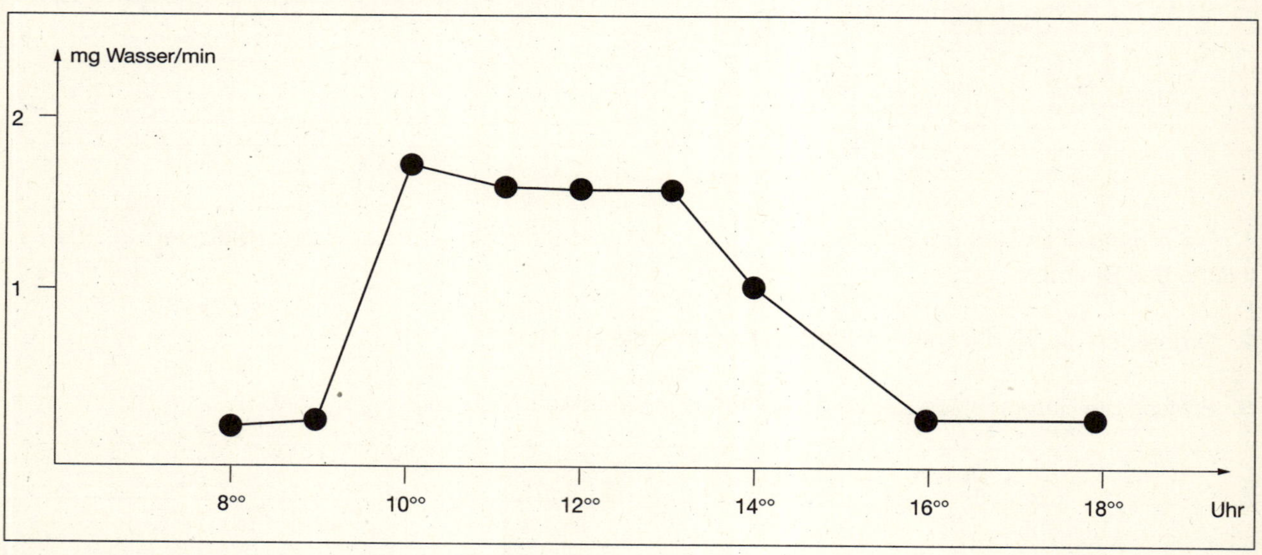

1. Um welchen „Apparat“ geht es in Abbildung A? ______________________

2. Wo findet man diesen „Apparat“ üblicherweise? ______________________

3. Ordne den Zahlen die entsprechenden Fachbegriffe zu.

4. Beschreibe die Befunde in Abbildung B. Erkläre.

In einem Aquarium werden u. a. Wasserpflanzen wie die Wasserpest und Tiere wie z. B. Stichlinge gehalten. Von oben strahlt Licht aus einer Lampe auf die Wasseroberfläche:

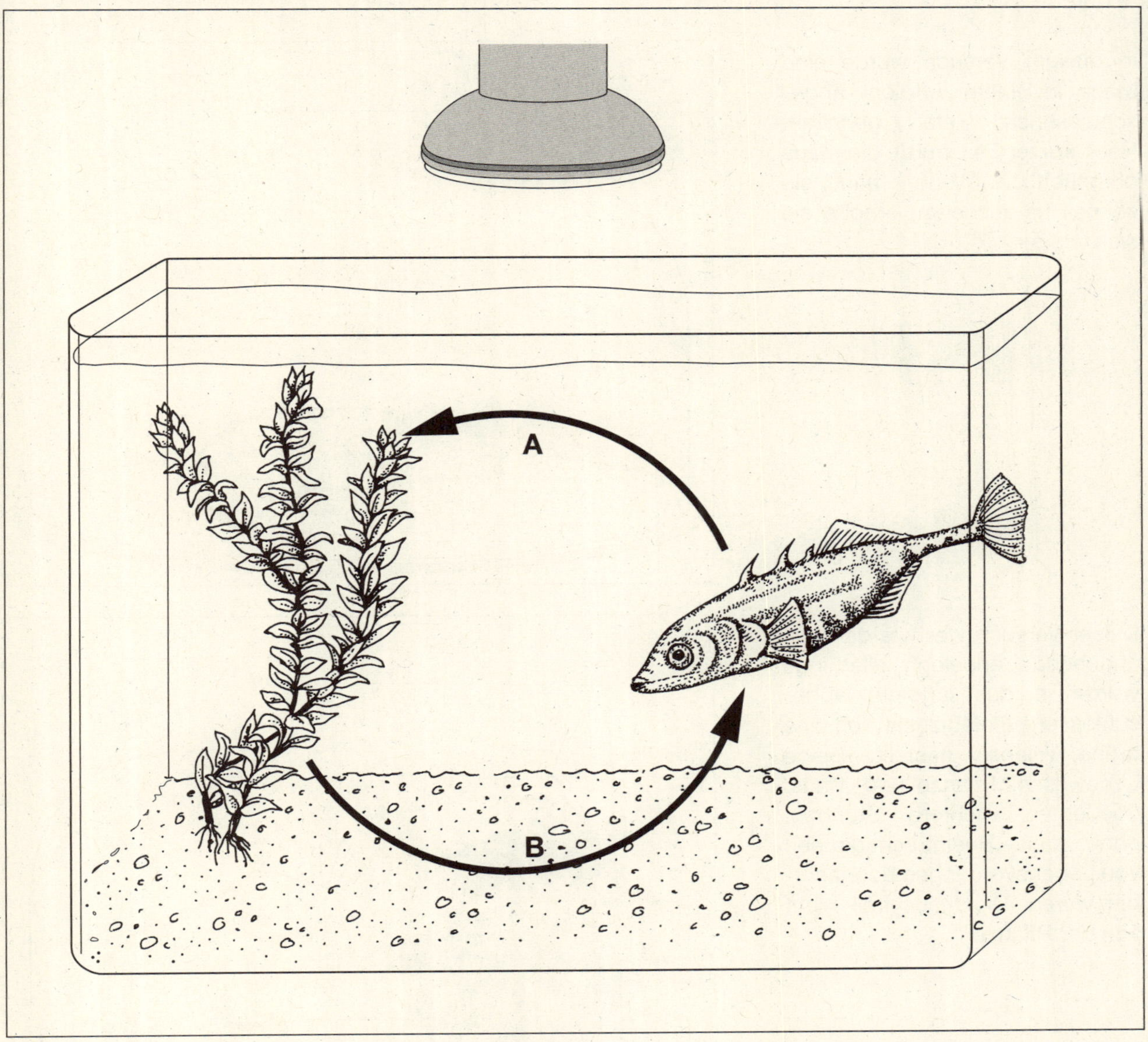

1. Der Pfeil A ist folgendermaßen zu lesen: „Der Stichling atmet ein Gas aus, das die Wasserpest benötigt", der Pfeil B dagegen liest sich wie folgt: „Die Wasserpest gibt ein Gas ab, das der Stichling benötigt."

Bei A handelt es sich um das Gas ______________________________,

bei B handelt es sich um das Gas ______________________________.

2. Ergänze die Wortgleichung für den Vorgang, der bei dem Tier zur Freisetzung eines Gases führt:

______________________________ + Traubenzucker → Wasser + ______________________________

3. Ergänze die Wortgleichung für den Vorgang, der bei der Pflanze zur Freisetzung eines Gases führt:

______________________________ + Wasser → Traubenzucker + ______________________________

PRIESTLEYs Experimente

Im Jahr 1771 untersuchte der englische Naturforscher J. PRIESTLEY die Wirkung so genannter „verdorbener" Luft in abgeschlossenen Gefäßen auf Pflanzen und Tiere. Er führte dazu u. a. folgende Experimente durch:

In diesem Versuch wurde eine Maus in einem luftdicht abgeschlossenen Gefäß gehalten. Nach kurzer Zeit wurde die Maus ohnmächtig. Wenn man sie schnell herausnahm, erholte sie sich wieder.

Dieser Versuch war wie der vorangehende angelegt, allerdings wurde in das luftdicht abgeschlossene Gefäß zusätzlich eine grüne Pflanze gestellt. Beide Lebewesen, Pflanze und Maus, überlebten mehrere Stunden, ohne dass Beeinträchtigungen von Lebensvorgängen beobachtbar waren. Die Maus fraß nicht von der Pflanze.

1. Erkläre die beiden Versuche A und B im Zusammenhang.

2. Kennzeichne das, was PRIESTLEY unter „verbrauchter" Luft verstand.

3. Wie würde es einer grünen Pflanze in einem luftdicht abgeschlossenen Gefäß ergehen? Erkläre deine Erwartung.

Fotosynthese und Lichtintensität

Die nachfolgenden Untersuchungen A–E wurden mit Sprossen der Wasserpest durchgeführt.

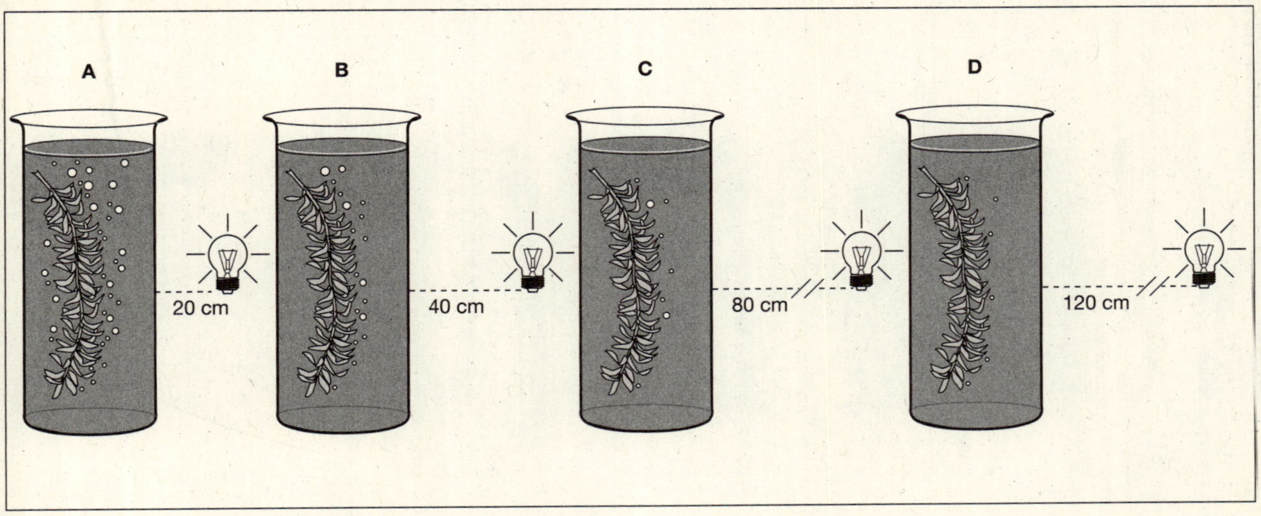

1. Beschreibe die Beobachtungen in den Untersuchungen A–D.

2. Leite aus den Beobachtungen in den Untersuchungen A–D eine allgemeine Aussage ab.

3. Zeige, dass z. B. Gärtner, Blumenfreunde oder Hobbygärtner diese allgemeine Aussage berücksichtigen, wenn sie Gewächshäuser bauen oder Blumen einen Platz geben.

12 Was passiert bei der Keimung?

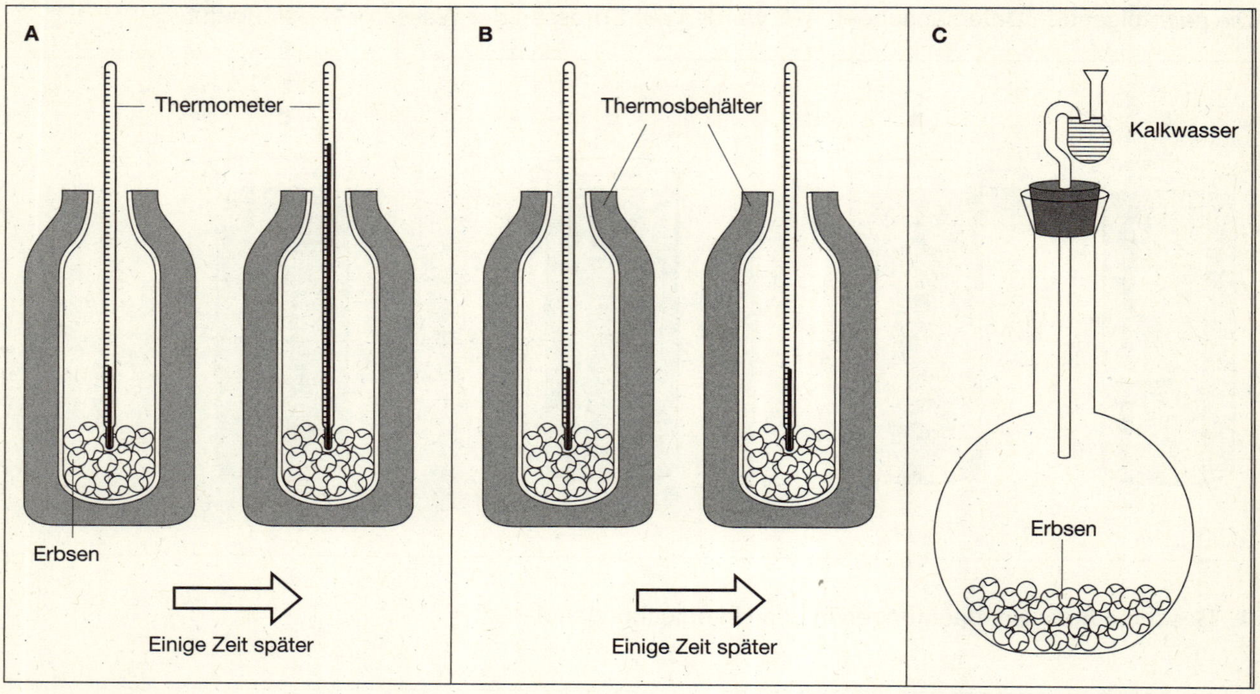

1. In welchem der beiden Versuche A oder B werden keimende, in welchem abgestorbene Erbsen verwendet? Begründe deine Entscheidung.

2. Wie würde ein in C skizziertes Experiment mit abgestorbenen, wie mit keimenden Erbsen ausgehen? In dem aufgesetzten Gärröhrchen befindet sich eine Kalkwasser-Lösung ($Ca(OH)_2$-Lösung). Erläutere deine Voraussage.

Pflanzen brauchen mehr als Licht

Zwei gleich große Maispflänzchen werden zur gleichen Zeit, bei gleicher Temperatur und unter gleichen Lichtverhältnissen und bei gleich guter Belüftung ihrer Wurzeln unterschiedlich behandelt. *Pflanze A* taucht mit ihren Wurzeln in reines Wasser, *Pflanze B* dagegen in eine Nährsalzlösung, die viele für Pflanzen wichtige Salze enthält. Nach mehreren Tagen werden die beiden Pflanzen verglichen:

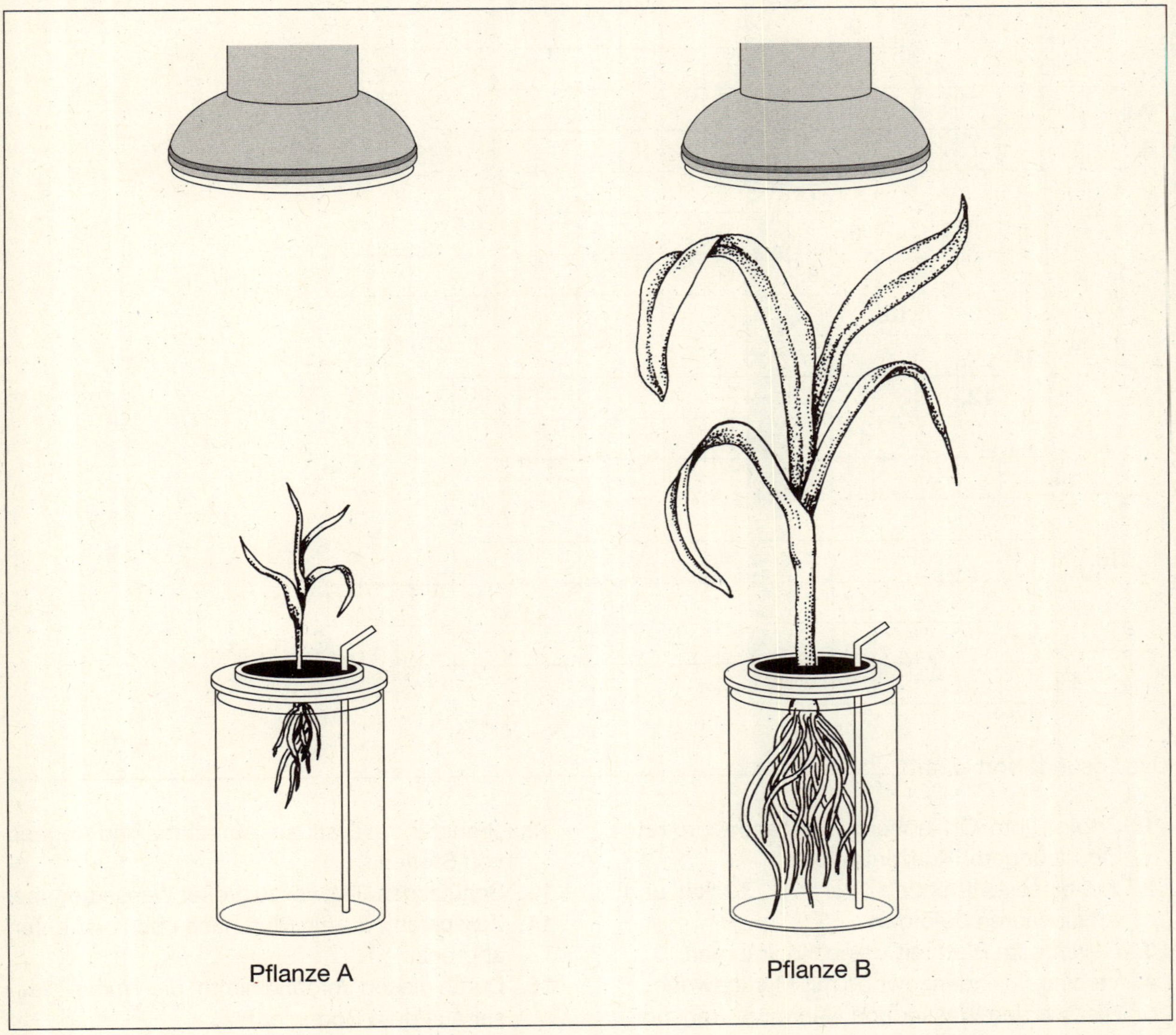

1. Vergleiche das Wachstum beider Pflanzen.

____

2. Was benötigen Pflanzen also zum Gedeihen neben Wasser, Kohlenstoffdioxid und Licht?

____

3. Wie ist zu erklären, dass die Pflanze A zumindest zu einem kleinen Pflänzchen herangewachsen ist?

____

____

14 Pflanzen – ein Rätsel?

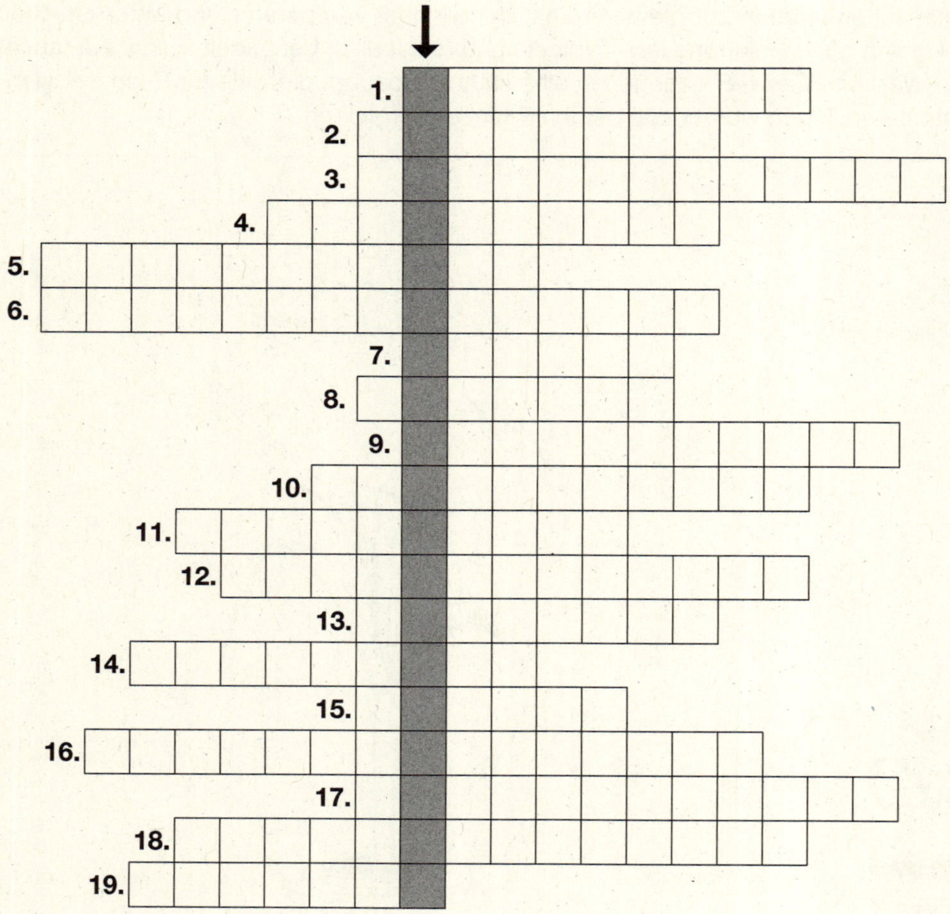

Das Lösungswort lautet: ______________________________

1. Erfolgt vom Ort höherer Konzentration zum Ort niedrigerer Konzentration.

2. Teil eines Leitbündels, der z. B. Zucker und Aminosäuren befördert.

3. Gewebe im Blatt mit vielen Hohlräumen.

4. Verbindet Rindengewebe mit Markgewebe.

5. Hier werden Wasser und Nährsalze transportiert.

6. Gewebe im Blatt, mit besonders vielen Chloroplasten.

7. Aus diesem Stoff besteht der größte Teil einer lebenden Plfanze.

8. Trennt Sieb- und Gefäßteil.

9. Dieser Stoff macht alle Pflanzen grün.

10. Davon gibt es so viele, wie ein Baum alt ist.

11. Diese nimmt eine Pflanze mithilfe ihrer Wurzeln auf.

12. „Fenster" im Blatt, zur Aufnahme und Abgabe von Stoffen.

13. Schützt das Blatt vor zu großer Wasserabgabe.

14. Zellschicht, die ein Blatt nach oben und unten abgrenzt.

15. Durch diesen Vorgang nimmt die Wurzel Wasser aus dem Boden auf.

16. Wird von der Wurzelrinde umschlossen.

17. Ein Vorgang, von dem alles Leben auf der Erde abhängig ist.

18. Dieses Gewebe besteht aus teilungsfähigen Zellen.

19. Dieser Stoff wird bevorzugt von Pflanzen gespeichert.

Finde das Lösungswort (graue Buchstabenreihe unter dem Pfeil).

Beachte: Umlaute werden durch *ae, oe* oder *ue umschrieben,* ß durch *ss.*

Wald ist nicht gleich Wald

In den beiden Abbildungen sind zwei unterschiedliche Waldtypen dargestellt.

A

B

1. Bezeichne die beiden vom Menschen geschaffenen und bewirtschafteten Waldtypen.

In **A** ist ein ______________________ und in **B** ein reiner ______________________

______________ dargestellt.

2. Fasse in einer Tabelle Vor- und Nachteile der beiden Waldtypen zusammen.

Der Wald verändert sich mit der Zeit

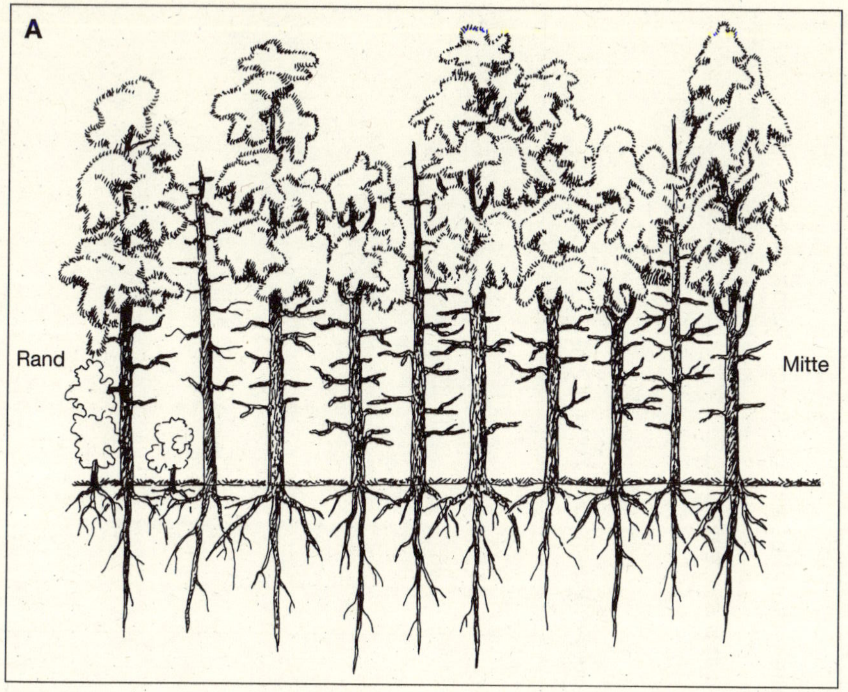

Profil eines jungen Kiefernwaldes

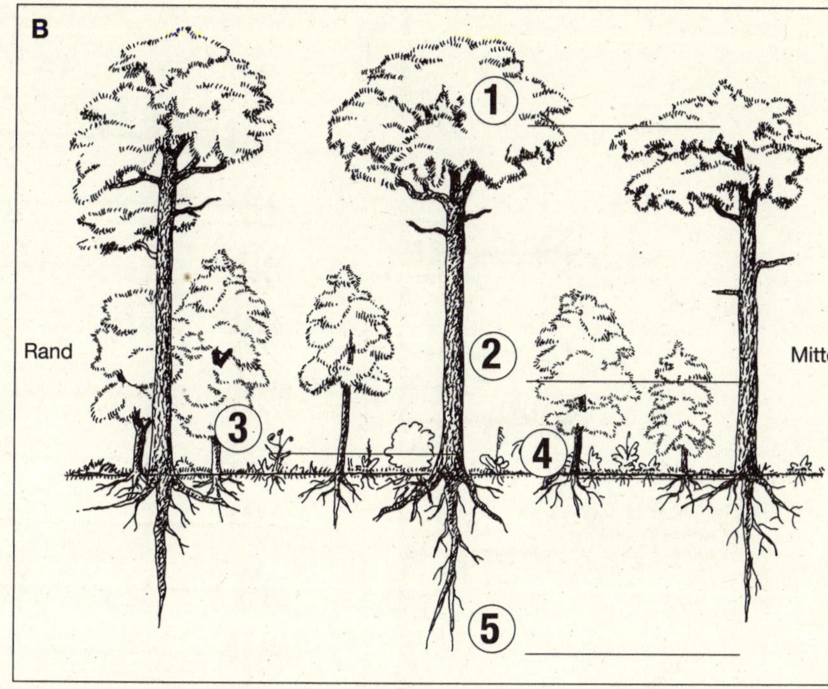

Profil eines älteren Kiefernwaldes

	Rand	Mitte
Anzahl der Kiefern auf 100 m²	150	135
Anzahl der Arten auf 100 m²	5	1

Kieferndichte und Artenvielfalt; junger Kiefernwald

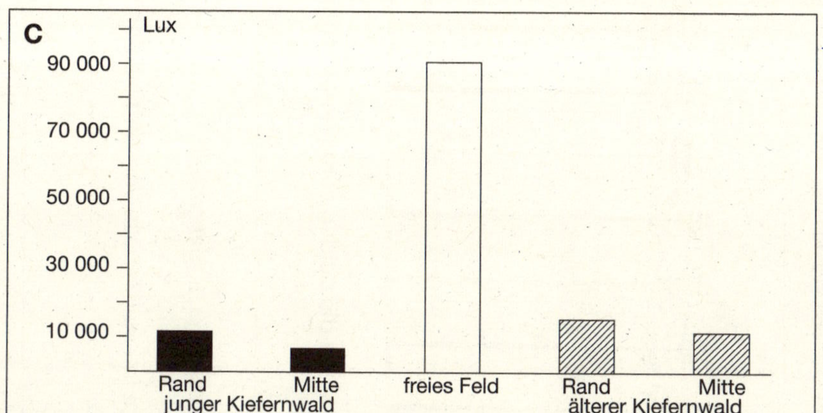

Beleuchtungsstärken in 1,5 m Höhe

	Rand	Mitte
Anzahl der Kiefern auf 100 m²	39	20
Anzahl der Arten auf 100 m²	12	9

Kieferndichte und Artenvielfalt; älterer Kiefernwald

Vergleiche mithilfe der Abb. A–C die Veränderungen von einem jungen zu einem älteren Kiefernwald. Benenne auch den Stockwerksaufbau (B).

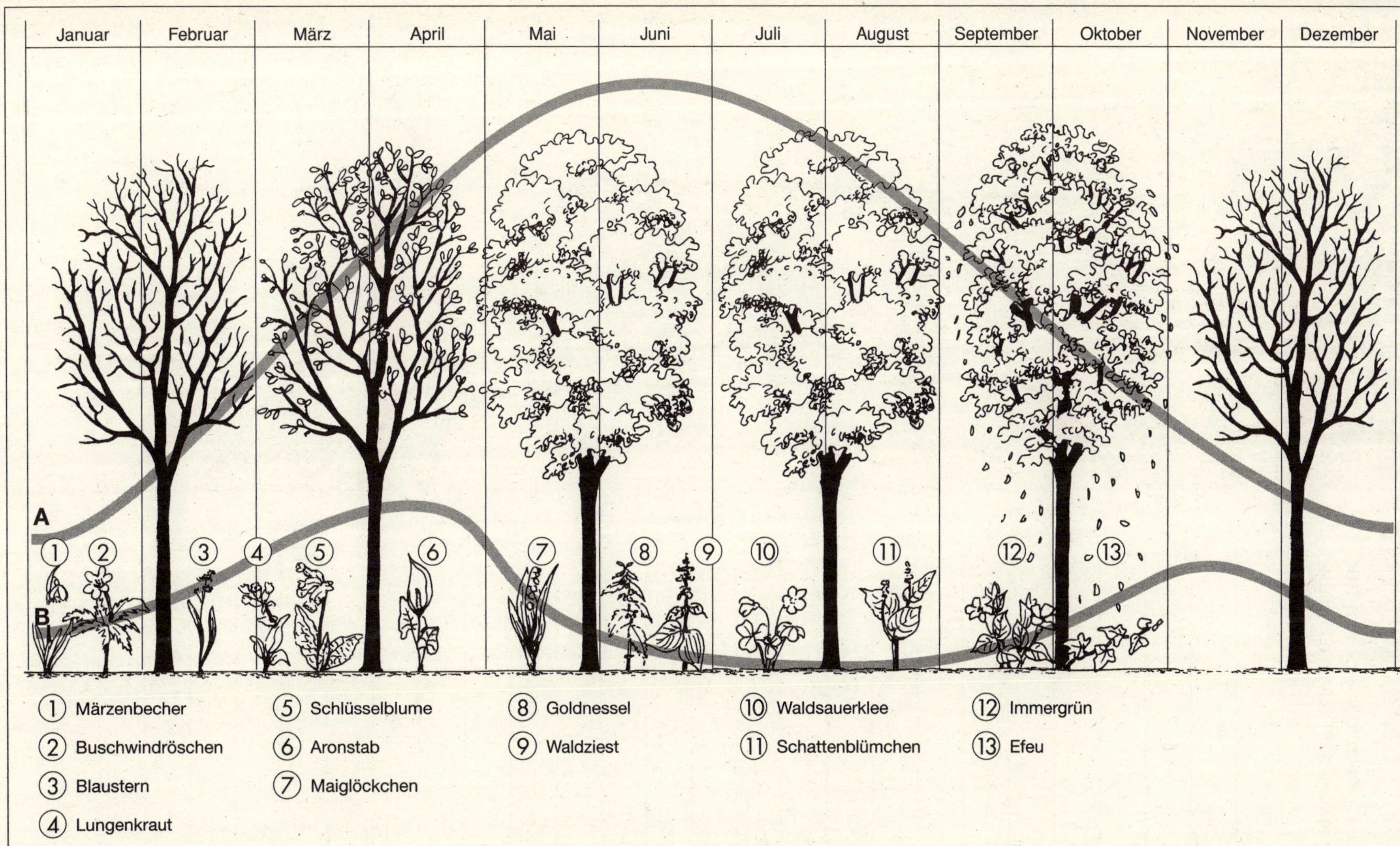

A: Lichtintensität im Laufe eines Jahres im Bereich der Baumkronen eines Buchenwaldes
B: Lichtintensität im Laufe eines Jahres am Boden eines Buchenwaldes

1. Erläutere den Verlauf der Kurven.

2. Beschreibe die Auswirkungen des wechselnden Lichteinfalls in der Krautschicht des Buchenwaldes.

18 Aufbau eines Waldbaumes (Eiche)

1. Beschrifte die Pfeile in der Abbildung.

2. Erläutere unter Berücksichtigung der im Bast und Splintholz eingezeichneten Pfeile die Funktion der einzelnen Teile.

① Blätter: ______________________________

② Borke: ______________________________

③ Bast: ______________________________

④ Kambium: ______________________________

⑤ Splintholz: ______________________________

⑥ Kernholz: ______________________________

⑦ Wurzel: ______________________________

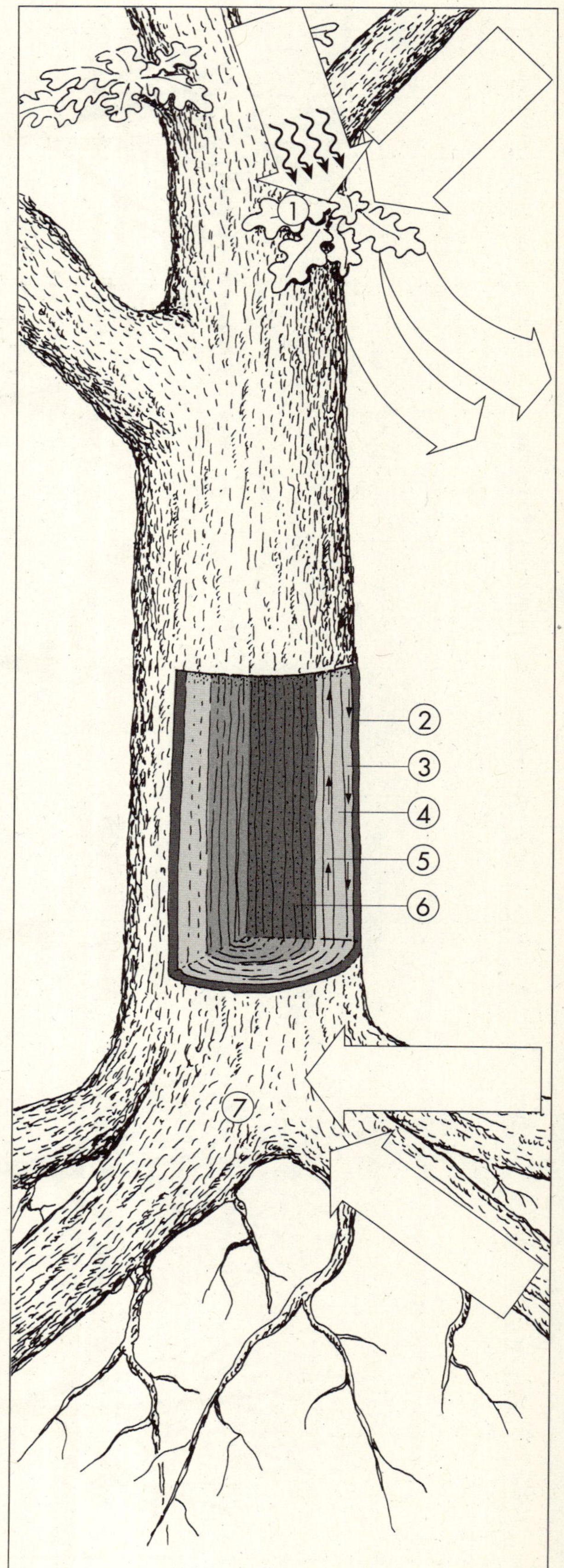

Jahresringe: Ein Baum wächst

Versuch
Materialien:
Lineal, Sandpapier, Baumscheibe

Durchführung:
Schleife mithilfe von Sandpapier einen Sektor einer Baumscheibe eines gefällten Baumes oder eines Baumstubbens soweit glatt, dass du die Jahresringe gut erkennen kannst. Zeichne anschließend mit dem Lineal eine Radiuslinie ein. Jetzt misst du von innen nach außen mit dem Lineal jeweils die Entfernung zwischen zwei Jahresringen. Jeder Wert wird protokolliert.

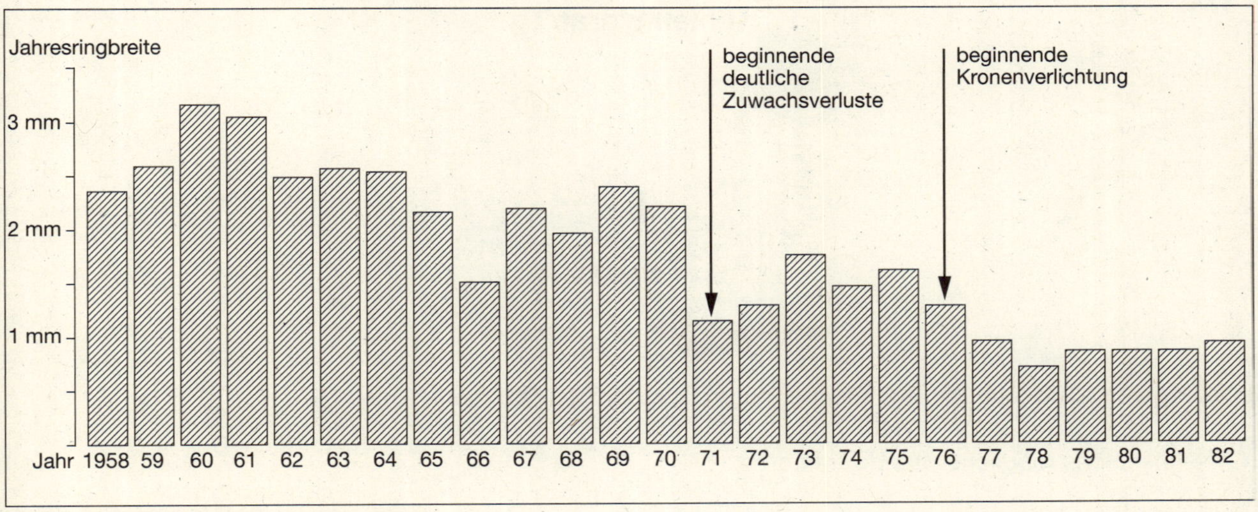

Jahresringbreiten bei einer Tanne

1. Stelle deine Werte nach obigem Schema grafisch dar.

2. Erkläre die Entstehung der Jahresringe.

____

____

____

____

3. Erläutere den Verlauf der Jahresringbreiten – entweder bei dem von dir vermessenen Baum oder anhand der Abbildung.

____

____

____

____

____

20 Was leistet eine Buche?

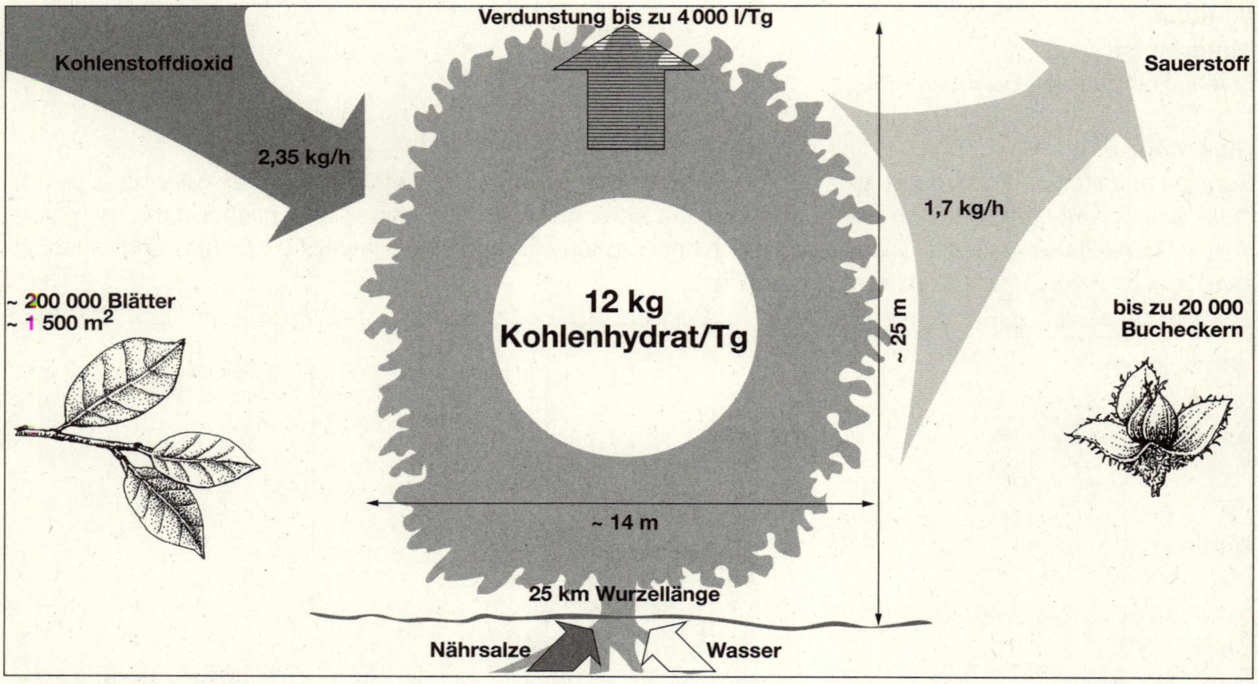

Leistung einer 100-jährigen Buche unter guten Standortbedingungen

1. Nenne sechs mögliche Standortfaktoren.

1.	2.
3.	4.
5.	6.

2. Erläutere den Zusammenhang zwischen Wasser- bzw. Kohlenstoffdioxidaufnahme und Sauerstoffabgabe bzw. Kohlenhydratproduktion.

3. Welche Leistungen der Buche verändern sich in der Nacht?

Bäume werden vermessen

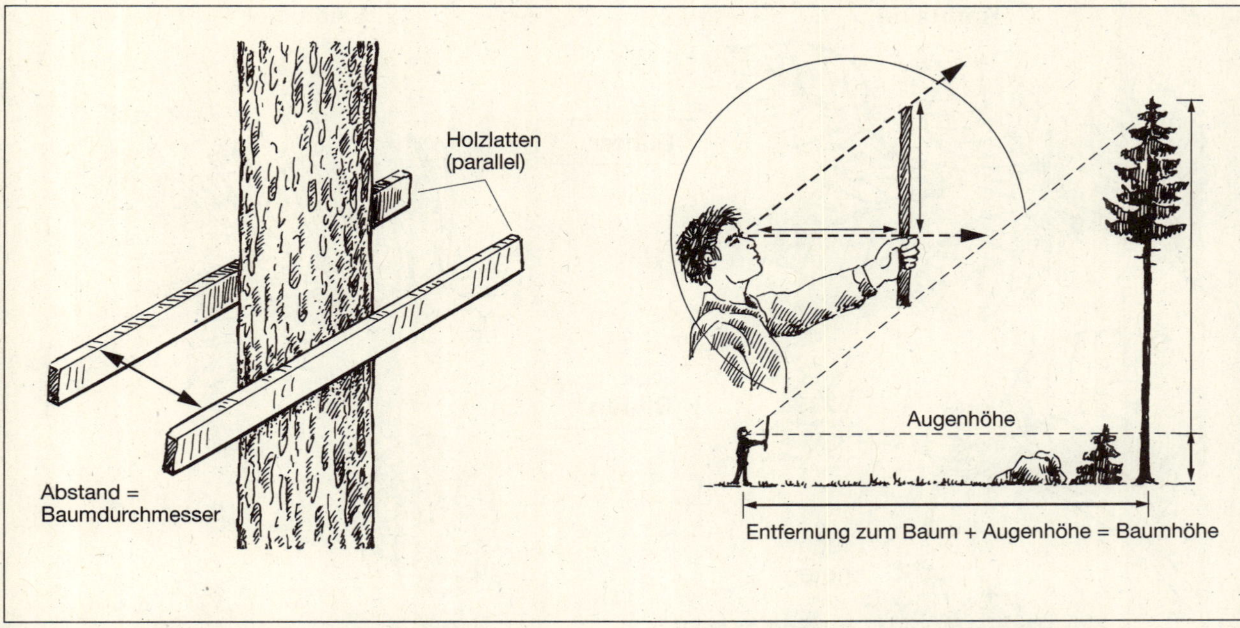

A Bestimmung des Baumdurchmessers

B Bestimmung der Baumhöhe

Material:
Bandmaß, Holzlatten (ca. 1 m), Sandpapier, Stock (ca. 90 cm)

Durchführung:

1. Bestimmung des Baumdurchmessers
Erste Methode: Man bestimmt mit dem Bandmaß in 1,3 m Höhe den Umfang des Baumes in Zentimetern. Teilt man diesen Wert durch 3,14, so erhält man den Durchmesser des Baumes in Zentimetern.
Zweite Methode:
Man schließt, wie in der Abb. A angegeben, mit zwei Holzlatten den Baumstamm in 1,3 m Höhe ein. Der Abstand der parallel gehaltenen Latten ergibt dann den Baumdurchmesser.

2. Bestimmung des Baumalters
An einem gefällten Baum oder an einem frischem Baumstubben, wird ein Sektor soweit mit Sandpapier glatt geschliffen, dass man die Jahresringe auszählen kann. Die Anzahl der Ringe entspricht dem Alter des Baumes.

3. Bestimmung der Baumhöhe
Halte den Stock so (Abb. B), dass die Stockhöhe bei herausgestrecktem Arm dem Abstand von Stock zu Auge entspricht. Anschließend fixierst du über das Stockende die Baumspitze des Baumes an, dessen Höhe du bestimmen willst. Entferne dich soweit von dem Baum, bis dies eine Linie ergibt. Dein Abstand vom Baum und der Abstand vom Boden bis zur Augenhöhe ergeben dann die Baumhöhe.

4. Bestimmung des Holzvolumens eines Baumes
Eine vereinfachte Holzvolumenbestimmung lässt sich nach folgender Formel durchführen:

$$V \text{ (in } m^3) = \frac{d^2 \times L \times 0{,}8}{2} \qquad d = \text{Baumdurchmesser in m}, \; L = \text{Baumlänge in m}$$

Aufgabe: Bestimme Durchmesser, Höhe, Alter und Volumen eines von dir ausgewählten Baumes.

22 Nadelbaum und Laubbaum

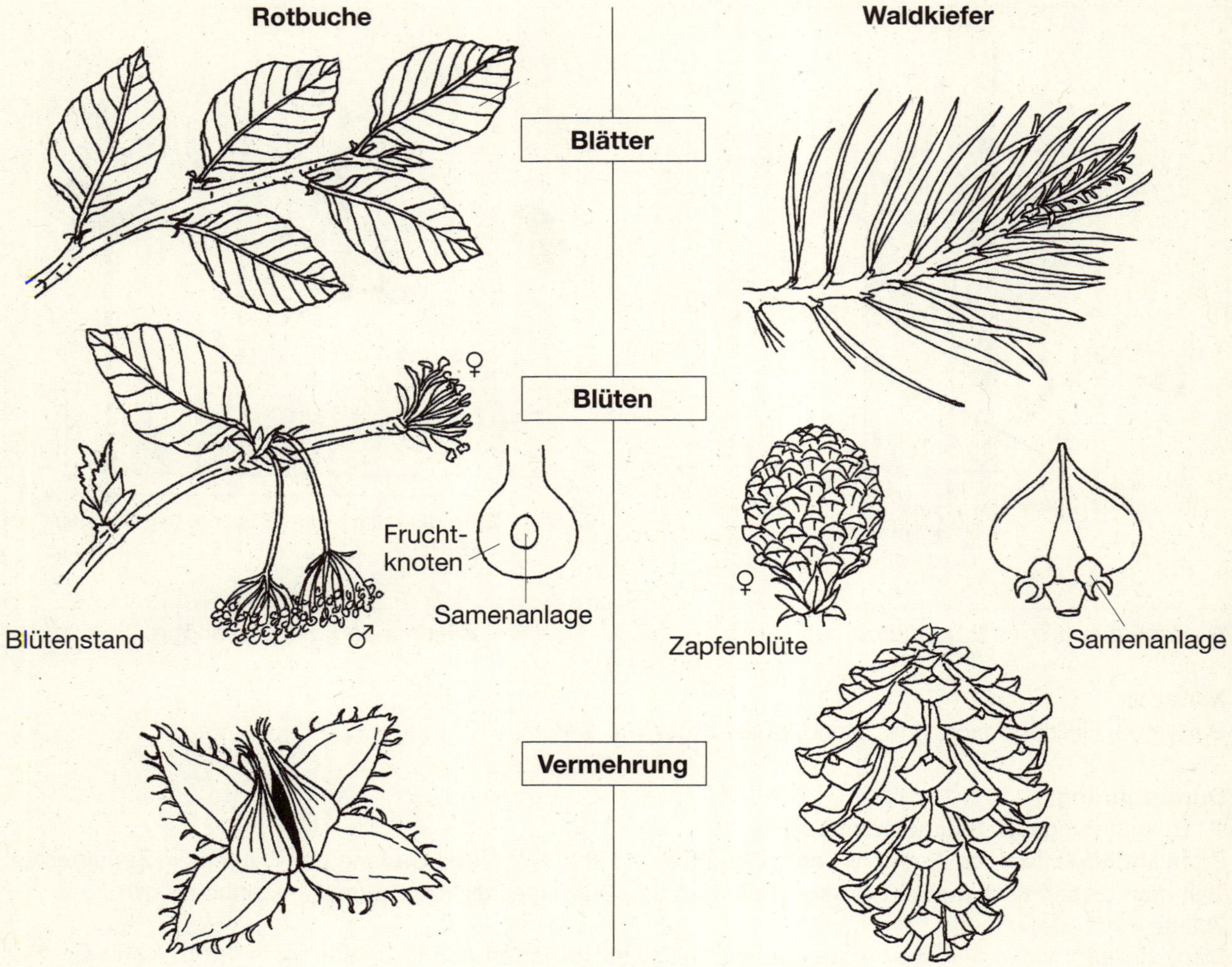

1. Erläutere die Kennzeichen von Laub- und Nadelbäumen. Vergleiche dazu mithilfe der Abbildung Rotbuche und Waldkiefer.

2. Warum können Waldkiefern auf sehr trockenen Standorten gedeihen?

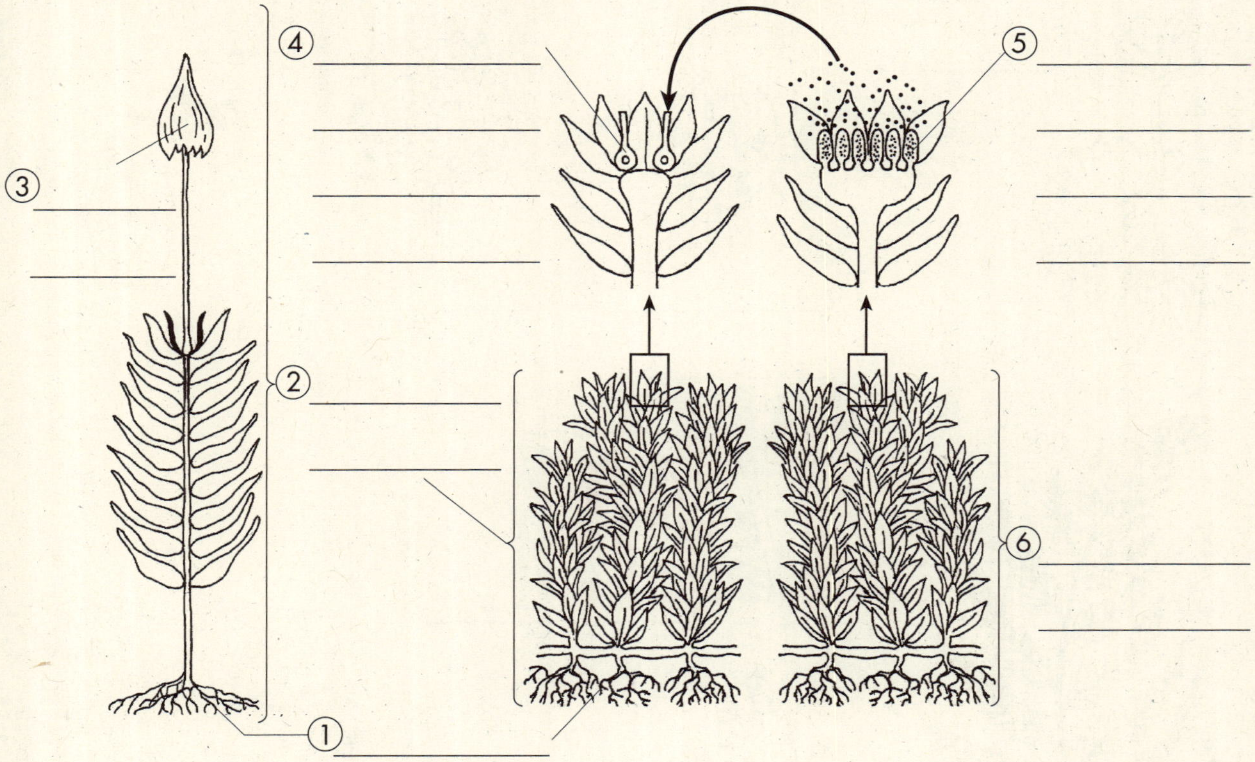

1. Beschrifte die Abbildungen.

2. Welche der abgebildeten Stadien gehören zur geschlechtlichen und welche zur ungeschlechtlichen Generation? Begründe deine Entscheidung.

3. Was bildet sich aus den Sporen der Moose?

4. Nenne die Bedeutung der Moose für den Wald.

24 Farne machen einen Generationswechsel durch

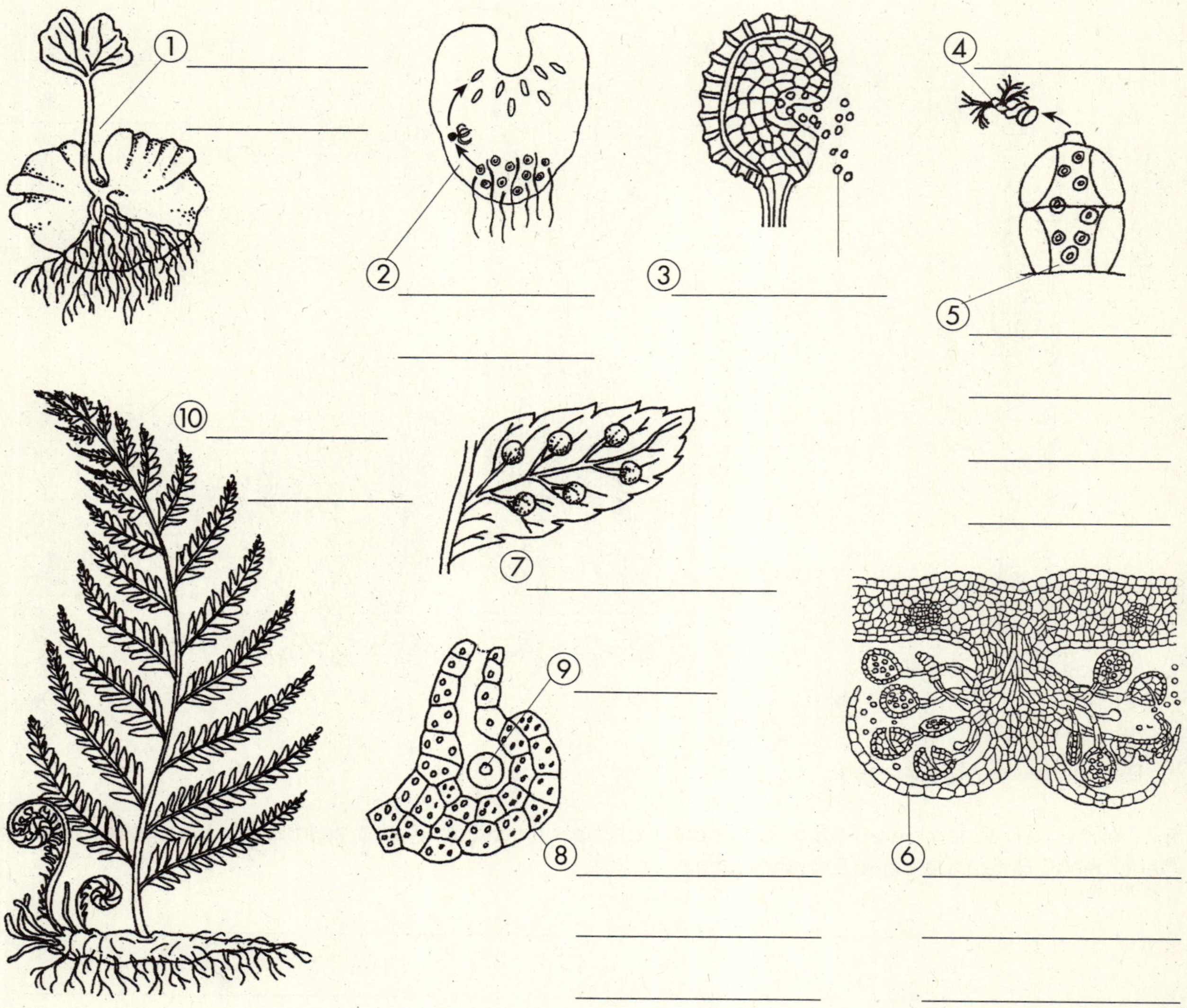

1. Beschrifte die Abbildungen, indem du jede Zahl mit einem entsprechenden Fachbegriff versiehst.

2. Trage die Zahlen der Abbildungen in der Reihenfolge in das Kästchenschema ein, die dem Entwicklungsgang der Pflanze entspricht. Beginne dabei mit 10. Abb. 4, 5, 8, 9 bleiben unberücksichtigt.

3. Welche Entwicklungsstadien gehören dem ungeschlechtlichen und welche dem geschlechtlichen Teil des Generationswechsels an. Erläutere die Abgrenzung.

Pilze haben eine unterschiedliche Gestalt

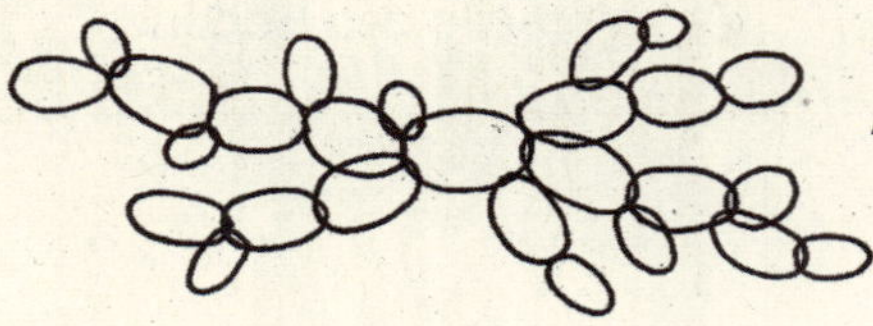

A ______________________

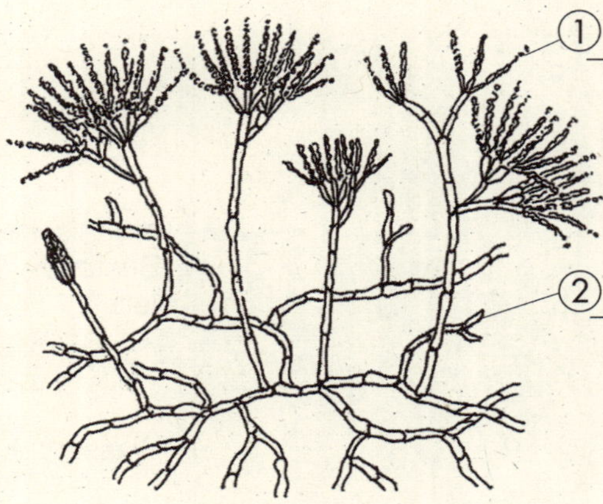

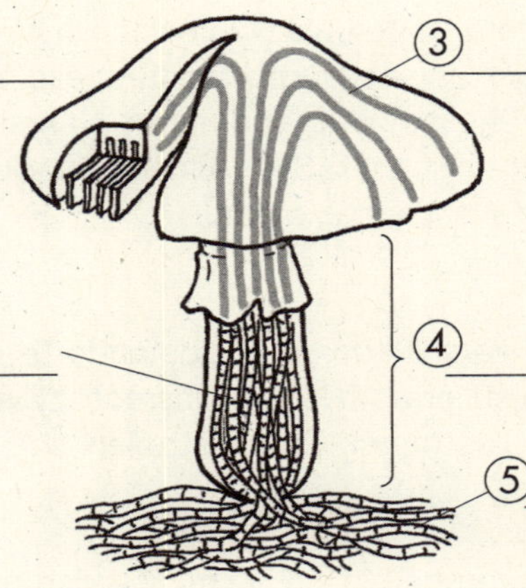

B ______________________

C ______________________

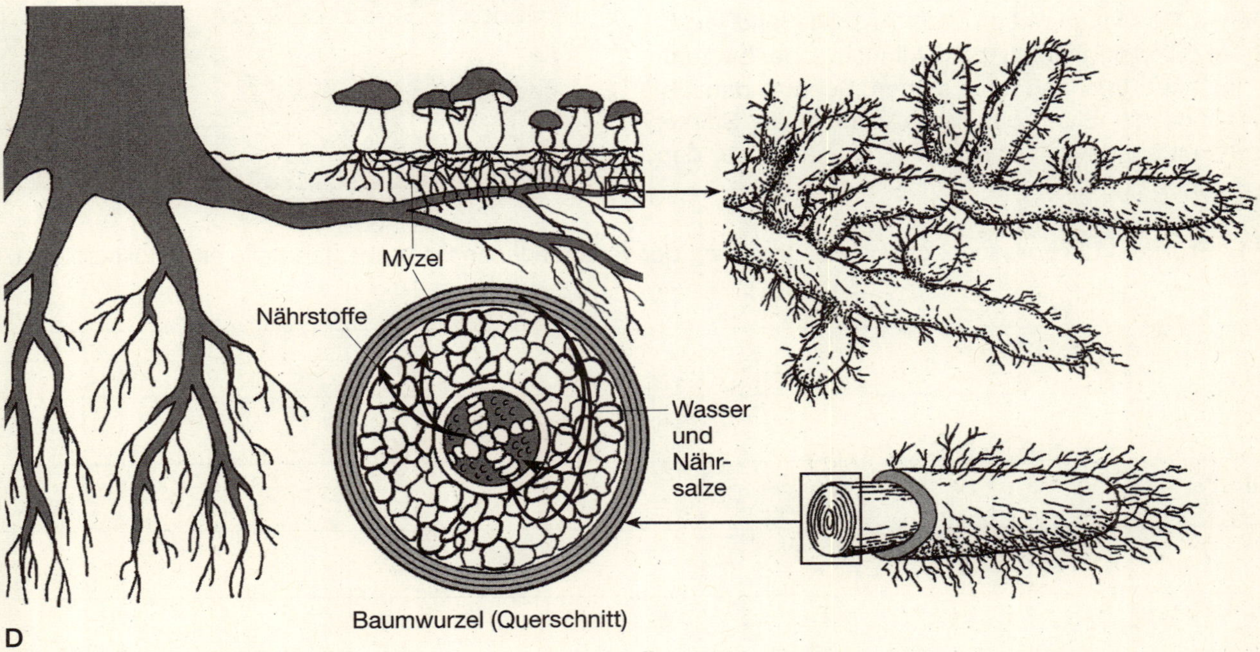

D ______________________

1. Benenne den Pilztyp und ordne den Ziffern die jeweiligen Fachbegriffe zu.

2. Erläutere die Bedeutung der Pilze A–C hinsichtlich ihrer Aufgaben in der Natur oder hinsichtlich der Verwendung durch den Menschen.

3. Pilze können in der Natur als Fäulnisbewohner (Saprophyten), Schmarotzer (Parasiten) oder als Symbionten auftreten. Erläutere die jeweilige Ernährungsweise.

4. Erläutere anhand der Abbildung D den Begriff Mykorrhiza.

26 Woraus besteht der Waldboden?

Die mineralischen Bestandteile des Bodens wie Sand, Ton und Schluff unterscheiden sich u. a. durch ihre Teilchengröße. Je kleiner die Teilchen, desto geringer wird die Wasserdurchlässigkeit bzw. desto größer wird die Wasserkapazität des Bodens. Die fein zerriebenen mineralischen Teilchen stehen dem Boden als Nährsalze zur Verfügung. Die organischen Humusbestandteile sind durch ihre Krümelstruktur und ihren Nährstoffreichtum gekennzeichnet. Sie können u. a. durch Quellvorgänge Wasser speichern.

Materialien:
Bodenproben verschiedener Waldstandorte und aus unterschiedlicher Tiefe, Glasmesszylinder (200 ml) oder Glasröhren, Gummistopfen

Durchführung:
Gib eine Bodenprobe bis zur 50 ml Markierung in den Messzylinder. Setze anschließend etwa 150 ml Leitungswasser hinzu, verschließe den Zylinder mit einem Gummistopfen und schüttle ihn etwa 30 s lang kräftig durch. Anschließend muss der Zylinder mindestens 30 Minuten (oder bis zum nächsten Tag) lang ruhig stehen. Schätze danach anhand der Skala des Messzylinders die Stärke der erkennbaren Schichten (Fraktionen) bei der durchgeführten Schlämmanalyse ab.

Bestandteile des Bodens

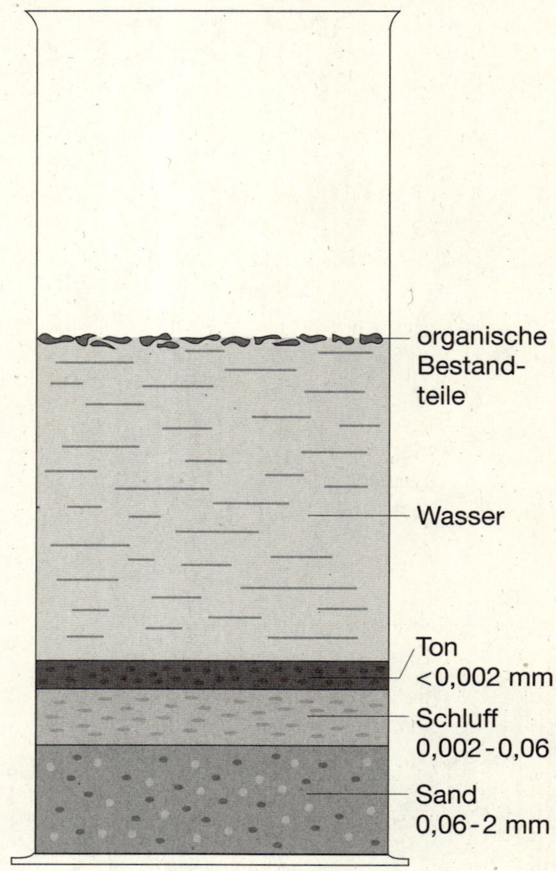

1. Erläutere die Vorgänge, die bei der Trennung der verschiedenen Bodenbestandteile eine Rolle spielen.

2. Schildere die Bedeutung des Bodens für die Pflanzen.

3. Welche Bodeneigenschaften (Wasserkapazität, Wasserdurchlässigkeit, Durchlüftung, Nährstoffgehalt) sind bei einem Boden mit hohen Sand-, Ton- oder Humusanteilen zu erwarten?

Der Waldboden atmet

Materialien:
Barium- oder Calciumhydroxidlösung (gesättigt), Bindfaden, Gaze (alte Strumpfhose), Kaffeegläser mit Schraubverschluss oder Weckgläser (1 *l*) mit Bügelverschluss, Phenolphthaleinlösung (farblos)

Durchführung:
Gib eine gut durchfeuchtete Bodenprobe in einen Gazebeutel und binde ihn mit einem längeren Bindfaden zu. Gieße jetzt auf den Boden des Kaffee- oder Weckglases soviel der Barium- oder Calciumhydroxidlösung, dass der Boden des Gefäßes gut bedeckt ist. Versetze die Lösung mit drei Tropfen der Phenolphthaleinlösung. Verschließe dann das Glas und klemme dabei den Gazebeutel mithilfe des verlängerten Bindfadens mit dem Deckel fest. Der Gazebeutel muss frei im Luftraum des Gefäßes hängen. Er darf auf keinen Fall die Lösung am Boden berühren.

Information:
Barium- und Calciumhydroxidlösungen sind schwache Laugen, die Kohlenstoffdioxid durch Trübungen anzeigen. Kohlenstoffdioxid kann mit dem Wasser zu Kohlensäure reagieren. Phenolphthalein färbt sich bei Anwesenheit von Laugen rot. Wird eine Lauge durch eine Säure neutralisiert, so wird das Phenolphthalein farblos.

Versuchsanordnung

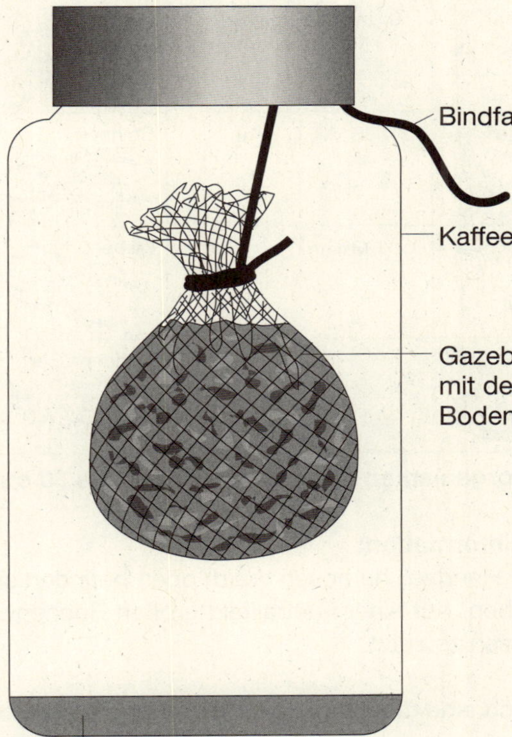

1. Beschreibe deine Beobachtungen.

2. Erläutere deine Beobachtungen.

3. Überlege dir einen Versuch, der beweist, dass das Kohlenstoffdioxid von den Bodenorganismen der Bodenprobe produziert wird.

Der Waldboden lebt

Lebewesen	Individuenzahl	Gewicht in g
Bakterien 	unzählbar	200
einzellige Tierchen 	600 000 Mill.	10
Fadenwürmer 	1 Million	1
Regenwürmer 	20	10

Lebewesen	Individuenzahl	Gewicht in g
Asseln 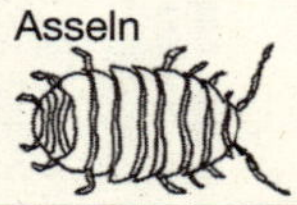	50	0,5
Spinnen 	50	0,2
Milben 	100 000	1
Hundertfüßer 	50	0,4

Lebewesen	Individuenzahl	Gewicht in g
Doppelfüßer 	150	4
Urinsekten 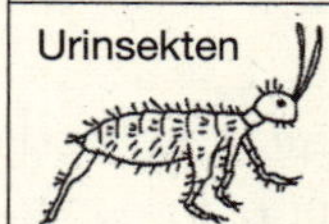	50 000	0,6
Insekten und -larven 	350	3,5
Wirbeltiere 	0,001	0,1

Bodenorganismen in 1 m² Waldboden bis 30 cm Tiefe (Durchschnittswerte)

Zusatzinformation:
In einer Handvoll humosen Waldboden befinden sich ungefähr so viele Lebewesen wie Menschen auf der Erde leben. Auf einer Fußballfeld großen Buchenwaldfläche werden pro Jahr 3–4 t Laub von den Bodenlebewesen zersetzt.

1. Beschreibe die Tätigkeit (Ernährung) der abgebildeten Bodenlebewesen.

2. Wozu wird der Bestandesabfall (Laub) abgebaut?

Destruenten zersetzen organisches Material

A Cellulosefilter einlegen

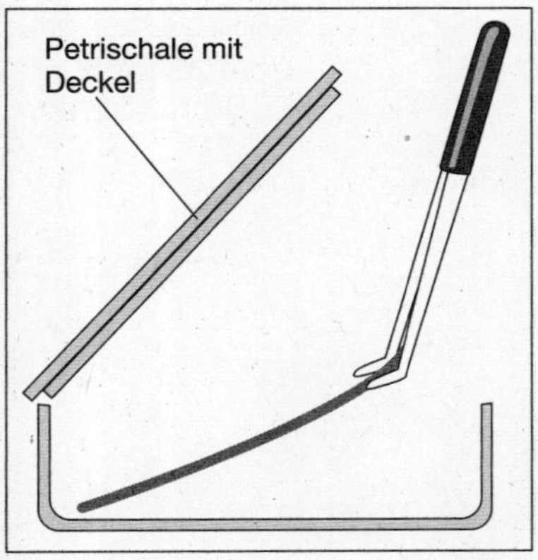

B Cellulosefilter mit Bodenprobe bedecken

C Cellulosefilter und Bodenprobe gut durchfeuchten

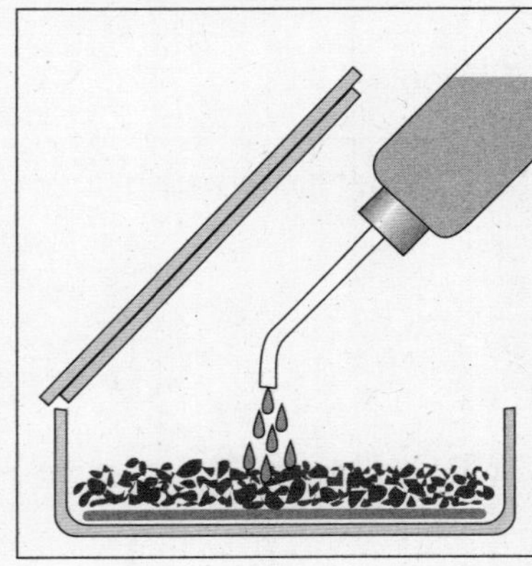

Materialien:
Bodenproben, Cellulosefilterpapiere (Kaffeefilter), Petrischalen

Durchführung:
Lege in verschiedene Petrischalen je ein rund zugeschnittenes Filterpapier. Die Filter werden anschließend mit verschiedenen Waldbodenproben bis zum Rand bedeckt und gut durchfeuchtet. Verschließe nun jede Bodenprobe mit einem Deckel. Beschrifte jede Petrischale (Datum, Bodenfundort, Bodenart). Die Petrischalen werden über einen längeren Zeitraum (vier Wochen) abgedunkelt aufbewahrt. Steht ein Wärmeschrank zur Verfügung, so können die Petrischalen bei 25–30 °C in ihm deponiert werden.

Information:
Filterpapier besteht überwiegend aus Cellulose. Cellulose ist ein Kohlenhydrat, das aus Traubenzuckermolekülen von Pflanzen aufgebaut wird.

1. Beobachte das Filterpapier alle 2–3 Tage und notiere jede Veränderung.

____

____

____

2. Vergleiche den Modellversuch mit Vorgängen im Waldboden.

____

____

____

____

3. Überlege dir einen Versuch, der beweist, dass die Bodenorganismen und nicht chemische Vorgänge die beobachtbaren Vorgänge bewirken.

30 Wälder – Lebensraum für viele Vogelarten

In Kiefernwäldern der Mark Brandenburg und in Eichen-Hainbuchenwäldern in Nordwestdeutschland wurden folgende Vogelbrutpaare pro Quadratkilometer festgestellt:

Biotop	Anzahl der Brutpaare/km²	Biotop	Anzahl der Brutpaare/km²
(1) Junger Kiefernwald 	96	(3) Eichen-Hainbuchenwald (mittleres Alter) 	620
(2) Alter Kiefernwald (125 - 200 J.) 	236	(4) Eichen-Hainbuchenwald (Altbestand) 	2386

1. Erstelle ein Balkendiagramm für die oben angegebenen Werte.

2. Erläutere die auftretenden Unterschiede. Verwende bei deinen Erläuterungen die Begriffe ökologische Nische und Monokultur.

In der Abbildung sind der bevorzugte **Neststandort (Ni)** und **Nahrungsaufnahmeplatz (Na)** von folgenden Vogelarten angegeben: Amsel, Buntspecht, Mönchsgrasmücke, Ringeltaube, Sommergoldhähnchen, Waldlaubsänger und Zaunkönig.

1. Ordne den Zahlen jeweils den Namen der entsprechenden Vogelart zu.

1.	5.
2.	6.
3.	7.
4.	

2. Welche biologische Bedeutung hat das dargestellte Phänomen?

3. Nenne den biologischen Fachbegriff für das dargestellte Phänomen.

32 Wer frisst wen?

Materialien:
Wollknäuel oder Schnur, sechs Karten mit den angegebenen Lebewesen

Durchführung:
1. Sechs Schüler halten jeweils eine der Karten hoch und stellen sich wie oben angegeben auf. Der Mitspieler mit der Karte „Fichte" erhält das Wollknäuel und stellt die Frage „Wer frisst mich?" Demjenigen, der die Frage mit ja beantworten kann, wird das Knäuel zugeworfen, ohne dass der Mitspieler „Fichte" den Anfang des Knäuels loslässt. Derjenige, der das Knäuel erhält, stellt die gleiche Frage und verfährt in gleicher Weise.

2. Nachdem alle möglichen Verbindungen hergestellt wurden, lässt ein Mitspieler (z. B. die Fichte) seinen Faden los.

Aufgaben:
a) Zeichne am Ende des Spiels einen Grundriss der geknüpften Verbindungen mit Pfeilen. Die Pfeile sollten dabei immer in Richtung Beute zeigen.
b) Was zeigt das Spiel über die Vorgänge im Ökosystem Wald?
c) Was passiert, wenn ein Mitglied den Faden loslässt? Übertrage den Vorgang auf den Wald.

Raupenfliegen und Schlupfwespen legen ihre Eier an oder in die Raupen u. a. von Eichenwickler und Frostspanner, die das Laub von Eiche und Buche fressen. Den schlüpfenden Larven dienen die Raupen als Nahrung. Die erwachsenen Tieren ernähren sich u. a. von Pflanzensäften.

1. Erläutere Beziehungen wie Nahrungskonkurrenz, Parasitismus, Räuber-Beute-Beziehungen und Nahrungsketten an den abgebildeten Lebewesen.

2. Gib in der Zeichnung parasitäre Beziehungen mit einem gestrichelten und Räuber-Beute-Beziehungen mit einem gepunkteten Pfeil an.

Die Bestandsdichte der Lebewesen wird reguliert

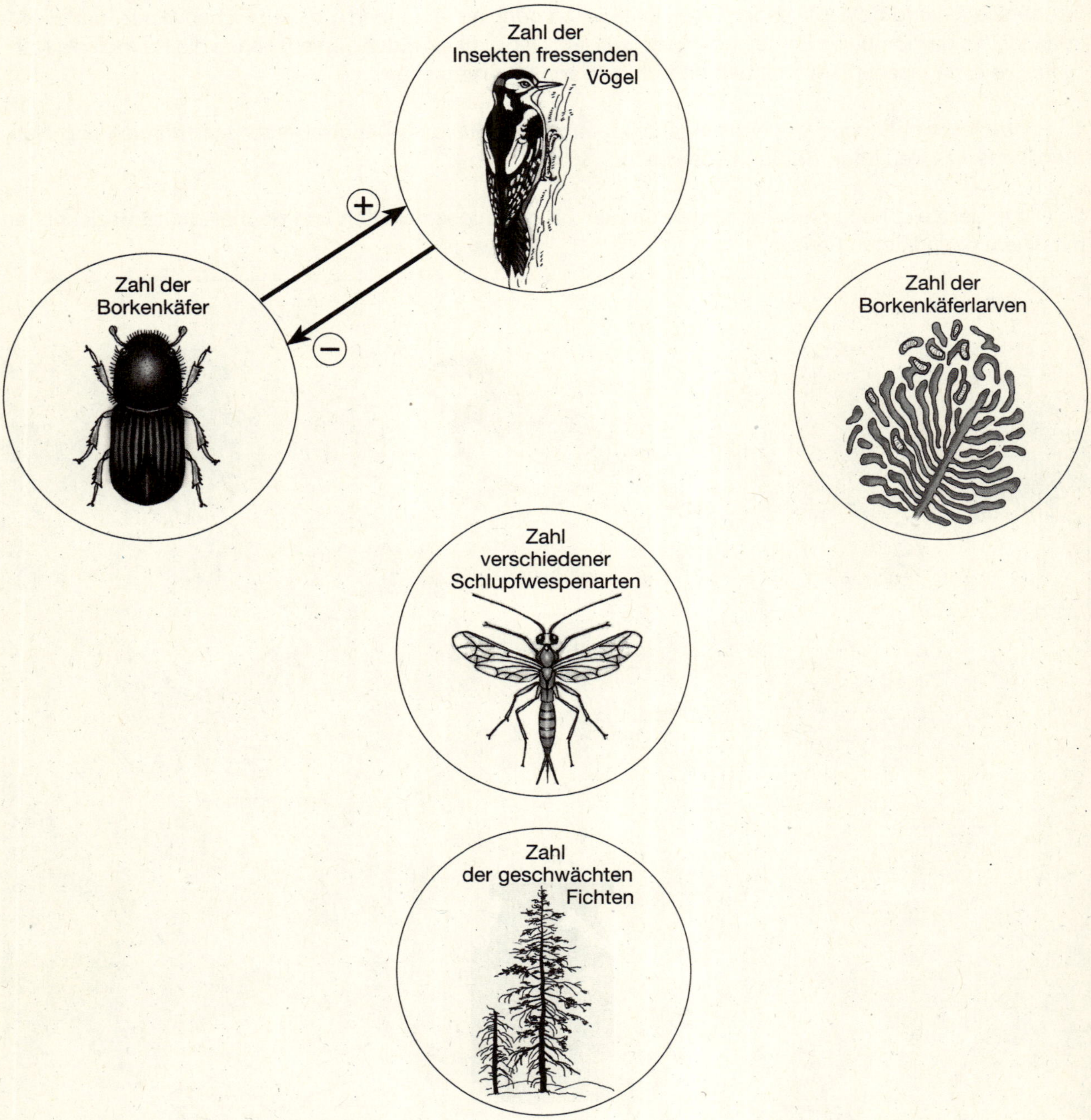

1. Verbinde die miteinander stehenden Lebewesen mit Richtungspfeilen, wie sie zwischen Vögeln und Borkenkäfern schon angegeben sind. Versetze jeden Richtungspfeil mit einem + Zeichen (für je mehr … desto mehr) oder einem – Zeichen (für je mehr … desto weniger). Die Zahl der Insekten fressenden Vögel wird z. B. positiv von der Zahl der Borkenkäfer beeinflusst. Folglich muss der Richtungspfeil mit einem + Vorzeichen versehen werden. Umgekehrt wirkt sich die Zahl der Insekten fressenden Vögel negativ auf die Zahl der Borkenkäfer aus. Der Richtungspfeil muss also ein – Vorzeichen erhalten.

2. Erläutere die biologische Funktion des dargestellten Systems.

3. Untersuche die Auswirkungen weiterer Regulationsfaktoren wie tiefe Temperaturen und Krankheiten.

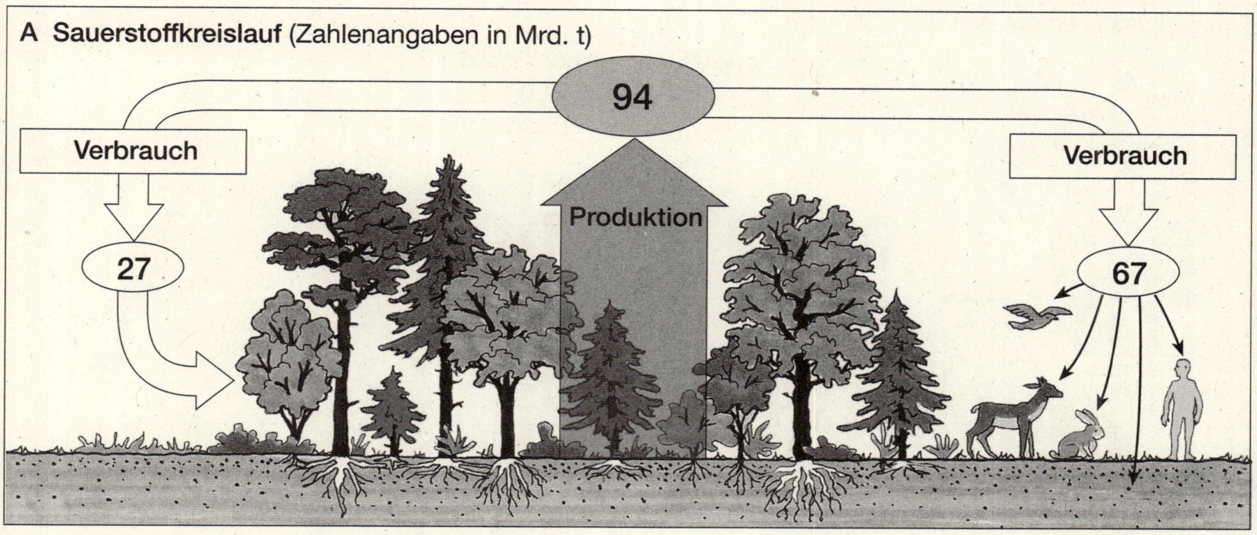

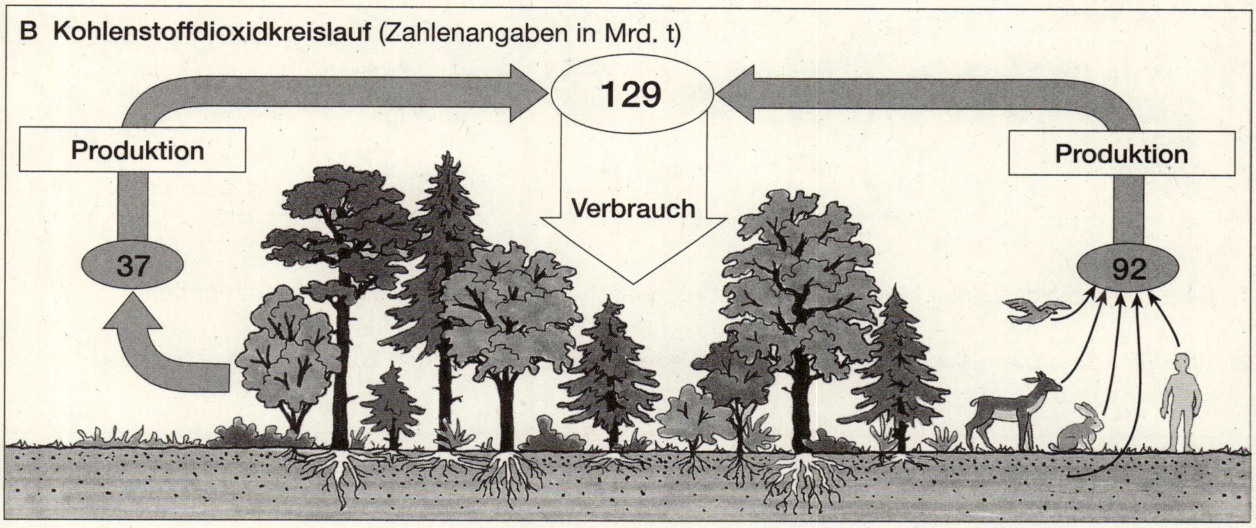

1. Erstelle für die entscheidenden Prozesse Wortgleichungen, die in beiden Kreisläufen eine Rolle spielen.

____

____

____

____

____

____

2. Der Sauerstoff- und Kohlenstoffdioxidgehalt ist unter natürlichen Bedingungen auf der Erde konstant. Erläutere dieses Phänomen mithilfe der Abbildungen.

3. In den letzten 100 Jahren ist der Kohlenstoffdioxidgehalt der Erdatmosphäre gestiegen. Erkläre!

36 Energiefluss im Ökosystem Wald

Energiefluss in einem Wald

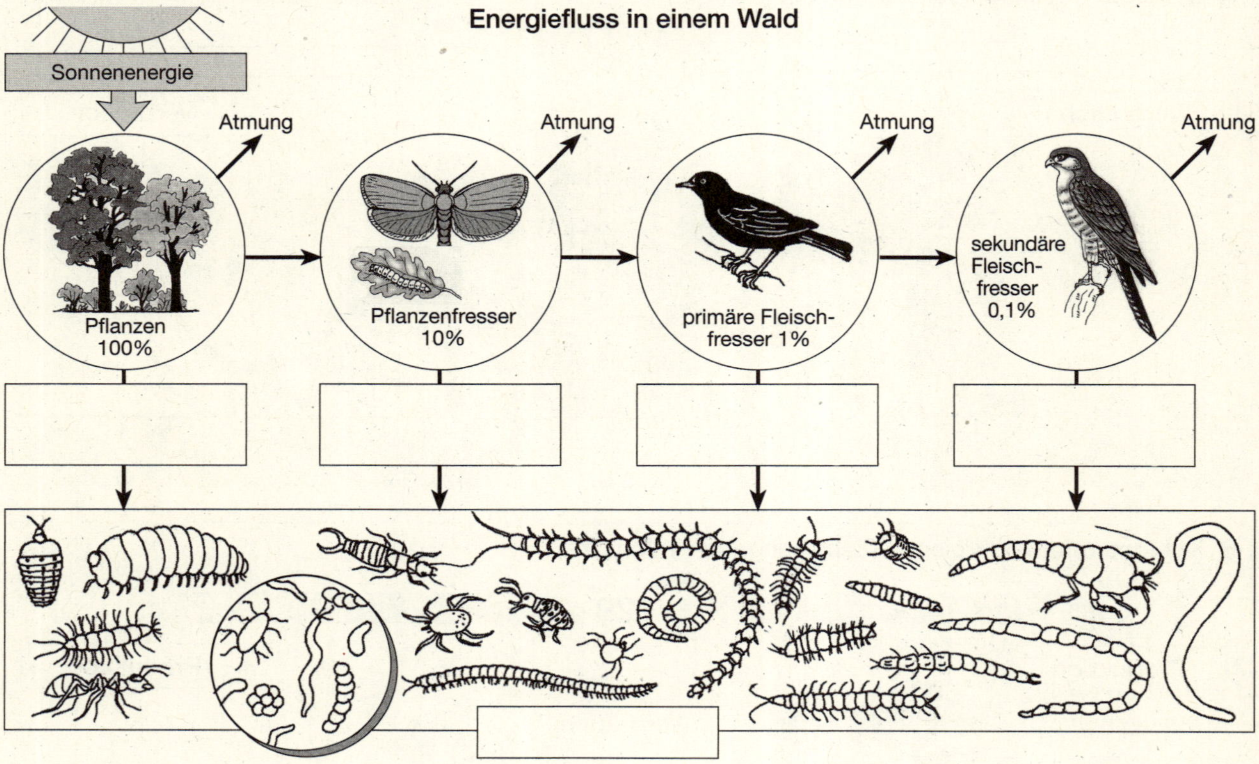

1. Bezeichne die einzelnen Mitglieder der Nahrungskette mit den ökologischen Fachbegriffen.

2. Erläutere die „Energieverluste", die bei der Weitergabe von einer Stufe zur nächsten entstehen.

3. Zeichne mit den angegebenen Werten eine Energiepyramide. Berechne jeweils die „Energieverluste".

Stoffkreislauf im Wald

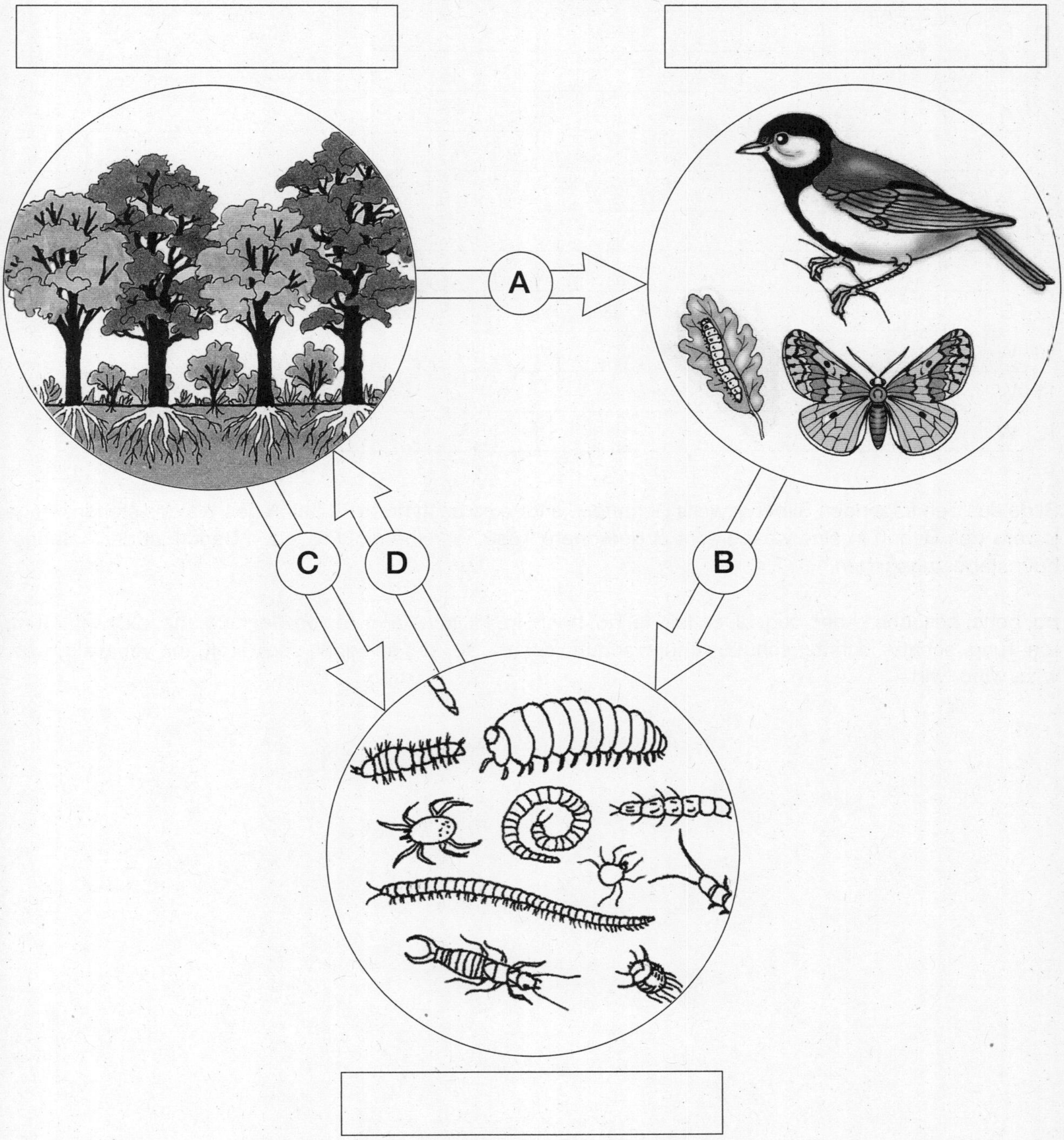

1. Trage die drei Organismengruppen in die obige Zeichnung ein, die am Stoffkreislauf beteiligt sind.

2. Nenne die Bedeutung der Pfeile A–D.

3. Erstelle Wortgleichungen für die entscheidenden Prozesse, die in den Organismen ablaufen und die den Stoffkreislauf aufrecht erhalten.

4. Erläutere die Bedeutung dieser Prozesse für den Stoffkreislauf im Wald. Erkläre dabei den Begriff Recycling.

38 Der Wald hat viele Funktionen

1	B																								
2	E																								
3	H																								
4	K																								
5	K																								
6	L																								
7	L																								
8	R																								
9	S																								
10	W																								
11	W																								
12	W																								

Bilde aus den folgenden Silben jeweils Begriffe, die für eine bestimmte Funktion des Waldes stehen. Trage jeweils den Begriff in eine waagerecht angeordnete Kästchenreihe ein. Für jeden Begriff ist der Anfangsbuchstabe angegeben.

bo, bens, bes, cher, cher, den, di, er, fak, fe, ho, hoch, id, kli, koh, lärm, le, len, lie, lung, ma, ox, rant, raum, roh, rung, schafts, schutz, schutz, schutz, schutz, schutz, se, ser, ser, spei, spei, stoff, tor, ver, wald, was, was, wind, wirt

Wälder sind wertvolle Kohlenstoffspeicher

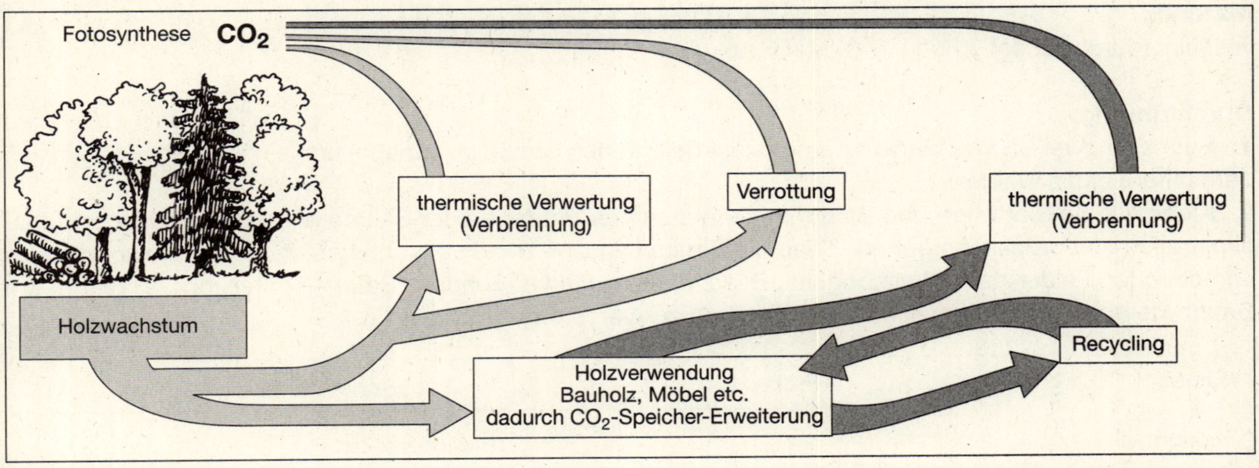

Holzverwertung

Information:
In einer Tonne Holz (trocken) sind 500 kg Kohlenstoff oder 1800 kg Kohlenstoffdioxid (500 kg Kohlenstoff und 1300 kg Sauerstoff) enthalten.

1. Beschreibe unter Verwendung der Begriffe Fotosynthese, Cellulose, Kambium, Holz- und Bastzellen das Holzwachstum.

2. Durch Waldvermehrung und Holzverwendung kann der Anstieg des Treibhausgases Kohlenstoffdioxid in der Atmosphäre verringert werden. Erkläre dies mithilfe der Abbildung.

3. Holz gilt, im Gegensatz zum Heizöl, bei der thermischen Verbrennung als ökologisch neutraler Brennstoff. Erkläre.

40 Die Wälder filtern die Luft

Material:
Tesafilm (durchsichtig), Lupe (10 x) oder Binokular

Durchführung:

1. Suche dir zwei Bäume: Einen an einer stark befahrenen Straße (Autobahn) und einen zweiten Baum aus dem Innern eines Waldes.

2. Klebe auf die Blattober- und Blattunterseite mehrerer Blätter beider Bäume je einen 5 cm langen Tesafilmstreifen und drücke ihn gut an. Ziehe die Streifen anschließend vorsichtig ab und klebe sie auf die entsprechenden Felder des Arbeitsbogens. Beschrifte die Felder (Fundort, Baumart, Stellung der Blätter am Baum wie oben oder Himmelsrichtung, Stellung zur Verschmutzungsquelle)

Datum: Fundort: Baumart: Blattentnahmestelle am Baum:	Probe: 1	Probe: 2
	Blattoberseite	
Datum: Fundort: Baumart: Blattentnahmestelle am Baum:	Probe: 1	Probe: 2
	Blattunterseite	

3. Betrachte die Streifen mit einer starken Lupe oder unter dem Binokular. Beschreibe und erläutere deine Beobachtungen.

Borkenkäfer können den Wald schädigen

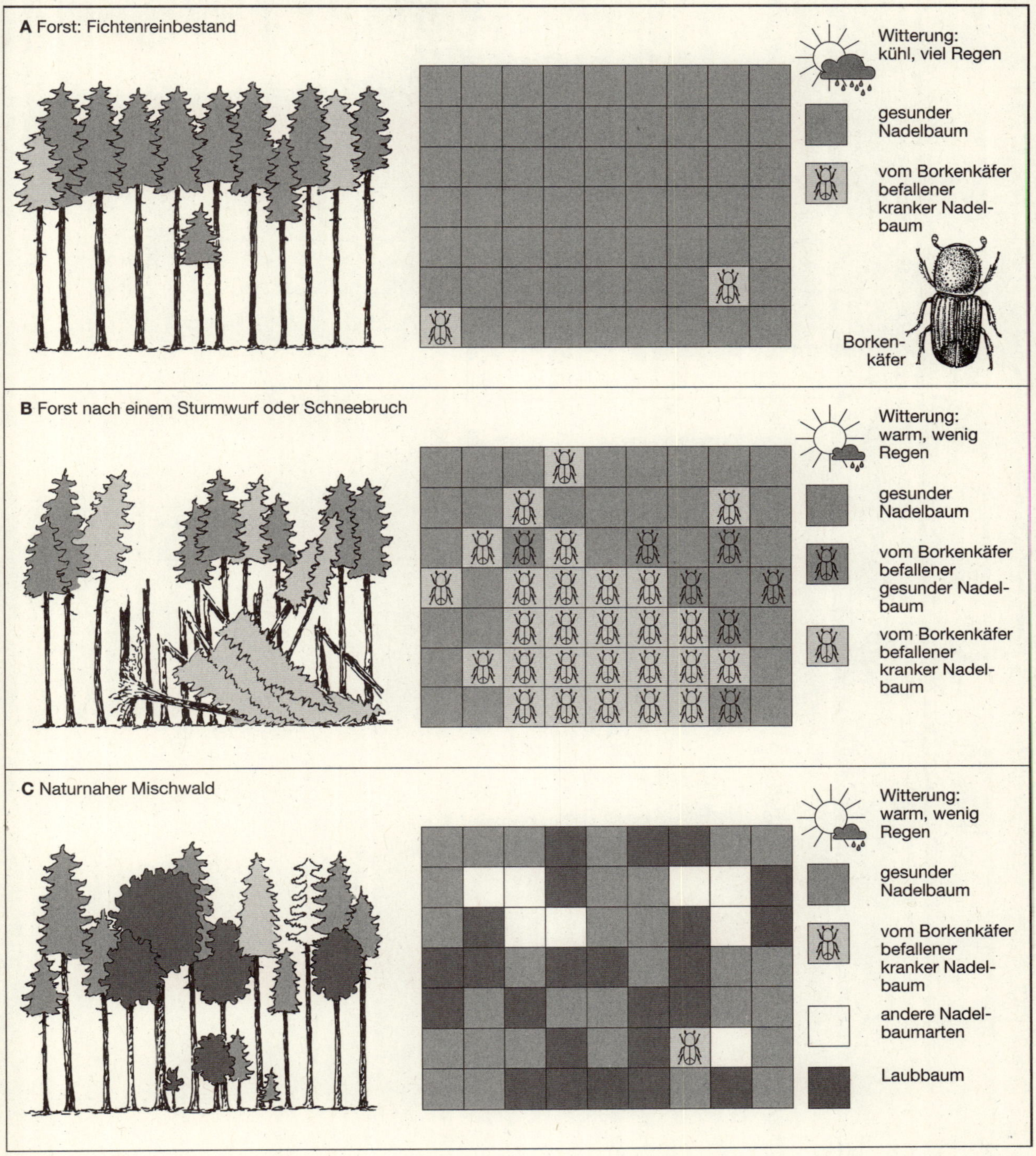

1. Erläutere, warum es unter den in der Fichtenmonokultur herrschenden Bedingungen (Abb. A) zu keiner Massenvermehrung des Borkenkäfers und unter den veränderten Bedingungen (Abb. B) zu einer Massenvermehrung kommt.

2. Was könnte man unternehmen, um die Massenvermehrung des Borkenkäfers zu verhindern?

3. Begründe, warum es in einem naturnahen Mischwald nicht zu einer Massenvermehrung des Borkenkäfers kommt.

42 Der Wald steht unter Stress

1. Trage in die Kästchen 1 bis 3 drei unterschiedliche natürliche abiotische Stressfaktoren, in die Kästchen 4 bis 6 drei biotische Stressfaktoren und in die Kästchen 7 bis 9 drei durch den Menschen bedingte gasförmige Stressfaktoren ein.

Waldschadensentwicklung in Deutschland

Die Tabelle zeigt die Entwicklung der Schadstufenanteile aller Baumarten (gesamt) und der Baumarten Fichte, Kiefer, Eiche. Die Werte geben den Flächenanteil der Schadstufen in Prozent an.
Die Schadstufe 0 umfasst alle gesunden Bäume bzw. Bäume ohne Schadensmerkmale (Nadel- bzw. Blattverluste 0–10 %) Schadstufe 1 entspricht einem Blattverlust von 11–25 %. Da die natürlichen Schwankungen der Benadelungs- bzw. Belaubungsdichte in diese Stufe hineinreichen, bezeichnet man diese Stufe auch als Warnstufe. Erst bei einem Blattverlust von mehr als 25 % spricht man von eindeutigen Schäden. Bäume mit Blattverlusten von 26–60 % werden der Schadstufe 2, mit Blattverlust von 61–99% der Schadstufe 3 und mit 100 %igen Blattverlusten der Schadstufe 4 zugeordnet. Die Werte in der Tabelle gelten bis 1989 nur für die alten und ab 1990 für alle Bundesländer.

Jahr	ohne Schäden Schadstufe 0				Warnstufe Schadstufe 1				deutliche Schäden Schadstufe 2–4			
	gesamt	Fichte	Kiefer	Eiche	gesamt	Fichte	Kiefer	Eiche	gesamt	Fichte	Kiefer	Eiche
1984	44	36	39	54	33	34	38	37	23	30	23	9
1985	42	36	42	35	34	31	41	45	24	33	17	20
1986	39	33	42	32	38	37	43	44	23	30	15	24
1987	41	40	45	36	38	36	43	43	21	24	12	21
1988	42	39	48	35	40	42	41	44	18	19	11	21
1989	40	38	41	28	41	41	45	47	19	21	14	25
1990	38	37	39	36	39	40	40	39	23	23	21	25
1991	32	34	28	27	38	37	39	38	30	29	33	35
1992	29	28	31	22	42	42	46	45	29	30	23	33
1993	34	34	40	19	42	40	44	39	24	26	16	42
1994	31	32	33	17	43	39	48	39	26	29	19	44
1995	36	38	41	19	41	38	45	42	23	24	14	39
1996	39	43	44	13	39	35	43	40	22	22	13	47
1997	37	37	43	14	41	40	44	39	22	23	13	47
1998	38	36	45	20	41	38	45	43	21	26	10	37
1999	37	36	42	20	41	39	45	36	22	25	13	44

1. Stelle die Tabellenwerte in Form von Balkendiagrammen dar.

2. Werte die Balkendiagramme aus.

44 Ökologische Bewirtschaftung des Waldes

NACHHALTIGKEIT
Der zentrale Begriff der Forstwirtschaft.
Er besagt, dass die lebende Generation nur soviel Holz nutzen darf, wie im selben Zeitraum nachwächst.
Im weiter gehenden modernen Sinne versteht man unter Nachhaltigkeit, dass sämtliche Leistungen des Waldes für die Allgemeinheit auf Dauer, gleichmäßig und in höchstmöglichem Umfang gesichert werden müssen.
Hierzu zählt auch die Erhaltung der Bodenfruchtbarkeit. Diese gerät durch den permanenten Eintrag von Luftschadstoffen, durch Befahren des Waldbodens mit schweren Maschinen oder durch den Anbau von Baumarten mit einer Boden verschlechternden Laub- oder Nadelstreu zunehmend in Gefahr.

ZIELSTÄRKENNUTZUNG – „In Ruhe gereift“
Die Zielstärke gibt an, wie dick ein Baum mindestens werden soll, bevor er gefällt werden darf.
Ein Stamm ist in der Regel umso wertvoller, je dicker er ist.
Früher wurden große Flächen immer dann kahlgeschlagen, wenn der Bestand ein vorgegebenes Alter erreicht hatte. Dadurch entstanden offene Flächen. Die Böden wurden durch plötzlich erhöhte Zufuhr von Licht, Wärme und Wasser ausgelaugt und zum Teil abgetragen.
Heute werden nur noch einzelne Bäume oder kleine Baumgruppen geerntet, um die Eingriffe im Wald so gering wie möglich zu halten.

STREUNUTZUNG
Neben der Holznutzung und der Schweinemast diente der Wald über einen Zeitraum von mehreren hundert Jahren auch der Gewinnung von Laubstreu als Ersatz für fehlendes Stroh in den Viehställen. Dabei wurden je nach Intensität jährlich 1–3 Tonnen Laub je Hektar entnommen.
Diese Nutzungsform stellte einen enormen Eingriff in den natürlichen Nährstoffkreislauf dar, mit der Folge, dass die Böden aufgrund des permanenten Nährstoffentzugs allmählich verarmten.
Die Auswirkungen der Streunutzung sind bis heute deutlich erkennbar. Die Wuchsleistungen der Bäume entsprechen bei weitem nicht denen, die aufgrund der standortlichen Gegebenheiten möglich wären.
Als Gegenmaßnahme kommt heute das Belassen von möglichst viel Biomasse nach jeder Holznutzung in Betracht, damit die fehlenden Nährstoffe dem Boden langfristig wieder zugeführt werden.

An einem Waldlehrpfad sind die drei abgebildeten Tafeln aufgestellt.

1. Lies die Texte aufmerksam durch.

2. Trage mithilfe der Tafeltexte diejenigen Veränderungen zusammen, die heute bei einer ökologischen Waldbewirtschaftung eine Rolle spielen.

3. Definiere den Begriff ökologische Waldwirtschaft.

Wo sind die Urwälder der Erde geblieben?

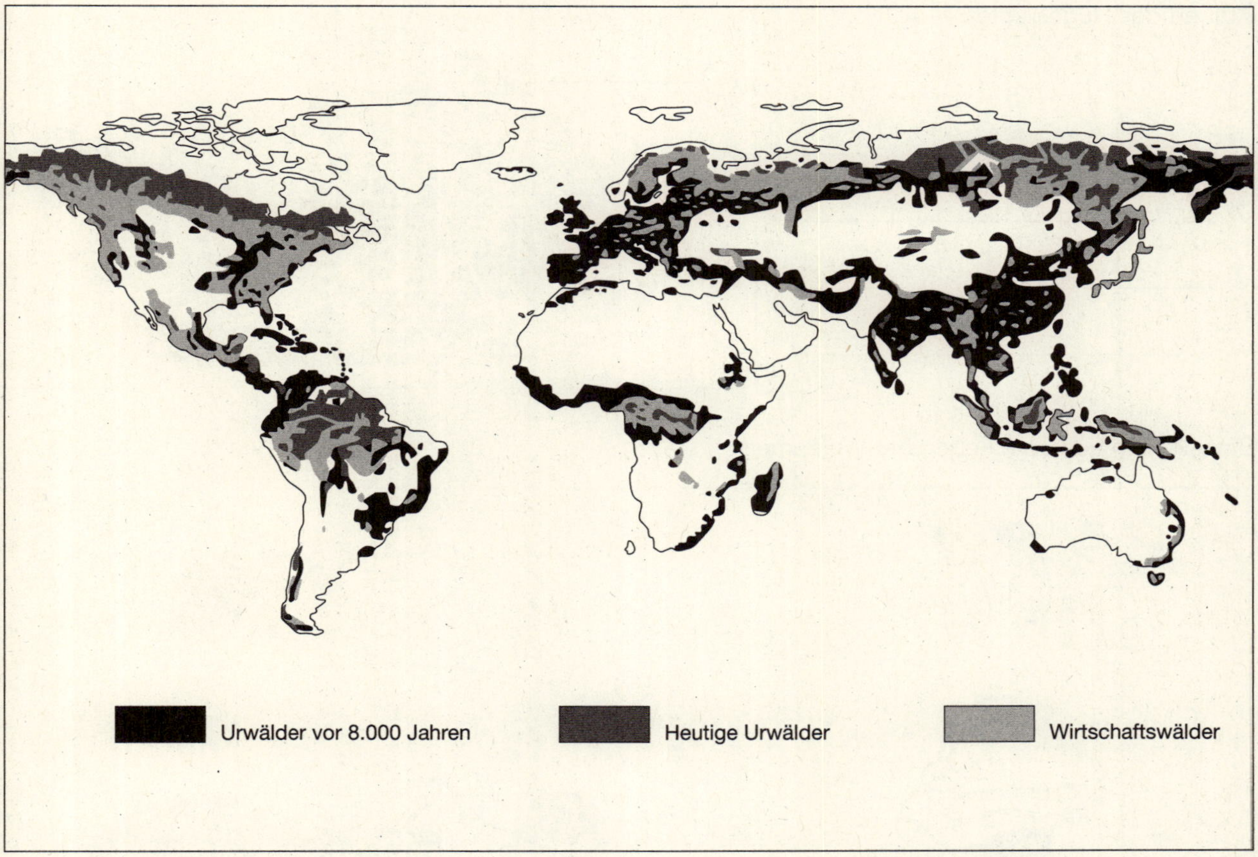

1. Nenne die Bereiche der Erde, in denen die Urwälder am stärksten zurückgegangen oder verschwunden sind.

2. Erläutere, wie es zu dem Rückgang der Urwälder gekommen ist.

3. Nenne einige Gründe, die für den Erhalt der letzten Urwälder auf der Erde sprechen.

Die Rote Waldameise

Aufbau des Hügelnestes

① ______________________

② ______________________

③ ______________________

____

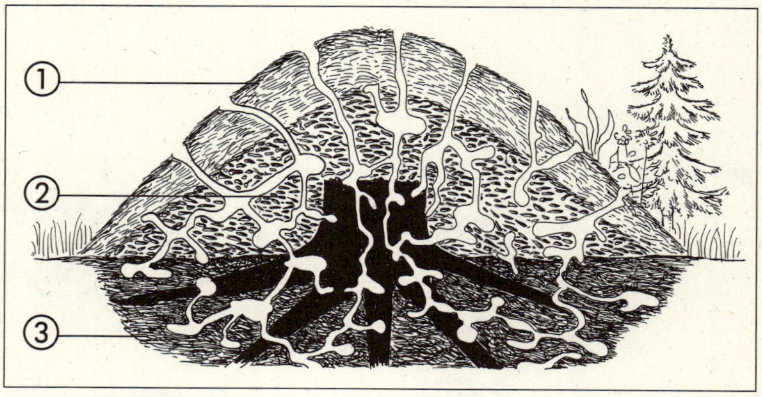

Einzelheiten aus dem Leben der Waldameise

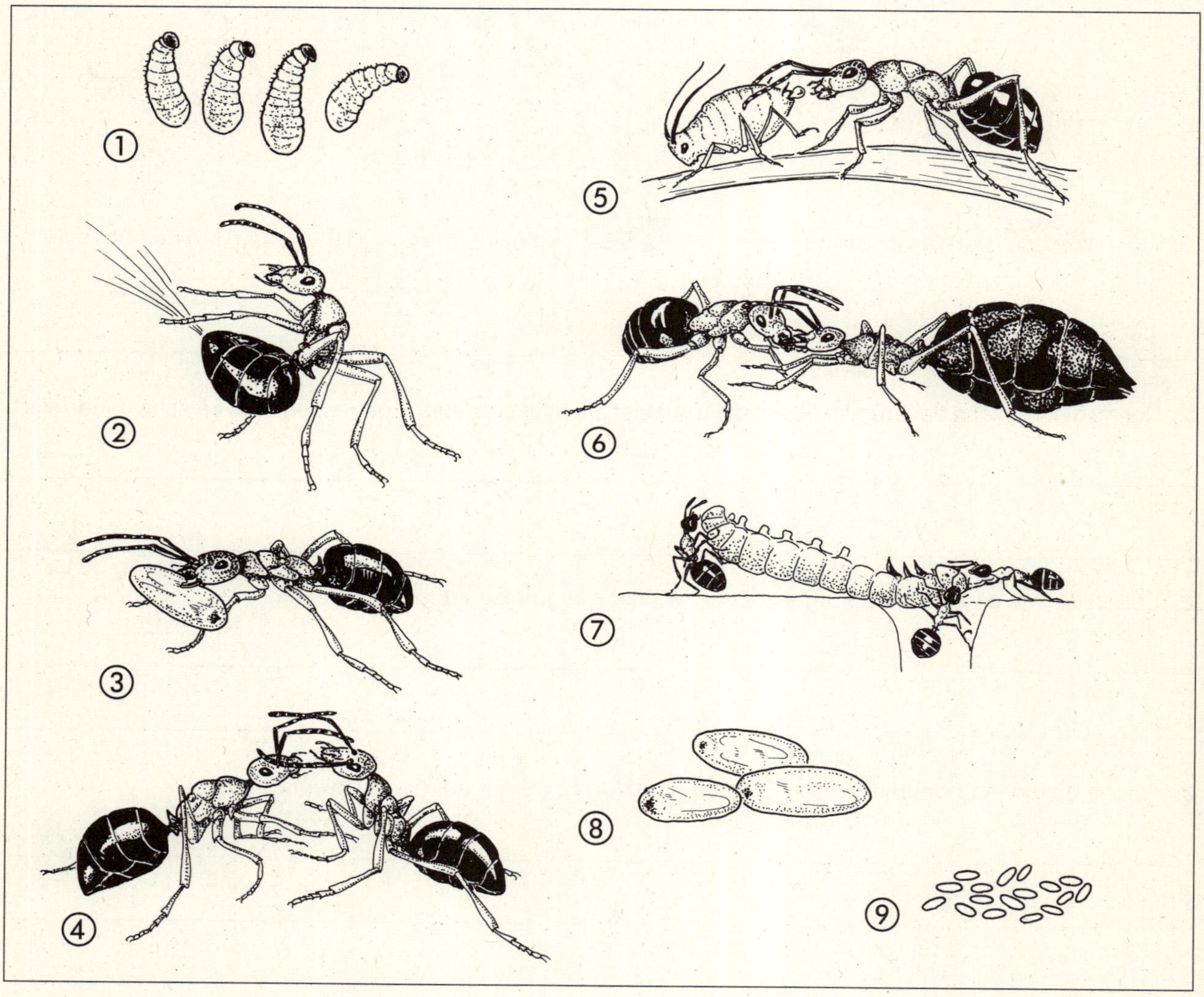

1. Beschreibe den Aufbau des Hügelnestes und ordne den Ziffern 1–3 passende Begriffe zu.

2. Finde für jedes Bild aus dem Leben der Waldameise eine kurze, passende Beschreibung.

3. Warum steht der Ameisenbau unter Naturschutz?

Die Blattläuse – für Ameisen nützlich

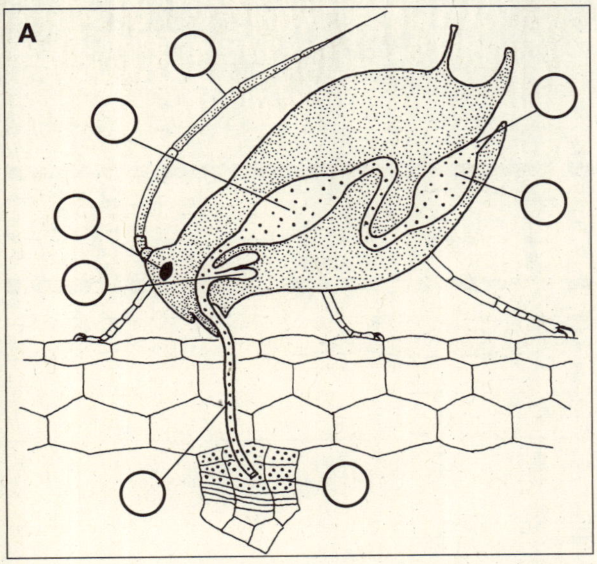

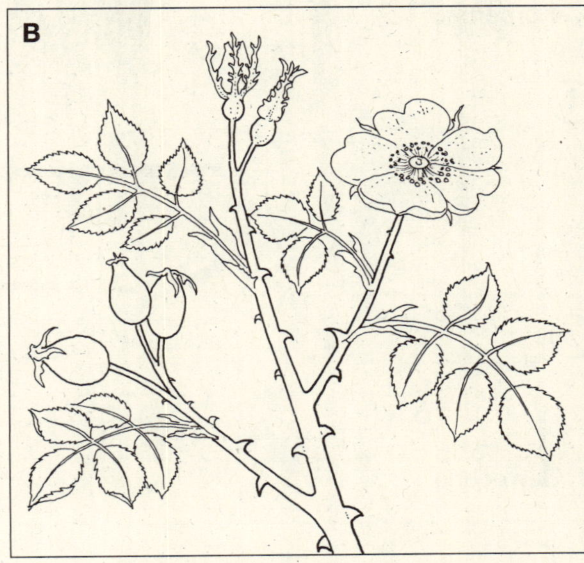

1. Beschreibe kurz die wichtigsten äußeren Blattlausmerkmale.

____

____

____

____

2. Beschrifte die Abbildung A, indem du die richtigen Zahlen einträgst:
Facettenauge ③, Fühler ⑧, Stechborste ④, Speicheldrüse ②, Magen ①, Darm ⑥, After ⑦, Blattader ⑤

3. Beschreibe mithilfe der Abbildung A die Ernährungsweise der Blattläuse (⁙ = Zuckersaft).

____

____

____

____

____

____

4. Trage in Abbildung B durch „✱"-Symbole ein, auf welchen Pflanzenteilen man besonders viele Blattläuse finden kann.

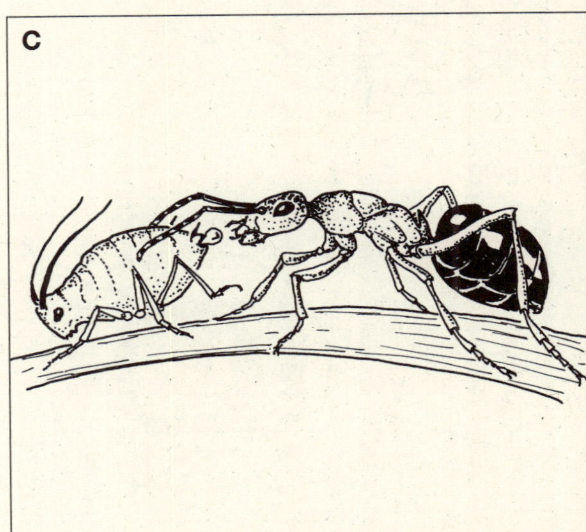

5. Manche Ameisenarten halten sich in ihren Kolonien Blattläuse, die sie regelmäßig „melken" (Abbildung C). Welche Nahrung könnte die Blattlaus den Ameisen spenden?

____

____

____

____

A Körperbau

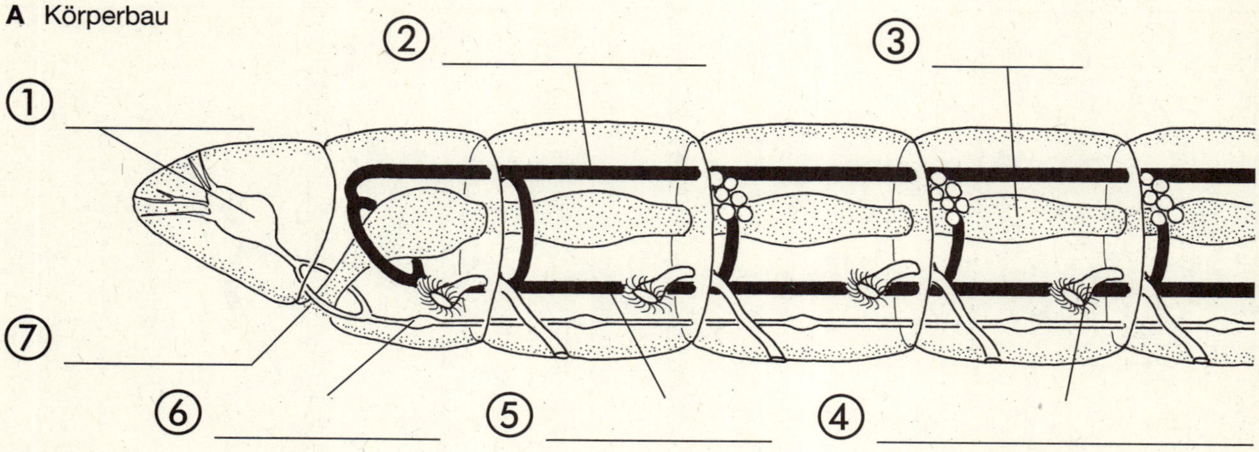

B Bewegung

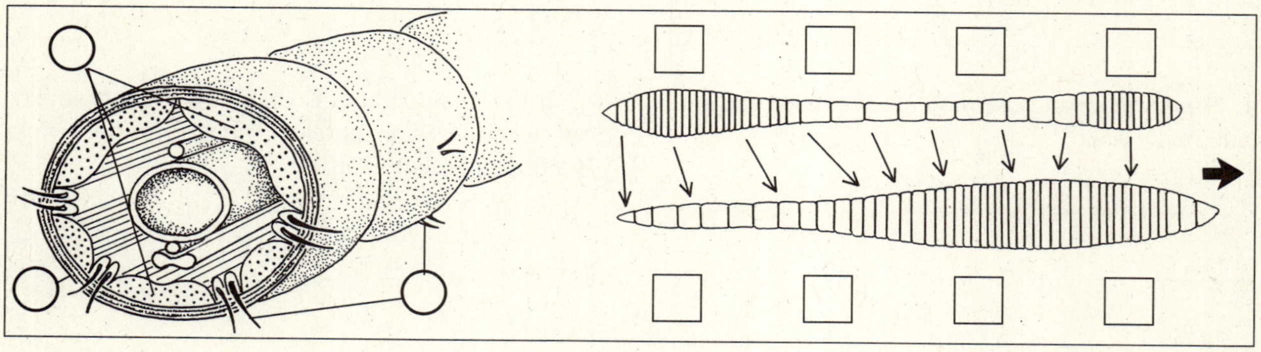

C Atmung

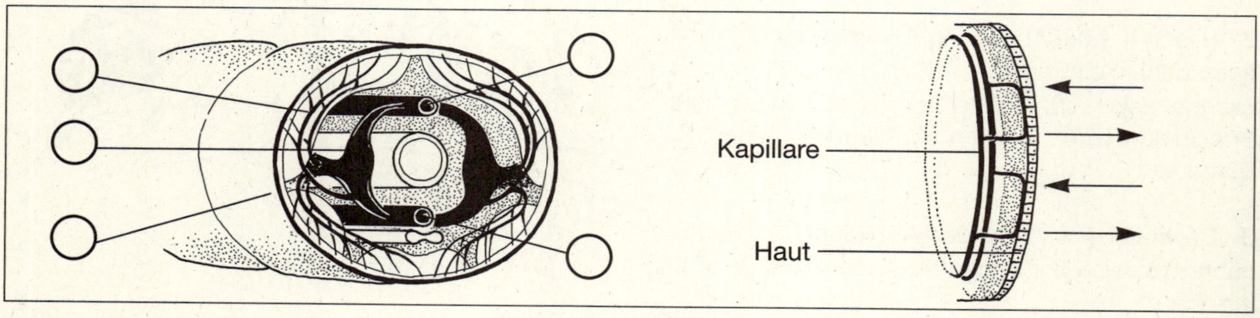

1. Beschrifte die Abbildung A.

2. In den Bildern unter B und C sind die Bewegungs- und Atmungsorgane dargestellt. Beschrifte die linken Abbildungen, indem du die Zahlen richtig zuordnest: Ringmuskeln ①, Rückengefäß ④, Haut ⑦, Borsten ③,Längsmuskeln ②, Bauchgefäß ⑧, Ringgefäß ⑤, Kapillaren ⑥.

3. Beschreibe die Bewegung des Wurms. Welche Bedeutung haben die Pfeile?
Trage in die Kästchen in Abbildung B rechts ein, welche Muskeln gerade kontrahiert sind. Benutze die Abkürzungen R für Ringmuskeln und L für Längsmuskeln.

4. Wie atmet das Tier? Trage in die Abbildung C rechts ein: CO_2 für Kohlenstoffdioxid und O_2 für Sauerstoff.

Regenwürmer verbessern den Waldboden

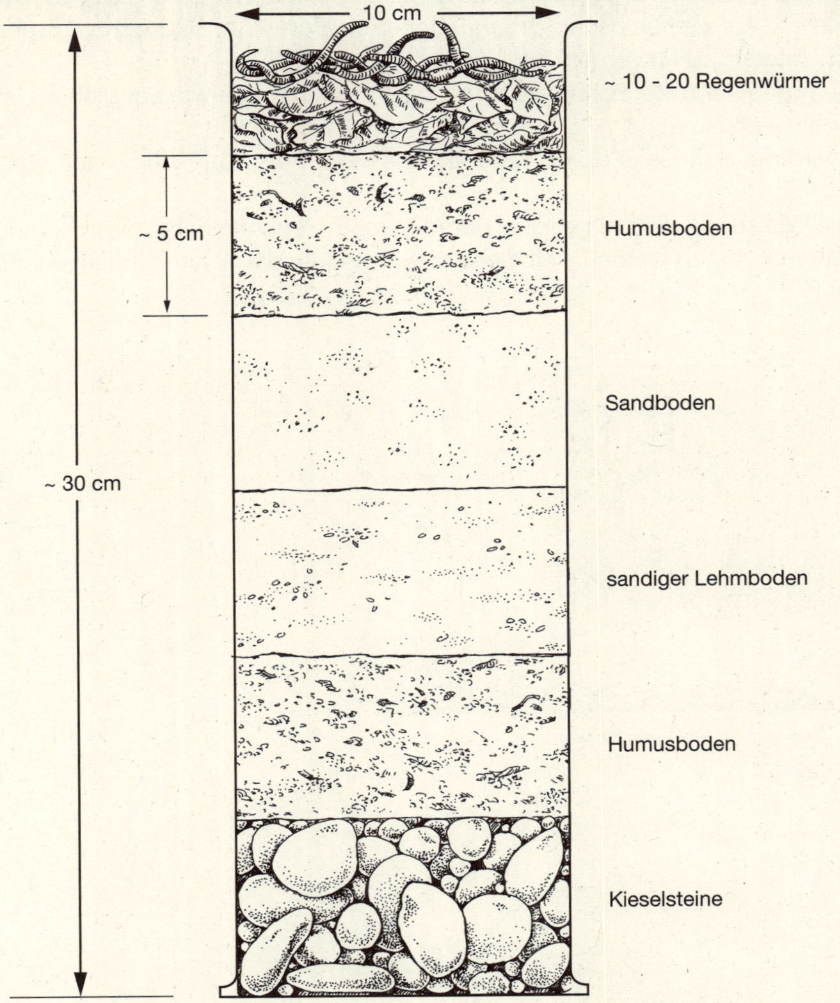

Materialien: Erdproben aus dem Wald (normal feuchter Humus – lehmiger Sand und reiner Sandboden), Kieselsteinchen, Standzylinder (Glas, 30 cm hoch, Ø 10 cm), 10–20 Regenwürmer

Versuchsdurchführung:
Die Böden zweier Glasstandzylinder werden 2 cm hoch mit Kieselsteinchen bedeckt. Diese unterste Schicht wird jetzt abwechselnd mit jeweils 5 cm dicken Bodenschichten aus Humus, sandigem Lehm und reinem Sandboden bedeckt. Die Bodenproben müssen alle gut durchfeuchtet, aber nicht nass sein. Als oberste Schicht werden abgestorbene Blätter verwendet. Der eine Zylinder wird dann mit 10 bis 20 Regenwürmern beschickt. Beide Zylinder werden an einem abgedunkelten Ort etwa vier Wochen lang beobachtet und miteinander verglichen.

Aufgaben:
1. Protokolliere die Beobachtungen.
2. Erläutere die Bedeutung des Regenwurmes für den Waldboden.

Zusatzinformation:
In einem mitteleuropäischen Waldboden kommen etwa 30 verschiedene Regenwurmarten vor. In einem Quadratmeter Boden sind durchschnittlich 78 Individuen vorhanden. In einem Mischwald produzieren sie 17 100 kg Kot pro Hektar und Jahr.

Wozu braucht die Schnecke den Schleim?

Die Schnecke produziert mit einer Schleimdrüse (1) ein Schleimband. Dieses umgibt den gesamten Weichkörper (2) des Tieres. Auf diesem Schleimband gleitet sie vorwärts. Dadurch wird die Reibung zwischen Fußsohle (3) und Untergrund (4) vermindert.
Auf rauhem Untergrund kann die Schnecke ebenso schnell kriechen wie auf glattem, sie verbraucht dabei nur wesentlich mehr Schleim (5).
Vorangetrieben wird die Schnecke durch Kontraktionswellen, die von hinten nach vorn über die Fußsohle laufen (6).
Der Schleim zieht Wasser an, sodass er das Tier mit einem Feuchtigkeitsfilm umgibt. Dieses Wasser kann durch die Haut aufgenommen werden. Auf diese Weise decken die Schnecken einen großen Teil ihres Wasserbedarfs (7).

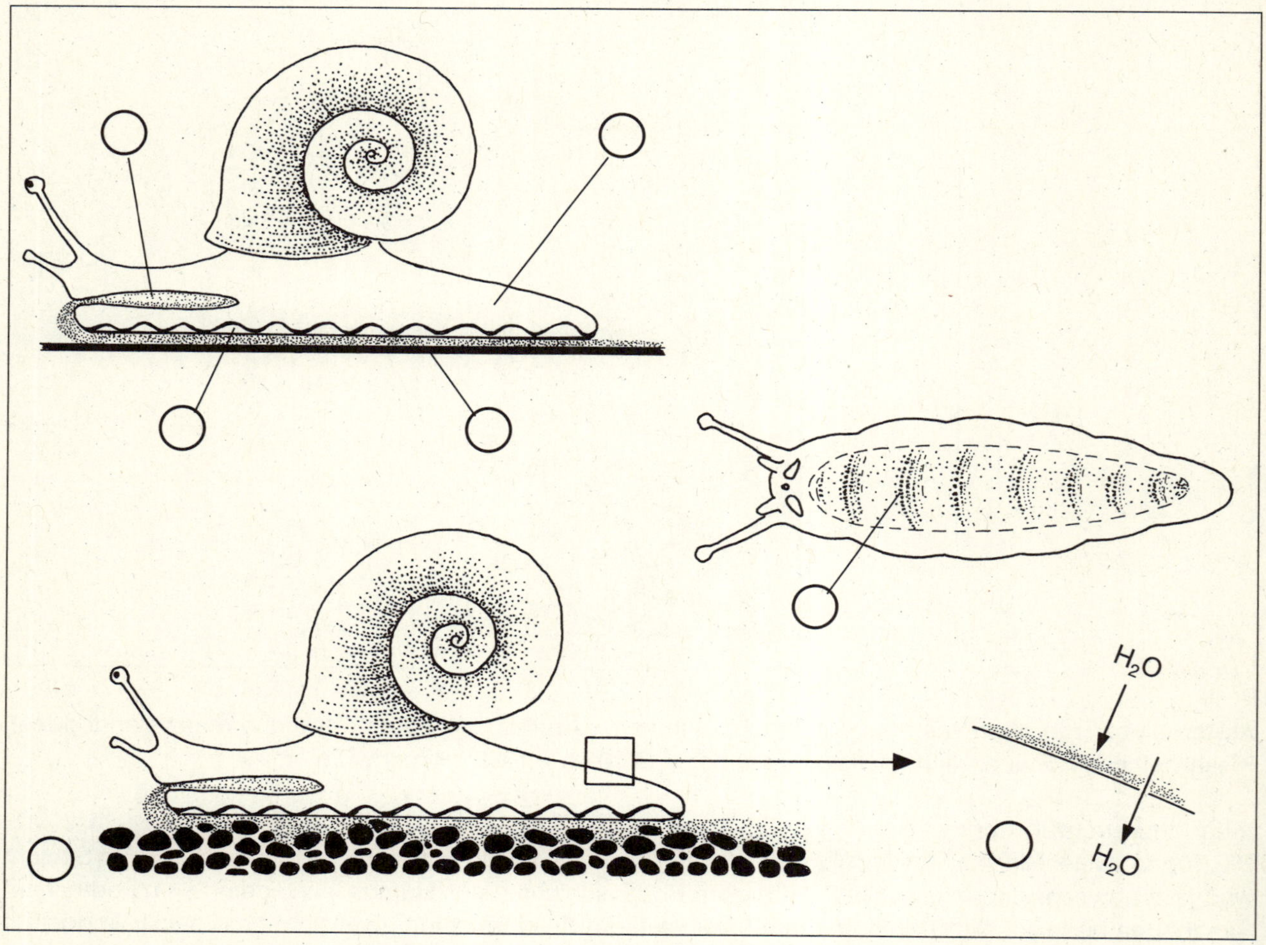

1. Ordne die Textstellen den Abbildungen zu, indem du die Zahlen richtig einträgst.

2. Welche Aufgaben hat der Schleim? Unterstreiche die wichtigen Textstellen.

3. Der Weichkörper der Schnecken kann über den nützlichen Schleimfilm aber auch sehr schnell austrocknen. Wie sind die Tiere in ihrer Lebensweise daran angepasst?

____

____

Spinnentiere

Bauplan einer Webspinne

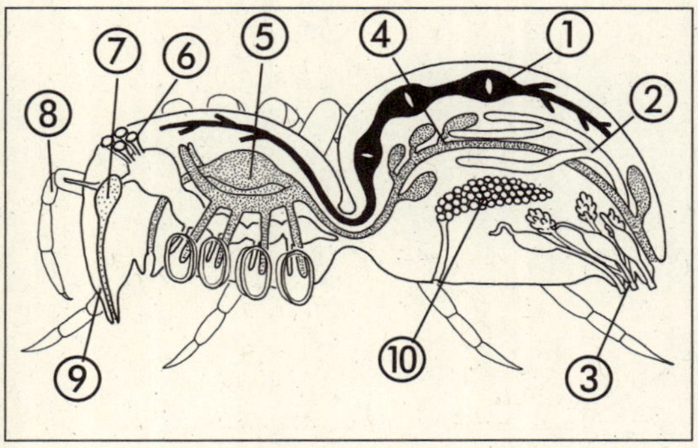

① ______________________

② ______________________

____

③ ______________________

④ ______________________

⑤ ______________________

⑥ ______________________

⑦ ______________________

⑧ ______________________

⑨ ______________________

⑩ ______________________

Verschiedene Spinnentiere

	Name	Besonderheiten in Aussehen und Lebensweisen
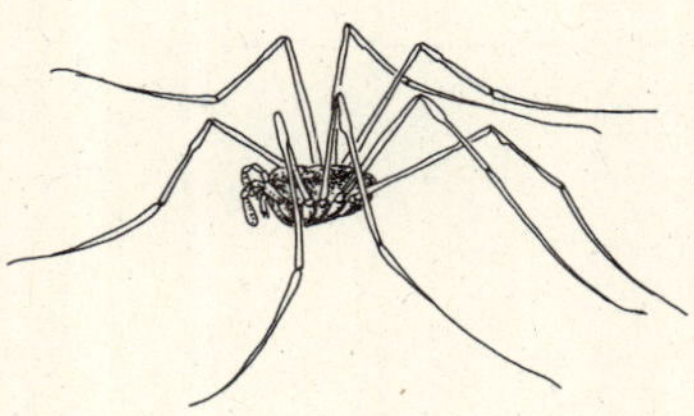		

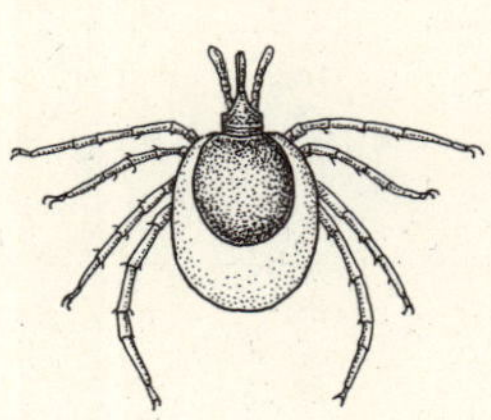		

1. Beschrifte den Bauplan einer Webspinne.

2. Benenne die verschiedenen Spinnentiere und trage Besonderheiten (Aussehen, Lebensweise) ein.

Entstehung eines Radnetzes

Die Abbildung zeigt eine Kreuzspinne beim Spinnen ihres Radnetzes.

1. Beschrifte die Teile des Netzes.

2. In welcher Reihenfolge hat die Spinne das Netz produziert? Ergänze die Beschriftung durch eine entsprechende Nummerierung (1 bis …).

3. Beschreibe, wie die Spinne ihr Netz vollendet und wie sie es zum Beutefang benutzt.

Lebensräume und ihre Bewohner

Lösungsheft

Herausgegeben von:
Monika Böger

Bearbeitet von:
Annegret Dorn
Marlies Jentsch
Dr. Harald Kähler
Dr. Eckhard Philipp
Eckhard Pohl

Unter Mitwirkung der Verlagsredaktion

Illustrationen:
Brigitte Karnath-Eidner
Liselotte Lüddecke
Karin Mall
Susanne Thater

ISBN 3-507-**76851**-8

9 783507 768512

Druck A 5 4 3 2 1 / Jahr 2005 2004 2003 2002 2001

Alle Drucke der Serie A sind im Unterricht parallel verwendbar, da bis auf die Behebung von Druckfehlern unverändert. Die letzte Zahl bezeichnet das Jahr dieses Druckes.

RECYCLING
Gedruckt auf umweltfreundlichem Recycling-Papier (100 % Altpapieranteile)

Satz: O&S Satz GmbH, Hildesheim
Druck und Verarbeitung: Oeding Druck GmbH, Braunschweig

Inhaltsverzeichnis

In den Löser wurden nur solche Arbeitsblätter aufgenommen, zu denen es echte Lösungen im Sinne von Beschriftungen, Zuordnungen usw. gibt. Die Seitenzahlen der übrigen Arbeitsblätter wurden in Klammern gesetzt.

Bau und Leistungen der Pflanzen

Wald

See

Hecke und Wiese

Inhaltsverzeichnis

4 Wege des Wassers in einer Pflanze

1. Welche Teile einer Pflanze sind in den Abbildungen A und B dargestellt?

A: Blattquerschnitt, B: Rindenbereich der Wurzel.

2. Ordne den Ziffern die entsprechenden Fachbegriffe zu.

1: Kutikula; 2: Epidermis; 3: Palisadengewebe; 4: Schwammgewebe; 5: Schließzelle; 6: untere Epidermis; 7: Kutikula; 8: Trachee; 9: Zelle des Rindengewebes; 10: Wurzelepidermis; 11: Wurzelhaar; 12: Bodenpartikel

3. Was ist durch die Pfeile in den beiden Abbildungen A und B dargestellt?

4. Beschreibe die in den beiden Abbildungen A und B dargestellten Vorgänge stichwortartig.

3. und 4: In beiden Fällen geht es um die Transportrichtung von Wasser. In A stellen die nach unten gerichteten gestrichelten Pfeile die Wasserdampfabgabe durch die Spaltöffnungen dar, die durchgezogenen Pfeile durch die Epidermiszellen hindurch weisen auf die kutikulare Transpiration. In B geht es um die Wasseraufnahme durch die Wurzeln. Durch die Wurzelhärchen gelangt Wasser in die Epidermiszellen, dann in die Rindenzellen und schließlich in die Tracheen.

5. Welche Teile einer Pflanze müssten zusätzlich gezeichnet werden, um zwischen den beiden Abbildungen A und B eine Verbindung herzustellen?

Durch den Gefäßteil in der Wurzel, im Stängel, im Blattstiel und in den Adern der Blätter gelangt das Wasser von A nach B, also aus dem Boden (flüssiges Wasser) in die Luft (Wasserdampf).

Querschnitte durch eine Pflanze 5

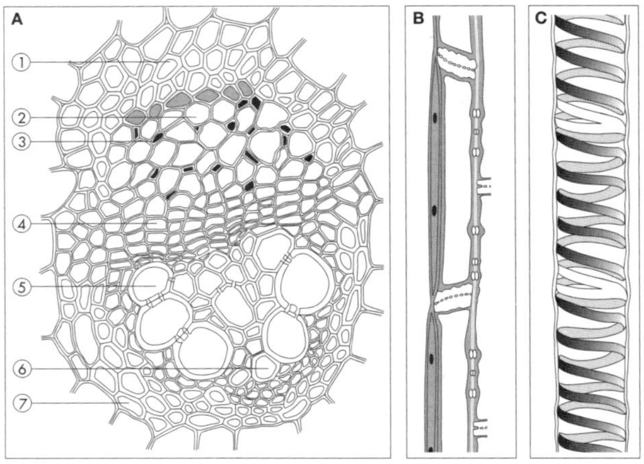

1. A stellt einen Querschnitt durch ein **Leitbündel** dar, B den Längsschnitt durch eine **Siebzelle** und durch eine **Geleitzelle**, bei C geht es um den Ausschnitt einer **Trachee**, die von der Seite betrachtet wird.

2. Ordne den Zahlen in Abbildung A die entsprechenden Fachbegriffe zu. Welcher Teil der Abbildung weist in Richtung Rinde?

① **Festigungsgewebe**	④ **Kambiumzelle**
② **Siebzelle**	⑤ **Trachee**
③ **Geleitzelle**	⑥ **Tracheide**
⑦ **Festigungsgewebe**	Der **obere Teil des Leitbündels** weist in Richtung Rinde.

3. Vergleiche die Strukturen B und C hinsichtlich Bau und Funktion.

B: lebende Zellen, bilden Röhren mit siebartig durchbrochenen Querwänden, Transport organischer Stoffe; C: tote Zellen, Querwände aufgelöst, weitlumiger Zellschlauch, Transport von Wasser und Ionen

6 Stängel und Wurzel im Vergleich

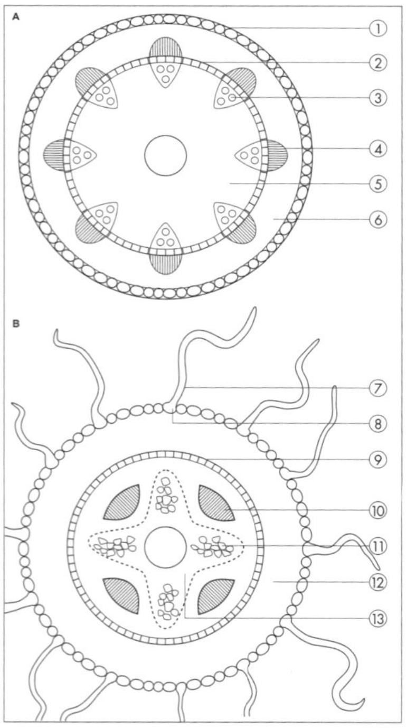

① **Stängelepidermis**
② **Zentralzylinder**
③ **Gefäßteil**
④ **Siebteil**
⑤ **Markgewebe**
⑥ **Rindengewebe**

⑦ **Wurzelhaar**
⑧ **Wurzelhaarzelle**
⑨ **Zentralzylinder**
⑩ **Siebteil**
⑪ **Gefäßteil**
⑫ **Rindengewebe**
⑬ **Markgewebe**

Wurzel mit härchenbildenden Epidermiszellen, diese fehlen im Stängelbereich; im Wurzelbereich liegen Sieb- und Gefäßteil nebeneinander, im Stängelbereich hintereinander (Siebteil rindenwärts, Gefäßteil markwärts).

1. Bei welcher Abbildung geht es um einen Stängelquerschnitt, bei welcher um einen der Wurzel?

A: Stängelquerschnitt, B: Wurzelquerschnitt

2. Ordne den Zahlen die entsprechenden Begriffe zu.

3. Nenne Unterschiede zwischen den beiden Querschnitten.

Verschiedene Blätter am selben Baum 7

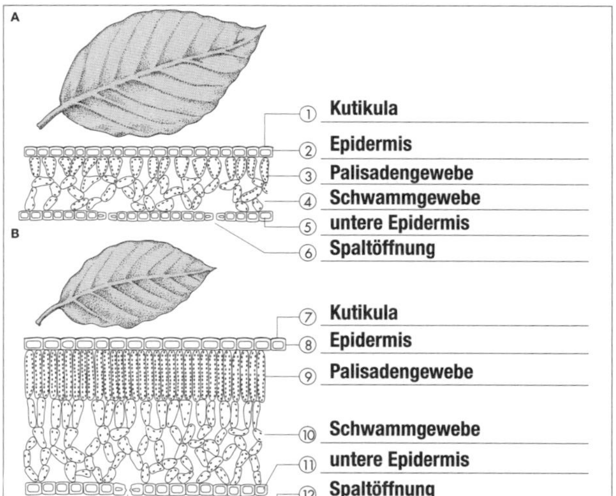

① **Kutikula**
② **Epidermis**
③ **Palisadengewebe**
④ **Schwammgewebe**
⑤ **untere Epidermis**
⑥ **Spaltöffnung**
⑦ **Kutikula**
⑧ **Epidermis**
⑨ **Palisadengewebe**
⑩ **Schwammgewebe**
⑪ **untere Epidermis**
⑫ **Spaltöffnung**

1. Bei A handelt es sich um ein **Schatten**-Blatt, bei B um ein **Sonnen**-Blatt der **Buche** (Name des Baumes).

2. Ordne den Ziffern die entsprechenden Fachbegriffe zu.

3. Erfasse die Unterschiede der beiden Blattformen in folgender Tabelle:

	Blatt A	Blatt B
Palisadengewebe	**locker, dünn**	**dicht, mächtig**
Schwammgewebe	**dünn**	**mächtig**
Blattgröße	**groß**	**klein**

8 Wasserdampfabgabe

A Ausschnitt aus der Blattoberseite eines Blattes

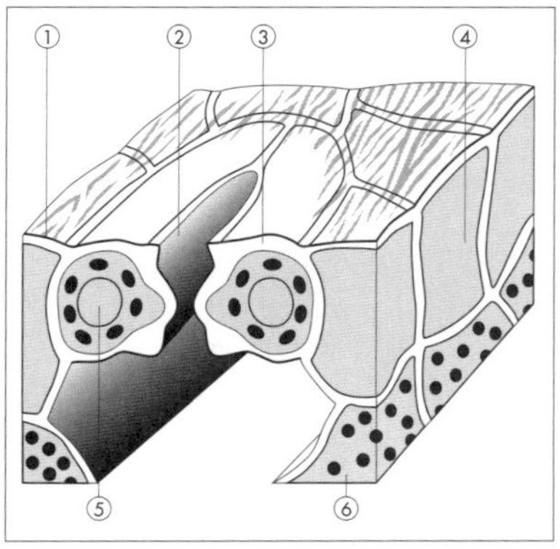

① Kutikula
② Spaltöffnung
③ Zellwand
④ Epidermis
⑤ Schließzelle (bzw. deren Vakuole)
⑥ Palisaden- bzw. Schwammgewebe

B Tagesgang der Wasserdampfabgabe einer Pflanze

1. Um welchen „Apparat" geht es in Abbildung A? Spaltöffnungsapparat

2. Wo findet man diesen „Apparat" üblicherweise? Blattunterseite

3. Ordne den Zahlen die entsprechenden Fachbegriffe zu.

4. Beschreibe die Befunde in Abbildung B. Erkläre.

4. Zunahme der Wasserdampfabgabe am Vormittag: Zunahme der Lichtintensität → Fotosyntheserate steigt → erhöhter CO_2-Bedarf → Spaltöffnungen weiten sich → Wasserdampfabgabe erhöht; außerdem: Zunahme der Temperatur → Wasserdampfabgabe erhöht (Kühlungseffekt). Abfall der Wasserdampfabgabe am frühen Abend: umgekehrte Effekte

Fotosynthese und Atmung 9

In einem Aquarium werden u. a. Wasserpflanzen wie die Wasserpest und Tiere wie z. B. Stichlinge gehalten. Von oben strahlt Licht aus einer Lampe auf die Wasseroberfläche:

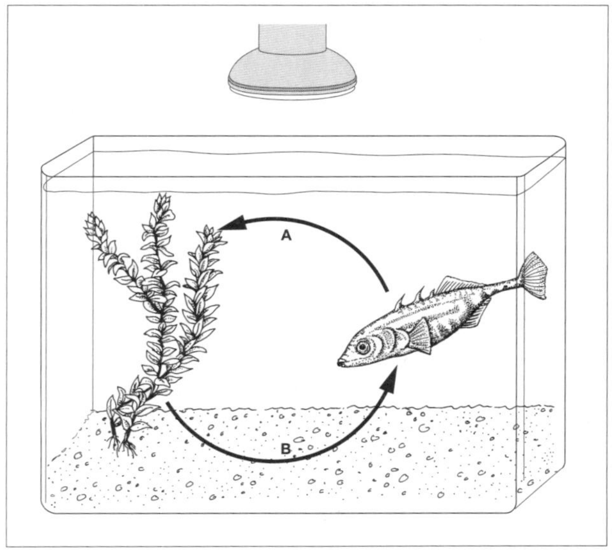

1. Der Pfeil A ist folgendermaßen zu lesen: „Der Stichling atmet ein Gas aus, das die Wasserpest benötigt", der Pfeil B dagegen liest sich wie folgt: „Die Wasserpest gibt ein Gas ab, das der Stichling benötigt."

Bei A handelt es sich um das Gas Kohlenstoffdioxid,

bei B handelt es sich um das Gas Sauerstoff.

2. Ergänze die Wortgleichung für den Vorgang, der bei dem Tier zur Freisetzung eines Gases führt:

Sauerstoff + Traubenzucker → Wasser + Kohlenstoffdioxid

3. Ergänze die Wortgleichung für den Vorgang, der bei der Pflanze zur Freisetzung eines Gases führt:

Kohlenstoffdioxid + Wasser → Traubenzucker + Sauerstoff

10 PRIESTLEYs Experimente

1. In Versuch A wird die Maus ohnmächtig, weil im abgeschlossenen Gefäß eine Sauerstoffverknappung stattfindet. Diese Verknappung rührt daher, dass die Maus fortlaufend Sauerstoff einatmet, den sie für die Zellatmung benötigt. In Versuch B hat die Maus keine vergleichbaren Probleme, obwohl auch sie in einem abgeschlossenen Gefäß lebt. Dafür gilt folgende Erklärung: Die Maus verbraucht zwar laufend Sauerstoff, dieser wird jedoch von der Pflanze nachgeliefert. Diese betreibt Fotosynthese, nimmt dabei das von der Maus abgegebene Kohlenstoffdioxid auf und gibt Sauerstoff ab, der dann der Maus zur Verfügung steht.

2. Unter „verbrauchter Luft" verstand PRIESTLEY sauerstoffarme Luft, also Luft, der ein tierliches Lebewesen Sauerstoff für Atmungsvorgänge entnommen hat.

3. Auch eine Pflanze, allein in einem abgeschlossenen Gefäß, würde nicht gedeihen, denn Pflanzen benötigen für die Fotosynthese Kohlenstoffdioxid. Es würde in dem Gefäß zu einer Verknappung an Kohlenstoffdioxid kommen.

Fotosynthese und Lichtintensität 11

Die nachfolgenden Untersuchungen A–E wurden mit Sprossen der Wasserpest durchgeführt.

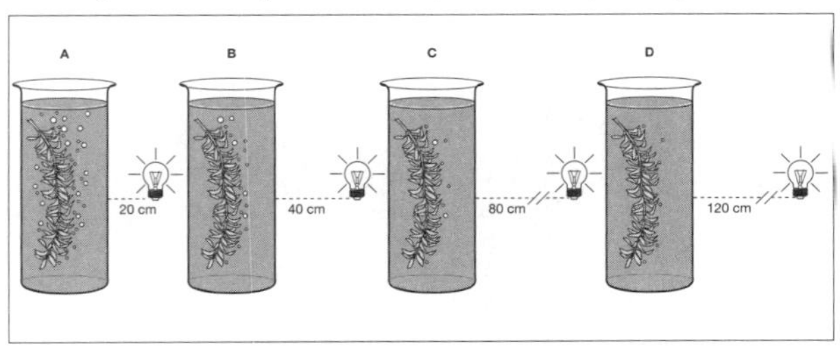

1. Beschreibe die Beobachtungen in den Untersuchungen A–D.

Die Blasenbildung nimmt zu von Versuch D (sehr wenige Blasen), über Versuch C (wenige Blasen) und Versuch B (viele Blasen) bis zu Versuch A (sehr viele Blasen). In der genannten Reihenfolge verringert sich der Abstand zwischen Lichtquelle und Gefäß mit der Wasserpestpflanze.

2. Leite aus den Beobachtungen in den Untersuchungen A–D eine allgemeine Aussage ab.

Je näher die Lichtquelle an der Pflanze steht und je intensiver folglich die Lichtintensität an der Pflanze ist, desto stärker ist die Bläschenbildung. Bei den Bläschen handelt es sich (dies ist aus dem Vorunterricht bekannt) um Sauerstoff, den Pflanzen bei der Fotosynthese freisetzen. Also lässt sich folgern, dass mit zunehmender Lichtintensität die Fotosyntheseaktivität gesteigert wird.

3. Zeige, dass z. B. Gärtner, Blumenfreunde oder Hobbygärtner diese allgemeine Aussage berücksichtigen, wenn sie Gewächshäuser bauen oder Blumen einen Platz geben.

Gewächshäuser, die zunächst einmal für bessere Temperaturbedingungen sorgen sollen, sind so konzipiert, dass viel Licht auf die Pflanzen fällt: Es werden Bauteile/-stoffe bevorzugt, die Licht hindurch lassen, wie Glas oder transparente Folien.

12 Was passiert bei der Keimung?

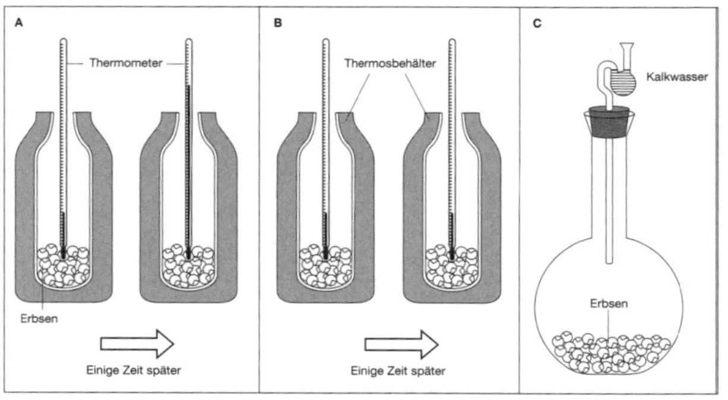

1. In welchem der beiden Versuche A oder B werden keimende, in welchem abgestorbene Erbsen verwendet? Begründe deine Entscheidung.

In Versuch A werden keimende Erbsen verwendet. Keimende Erbsen haben Zellatmung. Dabei werden Traubenzucker oder andere energiereiche Stoffe abgebaut und Wärme wird freigesetzt. Diese führt zu einer Temperaturerhöhung, die am Thermometer ablesbar ist. In Versuch B steigt die Temperatur nicht an, so ist der Rückschluss möglich, dass keine Zellatmung stattfindet, also handelt es sich um abgestorbene Erbsen.

2. Wie würde ein in C skizziertes Experiment mit abgestorbenen, wie mit keimenden Erbsen ausgehen? In dem aufgesetzten Gärröhrchen befindet sich eine Kalkwasser-Lösung ($Ca(OH)_2$-Lösung). Erläutere deine Voraussage.

Mit keimenden Erbsen würde sich die Lösung in dem Gärröhrchen trüben. Keimende Erbsen haben Stoffwechsel und setzen dabei Kohlenstoffdioxid frei. Dieses führt mit einer Calciumhydroxid-Lösung zu dem beschriebenen Trübungseffekt. Dieser entfällt, wenn abgestorbene Erbsen in den Rundkolben gefüllt werden. Abgestorbene Erbsen haben keinen Stoffwechsel und setzen somit kein Kohlenstoffdioxid frei.

Pflanzen brauchen mehr als Licht 13

Zwei gleich große Maispflänzchen werden zur gleichen Zeit, bei gleicher Temperatur und unter gleichen Lichtverhältnissen und bei gleich guter Belüftung ihrer Wurzeln unterschiedlich behandelt. *Pflanze A* taucht mit ihren Wurzeln in reines Wasser, *Pflanze B* dagegen in eine Nährsalzlösung, die viele für Pflanzen wichtige Salze enthält. Nach mehreren Tagen werden die beiden Pflanzen verglichen:

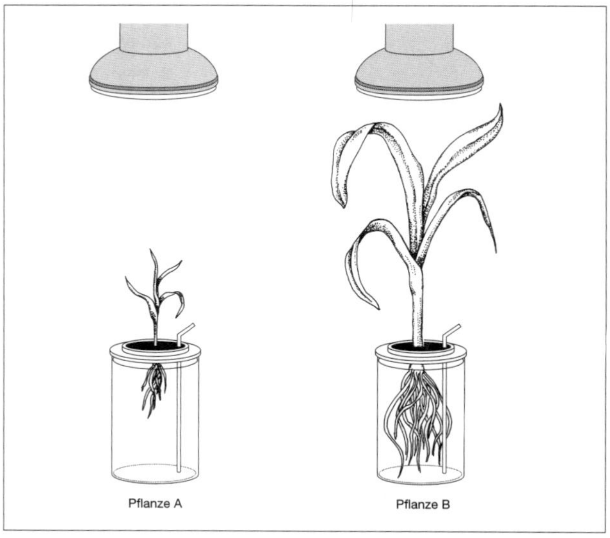

1. Vergleiche das Wachstum beider Pflanzen.

Pflanze A: Kümmerwuchs, Pflanze B: gedeiht deutlich besser.

2. Was benötigen Pflanzen also zum Gedeihen neben Wasser, Kohlenstoffdioxid und Licht?

Nährsalze

3. Wie ist zu erklären, dass die Pflanze A zumindest zu einem kleinen Pflänzchen herangewachsen ist?

In der frühen Phase ihres Lebens greifen kleine Pflänzchen auf Nährsalze (und Nährstoffe) zurück, die im Samen gespeichert sind.

14 Pflanzen – ein Rätsel?

↓

1. DIFFUSION
2. SIEBTEIL
3. SCHWAMMGEWEBE
4. MARKSTRAHL
5. GEFAESSTEIL
6. PALISADENGEWEBE
7. WASSER
8. KAMBIUM
9. CHLOROPHYLL
10. JAHRESRINGE
11. NAEHRSALZE
12. SPALTOEFFNUNG
13. KUTIKULA
14. EPIDERMIS
15. OSMOSE
16. ZENTRALZYLINDER
17. FOTOSYNTHESE
18. BILDUNGSGEWEBE
19. STAERKE

Das Lösungswort lautet: **Dickenwachstumszone**

1. Erfolgt vom Ort höherer Konzentration zum Ort niedrigerer Konzentration.
2. Teil eines Leitbündels, der z. B. Zucker und Aminosäuren befördert.
3. Gewebe im Blatt mit vielen Hohlräumen.
4. Verbindet Rindengewebe mit Markgewebe.
5. Hier werden Wasser und Nährsalze transportiert.
6. Gewebe im Blatt, mit besonders vielen Chloroplasten.
7. Aus diesem Stoff besteht der größte Teil einer lebenden Plfanze.
8. Trennt Sieb- und Gefäßteil.
9. Dieser Stoff macht alle Pflanzen grün.
10. Davon gibt es so viele, wie ein Baum alt ist.
11. Diese nimmt eine Pflanze mithilfe ihrer Wurzeln auf.
12. „Fenster" im Blatt, zur Aufnahme und Abgabe von Stoffen.
13. Schützt das Blatt vor zu großer Wasserabgabe.
14. Zellschicht, die ein Blatt nach oben und unten abgrenzt.
15. Durch diesen Vorgang nimmt die Wurzel Wasser aus dem Boden auf.
16. Wird von der Wurzelrinde umschlossen.
17. Ein Vorgang, von dem alles Leben auf der Erde abhängig ist.
18. Dieses Gewebe besteht aus teilungsfähigen Zellen.
19. Dieser Stoff wird bevorzugt von Pflanzen gespeichert.

Finde das Lösungswort (graue Buchstabenreihe unter dem Pfeil).

Beachte: Umlaute werden durch *ae, oe* oder *ue umschrieben,* ß durch *ss.*

Wald ist nicht gleich Wald 15

In den beiden Abbildungen sind zwei unterschiedliche Waldtypen dargestellt.

A

B

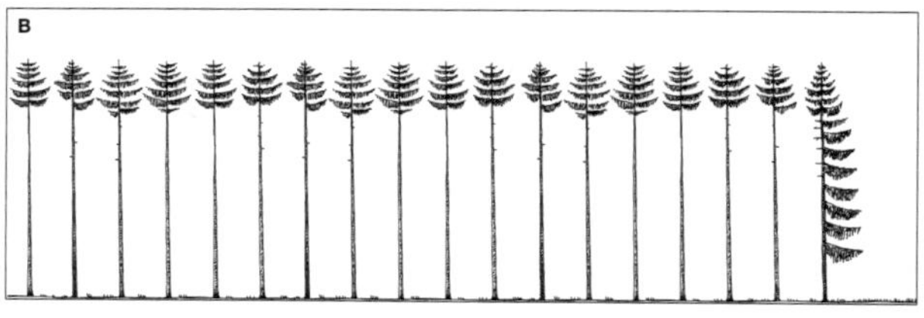

1. Bezeichne die beiden vom Menschen geschaffenen und bewirtschafteten Waldtypen.

In A ist ein **naturnaher Mischwald** und in B ein reiner **Fichtenforst (Fichtenmonokultur)** dargestellt.

2. Fasse in einer Tabelle Vor- und Nachteile der beiden Waldtypen zusammen.

Naturnaher Mischwald	Fichtenforst
Vorteile: gute Strukturierung in Baum-, Strauch-, Kraut-, Moosschicht, Artenvielfalt, Naturverjüngung, Widerstandsfähigkeit gegen Schädlinge, geringere Wind- und Schneebruchgefahr, hoher Erholungswert	**Vorteile:** schnelles Wachstum, ertragreiche Holzproduktion **Nachteile:** keine Strukturierung in Baum-, Strauch-, Kraut-, Moosschicht, geringe Artenvielfalt, Gefahr durch Schädlinge, große Wind- und Schneebruchgefahr, geringer Erholungswert

16 Der Wald verändert sich mit der Zeit

Vergleiche mithilfe der Abb. A–C die Veränderungen von einem jungen zu einem älteren Kiefernwald. Benenne auch den Stockwerksaufbau (B).

Es handelt sich in Abb. A um einen angepflanzten Wirtschaftswald (Holzplantage). Da nur eine Baumart angepflanzt wurde, spricht man auch von einer Monokultur. Bei der Aufforstung wurden die Pflanzen sehr dicht gepflanzt. Eine Ausdünnung kommt durch absterbende Bäume und durch Aufforstungsmaßnahmen zustande. Im älteren Kiefernwald (B) sind durch forstliche Eingriffe die schwachen und abgestorbenen Kiefern entfernt worden, um den gesunden bessere Wachstumsbedingungen zu verschaffen. Zu Abb. C: Die Beleuchtungsstärke ist auf dem freien Feld gleich 100 % gesetzt worden. Im jungen Kiefernwald kann aufgrund der Kieferndichte kaum Licht den Boden erreichen. Durch den Lichtmangel können im Innern überhaupt keine anderen Pflanzen und am Rande einige krautige Pflanzen wachsen. Im ausgelichteten älteren Kiefernwald kommt mehr Licht am Boden an, sodass nicht nur krautige Pflanzen, sondern auch Büsche und andere Bäume heranwachsen können.

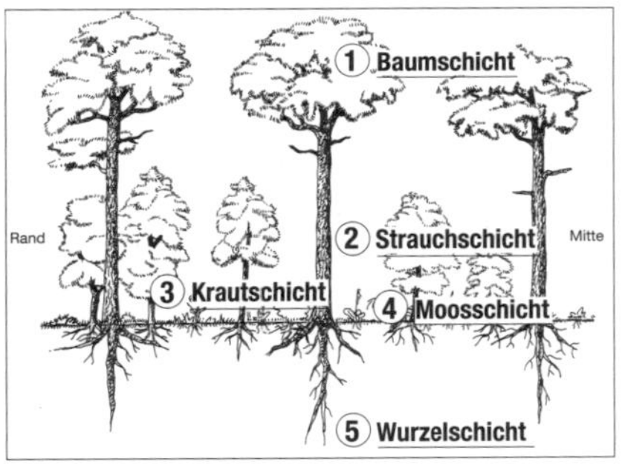

17 Der Wald verändert sich im Laufe eines Jahres

1. Erläutere den Verlauf der Kurven.

Die Sonneneinstrahlung ist bei uns im Winter am geringsten. Sie steigt vom Frühjahr zum Sommer hin immer mehr an, um dann wieder abzunehmen. In gleicher Weise verändern sich die Lichtverhältnisse im Baumkronenbereich des Buchenwaldes. Die Lichtverhältnisse im Bodenbereich werden zusätzlich durch die zunehmende Belaubung der Buchen beeinflusst. Im Frühjahr erreicht das meiste Licht den Erdboden, da die Buchen noch ohne Laub sind. Mit zunehmender Belaubung nimmt der Lichteinfall mehr und mehr ab, um bei abnehmender Belaubung im Herbst wieder etwas zuzunehmen.

2. Beschreibe die Auswirkungen des wechselnden Lichteinfalls in der Krautschicht des Buchenwaldes.

Vor allem die Pflanzen der Krautschicht haben sich an diese wechselnden Lichtverhältnisse angepasst. So haben die Frühjahrsblüher Nährstoffspeicherorgane, z. B. in Form von Zwiebeln (z. B. Schneeglöckchen) oder Wurzelknollen (z. B. Scharbockskraut), entwickelt. Aus ihnen treiben sie bei einer Erwärmung des Bodens aus. Die Frühjahrsblüher sterben mit zunehmender Belaubung der Buchen ab und werden durch Schattenpflanzen, die mit weniger Licht auskommen, abgelöst. Der Waldsauerklee, die Schattenblume, Moose und Farne gehören zu solchen Pflanzen. Einige immergrüne Gewächse wie Efeu und Immergrün können selbst mit wenig Licht das ganze Jahr überdauern.

18 Aufbau eines Waldbaumes (Eiche)

1. Beschrifte die Pfeile in der Abbildung.

2. Erläutere unter Berücksichtigung der im Bast und Splintholz eingezeichneten Pfeile die Funktion der einzelnen Teile.

1 Blätter: **In ihnen laufen Fotosynthese, Atmung und Transpiration ab.**

2 Borke: **Sie schützt den Baum vor Beschädigungen und Angriffen aus der Umwelt. Sie besteht aus toten Zellschichten.**

3 Bast: **Diese Schicht besteht aus lang gestreckten Zellen mit siebartig durchbrochenen Querwänden, den Siebröhren. In ihnen werden Fotosyntheseprodukte (Nährstoffe) in alle Teile des Baumes transportiert.**

4 Kambium: **Eine teilungsfähige Wachstumsschicht, die nach außen Bast- und nach innen Holzzellen produziert.**

5 Splintholz: **Im neu gebildeten Holz liegen Gefäße, in denen Wasser und Nährsalze von den Wurzeln zu den Blättern transportiert werden. Ältere Zellen sterben ab und werden zu Kernholz.**

6 Kernholz: **Es besteht aus toten Zellschichten. Das Kernholz gibt dem Baum als tragende Säule Festigkeit.**

7 Wurzel: **Sie verankert den Baum im Boden und dient der Wasser- und Nährsalzaufnahme.**

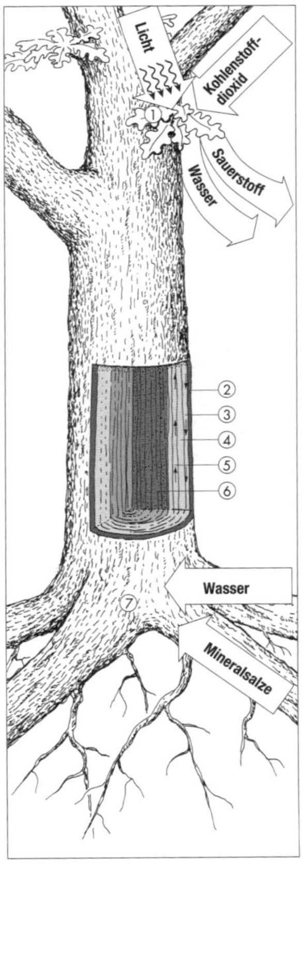

19 Jahresringe: Ein Baum wächst

1. Stelle deine Werte nach obigem Schema grafisch dar.

Im Balkendiagramm lassen sich die unterschiedlichen Jahreszuwächse gut ablesen.

2. Erkläre die Entstehung der Jahresringe.

Ein heller breiter und ein dunkler schmaler Ring wechseln einander ab und bilden zusammen den Jahresring. Die hellen Ringe werden im Frühjahr aus weiten dünnwandigen Holzzellen gebildet. Im Sommer dagegen entstehen kleinere dickwandige Holzzellen. Im Winter werden keine neuen Holzzellen gebildet.

3. Erläutere den Verlauf der Jahresringbreiten – entweder bei dem von dir vermessenen Baum oder anhand der Abbildung.

Das Wachstum des abgebildeten Baumes stieg zunächst stetig an (58–61). Der Baum wuchs anschließend auf niedrigem Niveau weiter (62–65). 1966 kam es, vermutlich aufgrund schlechter Klimaverhältnisse zu einem Wachstumseinbruch. In den folgenden Jahren (67–70) verstärkte sich das Wachstum wieder, um 1971 einzubrechen. Das Wachstum erholte sich in den Jahren 73–75 wieder etwas, um dann auf sehr niedrigem Niveau zu verharren. Wahrscheinlich müssen sich seit 1971 die Wachstumsbedingungen für die Tanne entscheidend verändert haben. Auch die beginnende Kronenverlichtung spricht für diese Vermutung. Man kann davon ausgehen, dass Luftverschmutzungsstoffe diese Kronenverlichtung verursacht haben und damit für den Wachstumseinbruch der Tanne verantwortlich sind.

20 Was leistet eine Buche?

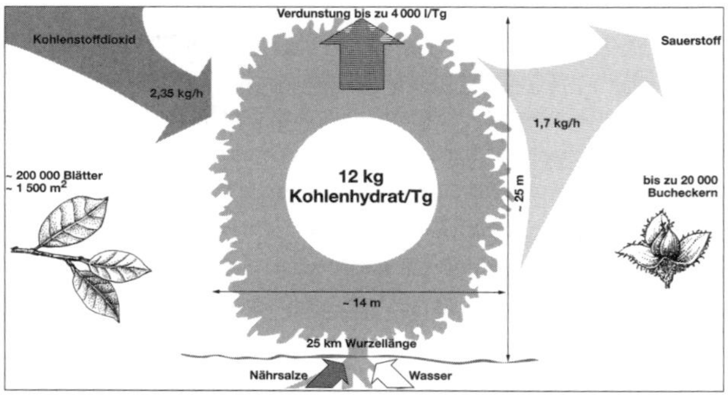

Leistung einer 100-jährigen Buche unter guten Standortbedingungen

1. Nenne sechs mögliche Standortfaktoren.

1. **Licht**	2. **Temperatur**
3. **Wasser**	4. **Boden**
5. **Feinde (z. B. Insekten)**	6. **Konkurrenz mit anderen Bäumen**

2. Erläutere den Zusammenhang zwischen Wasser- bzw. Kohlenstoffdioxidaufnahme und Sauerstoffabgabe bzw. Kohlenhydratproduktion.

Im Fotosyntheseprozess baut der Baum unter Lichteinfluss aus Wasser und Kohlenstoffdioxid Kohlenhydrate auf. Hierbei wird Sauerstoff freigesetzt.

3. Welche Leistungen der Buche verändern sich in der Nacht?

Da Licht fehlt, wird der Fotosyntheseprozess eingestellt, während der Energie liefernde Atmungsprozess weiterläuft. Aufgrund niedrigerer Temperaturen würde sich die Transpiration und damit die Wasseraufnahme über die Wurzeln verringern.

22 Nadelbaum und Laubbaum

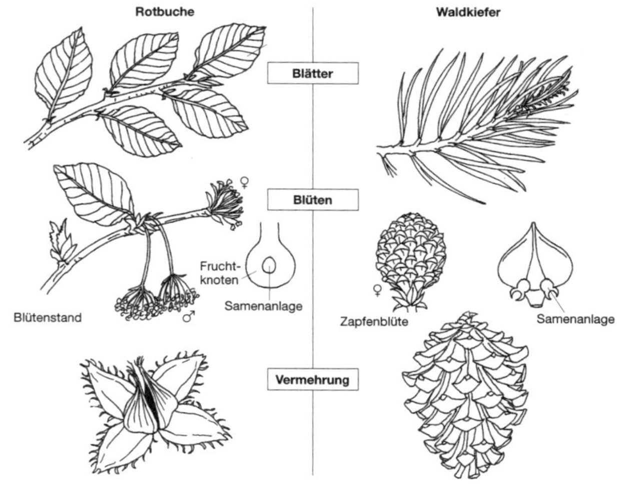

1. Erläutere die Kennzeichen von Laub- und Nadelbäumen. Vergleiche dazu mithilfe der Abbildung Rotbuche und Waldkiefer.

Laubbäume haben flächige Blätter, die im Herbst abgeworfen werden. Ihre Samenanlagen sind in einem Fruchtknoten eingeschlossen. Sie bilden Früchte mit Samen. Nadelbäume haben Blätter mit kleiner Oberfläche, die Nadeln. Ihre Samenanlagen liegen frei auf Samenschuppen. Die Samen reifen in Zapfen heran und werden vom Wind verbreitet.

2. Warum können Waldkiefern auf sehr trockenen Standorten gedeihen?

Durch die kleine Oberfläche und eine dicke Wachsschicht auf der Oberfläche verdunsten die Nadeln kaum Wasser. Der Baum kommt deshalb mit einer geringen Wassermenge im Boden aus.

Fortpflanzung der Moose 23

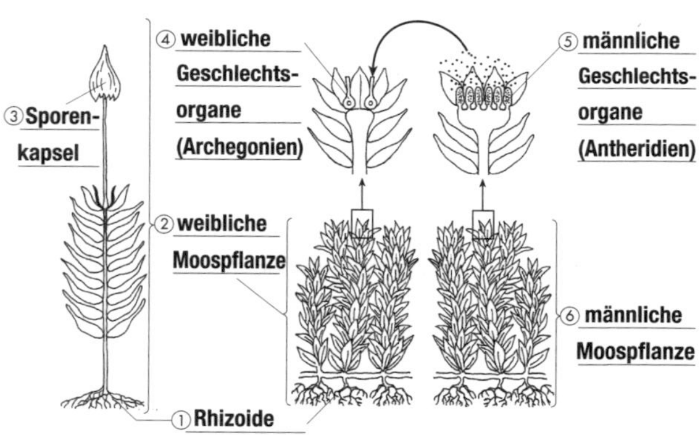

1. Beschrifte die Abbildungen.

2. Welche der abgebildeten Stadien gehören zur geschlechtlichen und welche zur ungeschlechtlichen Generation? Begründe deine Entscheidung.

Die beblätterten Moospflanzen gehören der geschlechtlichen Generation an, da sie die Geschlechtsorgane enthalten. Die Sporenkapsel mit dem Sporenträger wächst aus der befruchteten Eizelle heraus und stellt somit die Sporen bildende ungeschlechtliche Generation dar.

3. Was bildet sich aus den Sporen der Moose?

Die Sporen keimen zu weiblichen bzw. männlichen Fadengeflechten aus, die dann zu weiblichen bzw. männlichen Moospflanzen heranwachsen.

4. Nenne die Bedeutung der Moose für den Wald.

Die Moospolster verhindern die Bodenerosion. Sie haben eine Wasser speichernde Funktion. Sie stellen aber auch den Lebensraum für eine Reihe von Kleinstlebewesen wie Amöben, Fadenwürmer, Rädertierchen und Bärtierchen dar.

24 Farne machen einen Generationswechsel durch

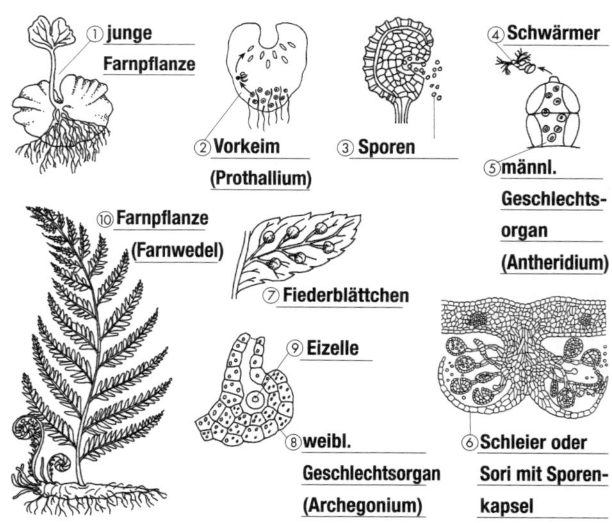

1. Beschrifte die Abbildungen, indem du jede Zahl mit einem entsprechenden Fachbegriff versiehst.

2. Trage die Zahlen der Abbildungen in der Reihenfolge in das Kästchenschema ein, die dem Entwicklungsgang der Pflanze entspricht. Beginne dabei mit 10. Abb. 4, 5, 8, 9 bleiben unberücksichtigt.

10	7	6	3	2	1

3. Welche Entwicklungsstadien gehören dem ungeschlechtlichen und welche dem geschlechtlichen Teil des Generationswechsels an. Erläutere die Abgrenzung.

Die aus dem Vorkeim hervorwachsende junge Farnpflanze (1) und die Sporen bildende fertig ausgebildete Farnpflanze (10, 7, 6, 3) bilden die ungeschlechtliche und der Vorkeim (2) mit den Geschlechtsorganen (Archegonien und Antheridien) die geschlechtliche Generation.

Pilze haben eine unterschiedliche Gestalt — 25

1. Benenne den Pilztyp und ordne den Ziffern die jeweiligen Fachbegriffe zu.

A: Hefepilze, B: Schimmelpilze,
C: Hutpilze, D: Wurzelpilze
① Sporen, ② Hyphen, ③ Hut, ④ Stiel, ⑤ Myzel

2. Erläutere die Bedeutung der Pilze A–C hinsichtlich ihrer Aufgaben in der Natur oder hinsichtlich der Verwendung durch den Menschen.

Hefepilze kommen z. B. im Boden oder an bzw. in anderen Lebewesen vor. Sie sind u. a. am Abbau von organischem Material beteiligt. Verwendung: Brot backen, Vergärung von stärkehaltigen Produkten. Schimmelpilze zersetzen organisches Material. Verwendung: Gewinnung von Antibiotika, Herstellung von Schimmelkäsen. Hutpilze zersetzen organisches Material (Beteiligung am Kreislauf der Stoffe in der Natur). Ihr Mycel kann eine Mykorrhiza mit den Wurzeln bestimmter Bäume bilden. Verwendung: einige Fruchtkörper sind essbar.

3. Pilze können in der Natur als Fäulnisbewohner (Saprophyten), Schmarotzer (Parasiten) oder als Symbionten auftreten. Erläutere die jeweilige Ernährungsweise.

a) Saprophyt:

Sie ernähren sich von organischen Stoffen faulender, zersetzter, abgestorbener Lebewesen. Daher auch die Bezeichnung: Fäulnisbewohner, Saprophyten

b) Schmarotzer (Parasiten):

Pilze können an (z. B. Hautpilze) oder in (z. B. im Darm) lebenden Organismen von der Substanz des Wirtes leben. Solche Pilze werden deshalb als Schmarotzer oder Parasiten bezeichnet.

c) Symbiont:

Die auf den Wurzeln anderer Pflanzen lebenden Pilze versorgen die Wirtspflanze mit Wasser und Nährsalzen und entnehmen dem Wirt Nährstoffe zur eigenen Versorgung. Die Verbindung bringt also beiden Vorteile. Diese Art des Zusammenlebens wird als Symbiose bezeichnet.

4. Erläutere anhand der Abbildung D den Begriff Mykorrhiza.

Als Mykorrhiza bezeichnet man eine Symbiose zwischen Baum und Pilz, wobei der Pilz dem Baum gelöste Nährsalze liefert, während der Baum dem Pilz Nährstoffe wie z. B. Traubenzucker zur Verfügung stellt.

26 — Woraus besteht der Waldboden?

1. Erläutere die Vorgänge, die bei der Trennung der verschiedenen Bodenbestandteile eine Rolle spielen.

Die verschiedenen Bestandteile des Bodens setzen sich aufgrund ihrer unterschiedlichen Dichte (Massendichte = Masse/Volumen) nacheinander ab. Es bilden sich dadurch verschiedene Schichten. Am Boden des Zylinders setzen sich die schwereren Kiese und Sande ab. Es folgen die feineren Schluff – (grau) und Tonbestandteile (gelb). Die oberste Schicht besteht aus leichten organischen Humusbestandteilen, die sich zum größeren Teil an der Wasseroberfläche schwimmend ansammeln.

2. Schildere die Bedeutung des Bodens für die Pflanzen.

Der Boden dient als Wasser- bzw. Nährstofflieferant und bietet den Pflanzen Halt.

3. Welche Bodeneigenschaften (Wasserkapazität, Wasserdurchlässigkeit, Durchlüftung, Nährstoffgehalt) sind bei einem Boden mit hohen Sand-, Ton- oder Humusanteilen zu erwarten?

Ein sandiger Boden mit hohen Kies- und Sandanteilen hat z. B. eine gute Durchlüftung mit guter Durchwurzelbarkeit. Seine Wasserdurchlässigkeit ist hoch und seine Wasserkapazität ist niedrig. In der Regel ist dieser Boden nährstoffarm.
Dagegen hat ein Boden mit hohen Tonanteilen eine schlechte Durchlüftung mit schlechter Durchwurzelbarkeit. Die Wasserdurchlässigkeit ist gering und damit die Wasserkapazität hoch. Die Böden sind in der Regel nährstoffreich.
Die Humsbestandteile, die bei der Zersetzung von abgestorbenen Lebewesen entstehen, geben dem Boden eine gute Krümelstruktur. Diese bewirkt eine gute Durchlüftung mit guter Durchwurzelbarkeit, guter Wasserkapazität und Nährstoffreichtum.

Der Waldboden atmet — 27

Materialien:
Barium- oder Calciumhydroxidlösung (gesättigt), Bindfaden, Gaze (alte Strumpfhose), Kaffeegläser mit Schraubverschluss oder Weckgläser (1 *l*) mit Bügelverschluss, Phenolphthaleinlösung (farblos)

Durchführung:
Gib eine gut durchfeuchtete Bodenprobe in einen Gazebeutel und binde ihn mit einem längeren Bindfaden zu. Gieße jetzt auf den Boden des Kaffee- oder Weckglases soviel der Barium- oder Calciumhydroxidlösung, dass der Boden des Gefäßes gut bedeckt ist. Versetze die Lösung mit drei Tropfen der Phenolphthaleinlösung. Verschließe dann das Glas und klemme dabei den Gazebeutel mithilfe des verlängerten Bindfadens mit dem Deckel fest. Der Gazebeutel muss frei im Luftraum des Gefäßes hängen. Er darf auf keinen Fall die Lösung am Boden berühren.

Information:
Barium- und Calciumhydroxidlösungen sind schwache Laugen, die Kohlenstoffdioxid durch Trübungen anzeigen. Kohlenstoffdioxid kann mit dem Wasser zu Kohlensäure reagieren. Phenolphthalein färbt sich bei Anwesenheit von Laugen rot. Wird eine Lauge durch eine Säure neutralisiert, so wird das Phenolphthalein farblos.

1. Beschreibe deine Beobachtungen.

Die rote Lösung trübt sich und hellt sich mit der Zeit mehr und mehr auf.

2. Erläutere deine Beobachtungen.

Die Trübung der Lösung spricht dafür, dass im Gefäß Kohlenstoffdioxid entsteht. Das sich im Wasser lösende Kohlenstoffdioxid bildet Kohlensäure, die die Lauge (Barium- bzw. Calciumhydroxid) mehr und mehr neutralisiert. Je mehr Lauge neutralisiert wird, um so stärker hellt sich der Laugenindikator Phenolphthalein auf.

3. Überlege dir einen Versuch, der beweist, dass das Kohlenstoffdioxid von den Bodenorganismen der Bodenprobe produziert wird.

Man könnte den Versuch mit einer erhitzten und damit sterilisierten Bodenprobe, die man mit abgekochtem Wasser durchfeuchtet hat, wiederholen. Wenn dann der Kohlenstoffdioxidnachweis negativ ausfällt, kann davon ausgegangen werden, dass das Kohlenstoffdioxid von den Bodenorganismen und nicht aus chemischen Reaktionen des Bodens stammt.

28 — Der Waldboden lebt

Lebewesen	Individuenzahl	Gewicht in g
Bakterien	unzählbar	200
einzellige Tierchen	600 000 Mill.	10
Fadenwürmer	1 Million	1
Regenwürmer	20	10

Lebewesen	Individuenzahl	Gewicht in g
Asseln	50	0,5
Spinnen	50	0,2
Milben	100 000	1
Hundertfüßer	50	0,4

Lebewesen	Individuenzahl	Gewicht in g
Doppelfüßer	150	4
Urinsekten	50 000	0,3
Insekten und -larven	350	3,5
Wirbeltiere	0,001	0,[illegible]

Bodenorganismen in 1 m² Waldboden bis 30 cm Tiefe (Durchschnittswerte)

Zusatzinformation:
In einer Handvoll humosen Waldboden befinden sich ungefähr so viele Lebewesen wie Menschen auf der Erde leben. Auf einer Fußballfeld großen Buchenwaldfläche werden pro Jahr 3–4 t Laub von den Bodenlebewesen zersetzt.

1. Beschreibe die Tätigkeit (Ernährung) der abgebildeten Bodenlebewesen.

Bakterien und Pilze schließen die Zellen des Bestandesabfalls als erste auf. Dann fressen Springschwänze und Milben „Fenster“ oder Asseln und Insektenlarven Löcher in die abgestorbenen Blätter. Asseln und Tausendfüßer verzehren das weiche Blattgewebe zwischen den Blattadern. Regenwürmer fressen die aufgeschlossenen Blätter. Ihr Kot enthält noch unverdaute organische Stoffe, von denen Milben und Fadenwürmer leben. Eine Reihe von Tieren leben auch räuberisch von anderen Tieren. So leben die einzelligen Tiere von Bakterien, Spinnen und Hundertfüßer von anderen Pflanzenfressern.

2. Wozu wird der Bestandesabfall (Laub) abgebaut?

Ein Teil des Bestandesabfalls wird zu organischen Stoffen abgebaut, die mit mineralischen Bestandteilen des Bodens unter Mithilfe der Regenwürmer in Humus umgewandelt werden. Der größere Teil des Bestandesabfalls wird von den Bakterien zu Nährsalzen abgebaut.

Destruenten zersetzen organisches Material — 29

Materialien:
Bodenproben, Cellulosefilterpapiere (Kaffeefilter), Petrischalen

Durchführung:
Lege in verschiedene Petrischalen je ein rund zugeschnittenes Filterpapier. Die Filter werden anschließend mit verschiedenen Waldbodenproben bis zum Rand bedeckt und gut durchfeuchtet. Verschließe nun jede Bodenprobe mit einem Deckel. Beschrifte jede Petrischale (Datum, Bodenfundort, Bodenart). Die Petrischalen werden über einen längeren Zeitraum (vier Wochen) abgedunkelt aufbewahrt. Steht ein Wärmeschrank zur Verfügung, so können die Petrischalen bei 25–30 °C in ihm deponiert werden.

Information:
Filterpapier besteht überwiegend aus Cellulose. Cellulose ist ein Kohlenhydrat, das aus Traubenzuckermolekülen von Pflanzen aufgebaut wird.

1. Beobachte das Filterpapier alle 2–3 Tage und notiere jede Veränderung.

Als erstes treten Verfärbungen am Filterpapier auf, die mit der Zeit in Zersetzungen übergehen. Nach etwa drei bis vier Wochen ist das Filterpapier weitgehend zersetzt.

2. Vergleiche den Modellversuch mit Vorgängen im Waldboden.

Das Cellulosefilterpapier steht hier stellvertretend für den Bestandesabfall (z. B. Blätter), der ebenfalls überwiegend aus Cellulose besteht. Die Destruenten des Bodens, im Versuch vor allem Bakterien und niedere Pilze, zersetzen das Filterpapier bzw. den Bestandesabfall des Bodens.

3. Überlege dir einen Versuch, der beweist, dass die Bodenorganismen und nicht chemische Vorgänge die beobachtbaren Vorgänge bewirken.

Man könnte den Versuch mit erhitzter und damit sterilisierter Erde und abgekochtem (sterilisiertem) Wasser durchführen. Erfolgt keine Zersetzung der Filterpapiere, so kann angenommen werden, dass die Bodenorganismen die Zersetzung durchführen.

30 — Wälder – Lebensraum für viele Vogelarten

1. Erstelle ein Balkendiagramm für die oben angegebenen Werte.

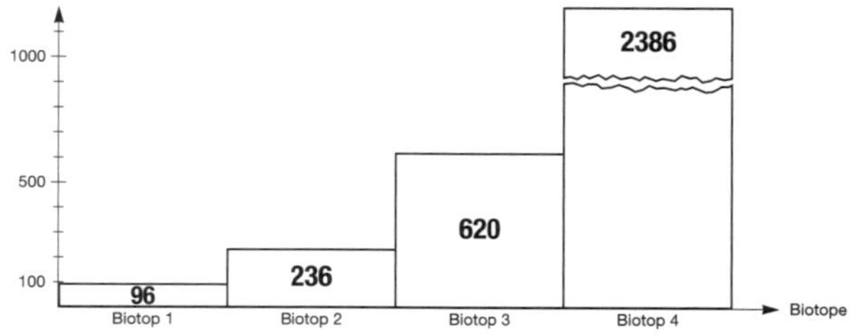

2. Erläutere die auftretenden Unterschiede. Verwende bei deinen Erläuterungen die Begriffe ökologische Nische und Monokultur.

Ein alter Eichen-Hainbuchenwald bietet vielen Pflanzen und Tieren Lebensraum und Nahrung, da das Gesamtbiotop in viele Kleinstbiotope gegliedert ist. In diesen Kleinstbiotopen existieren viele ökologische Einnischungsmöglichkeiten. Dadurch finden z. B. viele verschiedene Vogelarten Nistplätze und Nahrung. In einem Eichen-Hainbuchenwald mittleren Alters sind die Anzahl der Kleinstbiotope und damit die Möglichkeit der Einnischung für die Vögel geringer. Schlechter stellt sich die Situation in den reinen Kiefernwäldern, also in Monokulturen dar. In dem jungen Kiefernwald stehen die Bäume besonders dicht. Eine Kraut- und Strauchschicht ist nicht vorhanden. Nistplätze und Nahrung sind in einem solchen Bestand begrenzt. Etwas besser werden die Verhältnisse in einem älteren Kiefernwald, wo die Bäume weiter auseinander stehen. Hier bildet sich eine Kraut- und Strauchschicht aus. Das Nistplatz- und Nahrungsangebot verbessert sich dadurch.

Jeder Vogel hat sein „Plätzchen" — 31

In der Abbildung sind der bevorzugte **Neststandort (Ni)** und **Nahrungsaufnahmeplatz (Na)** von folgenden Vogelarten angegeben: Amsel, Buntspecht, Mönchsgrasmücke, Ringeltaube, Sommergoldhähnchen, Waldlaubsänger und Zaunkönig.

1. Ordne den Zahlen jeweils den Namen der entsprechenden Vogelart zu.

1. **Zaunkönig**	5. **Ringeltaube**
2. **Waldlaubsänger**	6. **Amsel**
3. **Sommergoldhähnchen**	7. **Mönchgrasmücke**
4. **Buntspecht**	

2. Welche biologische Bedeutung hat das dargestellte Phänomen?

Die biologische Bedeutung liegt darin, dass die Konkurrenz um Nistplätze und Nahrung eingeschränkt oder sogar vermieden wird. Der gemeinsame Lebensraum kann dadurch optimal ausgenutzt werden.

3. Nenne den biologischen Fachbegriff für das dargestellte Phänomen.

Bei dem dargestellten Phänomen handelt es sich um die ökologische Einnischung der dargestellten Vogelarten in den Lebensraum Mischwald.

32 — Wer frisst wen?

Materialien:
Wollknäuel oder Schnur, sechs Karten mit den angegebenen Lebewesen

Durchführung:
1. Sechs Schüler halten jeweils eine der Karten hoch und stellen sich wie oben angegeben auf. Der Mitspieler mit der Karte „Fichte" erhält das Wollknäuel und stellt die Frage „Wer frisst mich?" Demjenigen, der die Frage mit ja beantworten kann, wird das Knäuel zugeworfen, ohne dass der Mitspieler „Fichte" den Anfang des Knäuels loslässt. Derjenige, der das Knäuel erhält, stellt die gleiche Frage und verfährt in gleicher Weise.

2. Nachdem alle möglichen Verbindungen hergestellt wurden, lässt ein Mitspieler (z. B. die Fichte) seinen Faden los.

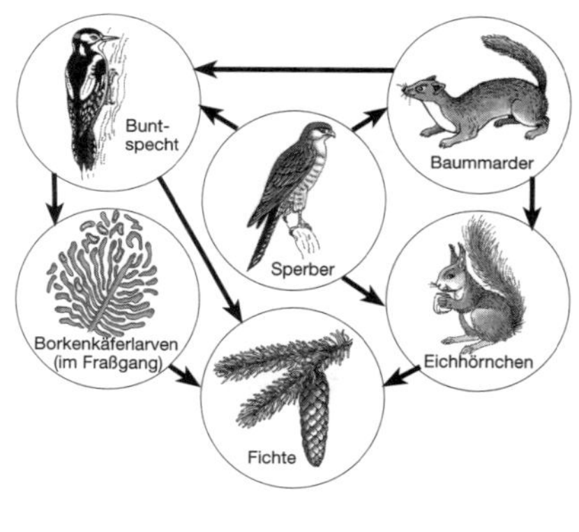

Aufgaben:
a) Zeichne am Ende des Spiels einen Grundriss der geknüpften Verbindungen mit Pfeilen. Die Pfeile sollten dabei immer in Richtung Beute zeigen.
b) Was zeigt das Spiel über die Vorgänge im Ökosystem Wald?

Es zeigt ein vereinfachtes Nahrungsnetz im Wald. In ihm sind über Räuber-Beute-Beziehungen die verschiedenen Mitglieder verbunden.

c) Was passiert, wenn ein Mitglied den Faden loslässt? Übertrage den Vorgang auf den Wald.

Durch das Fallenlassen des Fadens wird der Ausfall einer Tier- oder Pflanzenart und seine Folgen für das Gesamtsystem demonstriert. Würde z. B. durch Baumsterben oder Kahlschlag die Fichte in dem Netz ausfallen, so stürben Specht und Eichhörnchen durch Nahrungsmangel aus, wenn sie nicht abwandern könnten.

Beziehungen zwischen Waldlebewesen 33

1. Erläutere Beziehungen wie Nahrungskonkurrenz, Parasitismus, Räuber-Beute-Beziehungen und Nahrungsketten an den abgebildeten Lebewesen.

Nahrungskonkurrenz: **Eichenwickler- und Frostspannerraupen können als Nahrungskonkurrenten auftreten, da sie beide vom Laub der Eiche leben. Da der Frostspanner auch vom Laub anderer Bäume (z. B. Buche) leben kann, wird die Nahrungskonkurrenz eingeschränkt (Konkurrenzvermeidung).**

Parasitismus: **Die Larven der Schlupfwespen und Raupenfliegen können in und von den Raupen der beiden abgebildeten Schmetterlingsarten leben. Sie werden deshalb als Parasiten bezeichnet.**

Räuber-Beute-Beziehung: **Meisen treten als Räuber auf, weil sie u. a. die Entwicklungs- und Imagostadien der Schmetterlinge töten und fressen.**

Nahrungskette: **Verbindet man den Produzenten Laubbaum Eiche mit dem pflanzenfressenden Eichenwickler (Konsument 1. Ordnung) mit der fleischfressenden Meise (Konsument 2. Ordnung), so erhält man eine Nahrungskette.**

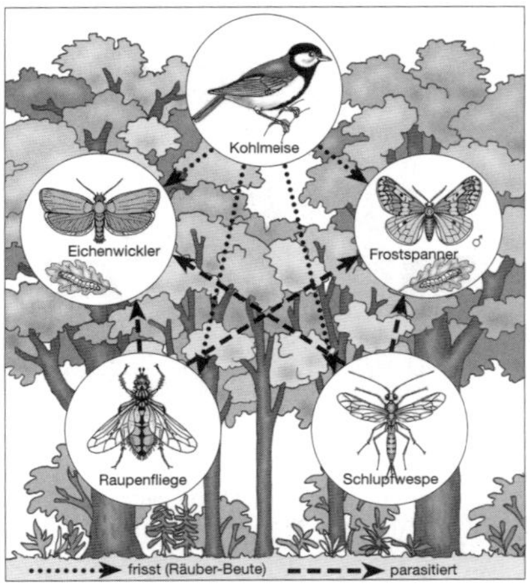

2. Gib in der obigen Zeichnung parasitäre Beziehungen mit einem gestrichelten und Räuber-Beute-Beziehungen durch einen gepunkteten Pfeil an.

34 Die Bestandsdichte der Lebewesen wird reguliert

1. vgl. Abbildung rechts

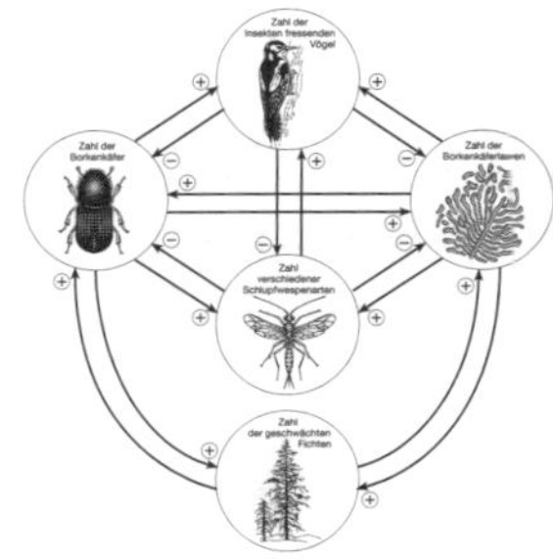

2. Erläutere die biologische Funktion des dargestellten Systems.

Durch die dargestellten Abhängigkeiten wird sichergestellt, dass sich die verschiedenen Arten auf einen bestimmten Bestand einpendeln. Der Bestand der Räuber (hier: Insekten fressende Vögel) hängt vom Nahrungsangebot an Beutetieren, also z. B. vom Bestand der Borkenkäfer ab. Vermehren sich aufgrund günstiger Bedingungen die Beutetiere sehr stark, so werden sich auch mit gewisser Verzögerung die Räuber entsprechend vermehren. Dadurch geht der Bestand der Beutetiere zurück. Räuber finden dann nicht mehr genügend Nahrung und der Bestand geht deshalb mit zeitlicher Verzögerung zurück. Darauf kann sich der Bestand der Beutetiere wieder erholen.

3. Untersuche die Auswirkungen weiterer Regulationsfaktoren wie tiefe Temperaturen und Krankheiten.

Spätfröste im Frühjahr oder Frühfröste im Herbst können die Zahl der geschwächten Fichten erhöhen, diese können vom Borkenkäfer leichter befallen werden. Tiefe Temperaturen im Sommer wirken sich in der Regel negativ auf die Entwicklung der Insekten aus, sodass die Nahrung der Insekten fressenden Vögel knapp wird. Sie können in solchen Jahren nur wenige Jungvögel heranziehen. Krankheiten breiten sich in kalten und auch in regnerischen Sommern bei vielen Arten aus. Alle beteiligten Lebewesen (außer den Fichten) gehen in ihrem Bestand zurück.

Sauerstoff und Kohlenstoffdioxid bilden Kreisläufe 35

1. Erstelle für die entscheidenden Prozesse Wortgleichungen, die in beiden Kreisläufen eine Rolle spielen.

1. Fotosyntheseprozess:

Kohlenstoffdioxid + Wasser —(Licht / Chlorophyll)→ Traubenzucker + Sauerstoff

2. Atmungsprozess:

Traubenzucker + Sauerstoff ——→ Kohlenstoffdioxid + Wasser + Energie

2. Der Sauerstoff- und Kohlenstoffdioxidgehalt ist unter natürlichen Bedingungen auf der Erde konstant. Erläutere dieses Phänomen mithilfe der Abbildungen.

Im Fotosyntheseprozess produzieren die grünen Pflanzen 94 Mrd. t Sauerstoff. Für ihre Atmung verbrauchen sie davon selbst wieder 27 Mrd. t. Der Rest von 67 Mrd. t wird von den Konsumenten und Destruenten für die Atmung verwendet. Es wird also genauso soviel produziert wie verbraucht wird. Folglich muss der Sauerstoffgehalt auf der Erde konstant bleiben. Im Fotosyntheseprozess werden von den grünen Pflanzen 129 Mrd. t Kohlenstoffdioxid verbraucht. 92 Mrd. t davon stammen aus der Atmung der Konsumenten bzw. Destruenten und 37 Mrd. t aus der eigenen Atmung der grünen Pflanzen. Auch hier halten sich Verbrauch und Produktion die Waage. Folglich bleibt der Kohlenstoffdioxidgehalt der Erde konstant.

3. In den letzten 100 Jahren ist der Kohlenstoffdioxidgehalt der Erdatmosphäre gestiegen. Erkläre!

Durch die industrielle Entwicklung bedingt, verbrennt der Mensch in Industrieanlagen, Kraftwerken, Autos oder Heizungen fossile Brennstoffe wie Kohle, Öl oder Erdgas. Bei allen Verbrennungsprozessen wird Kohlenstoffdioxid an die Atmosphäre abgegeben. Jährlich werden weltweit mehr als 22 Mrd. t Kohlenstoffdioxid auf diese Weise erzeugt. Dadurch ist der Kohlenstoffdioxidgehalt der Erdatmosphäre gestiegen.

36 Energiefluss im Ökosystem Wald

Energiefluss in einem Wald

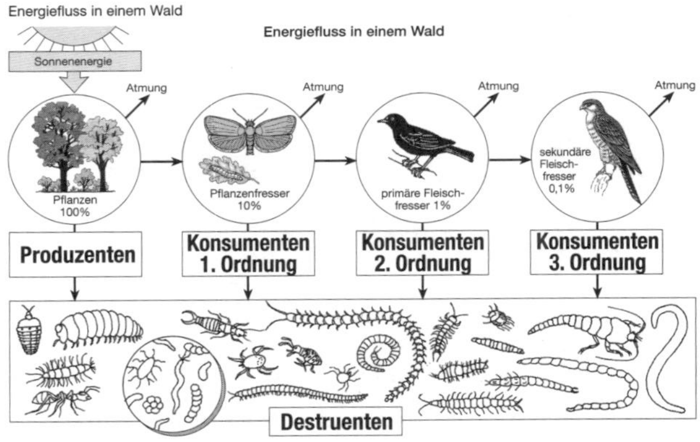

1. Bezeichne die einzelnen Mitglieder der Nahrungskette mit den ökologischen Fachbegriffen.

2. Erläutere die „Energieverluste", die bei der Weitergabe von einer Stufe zur nächsten entstehen.

Etwa 90 % der in der Nahrung enthaltenen Energie wird von jeder Nahrungsebene (Stufe) für die eigenen Lebensvorgänge verwendet. Die restlichen 10 % gelangen in die nächste Nahrungsebene. Von diesen werden wieder 90 % verbraucht, sodass von der ursprünglichen Energiemenge nur noch 1 % übrig bleibt, die in die dritte Nahrungsebene weitergegeben wird. Der Begriff Energieverlust ist missverständlich, da keine Energie verloren geht, sondern nur in andere Energieformen wie Wärmeenergie umgewandelt wird. Da diese nach außen abgegeben wird, erscheint sie nur als verloren.

3. Zeichne mit den angegebenen Werten eine Energiepyramide. Berechne jeweils die „Energieverluste".

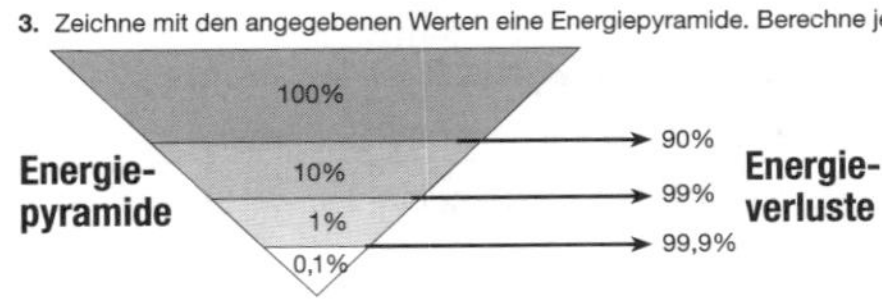

Der Wald – ein Recyclingsystem 37

1. Trage die drei Organismengruppen in die obige Zeichnung ein, die am Stoffkreislauf beteiligt sind.

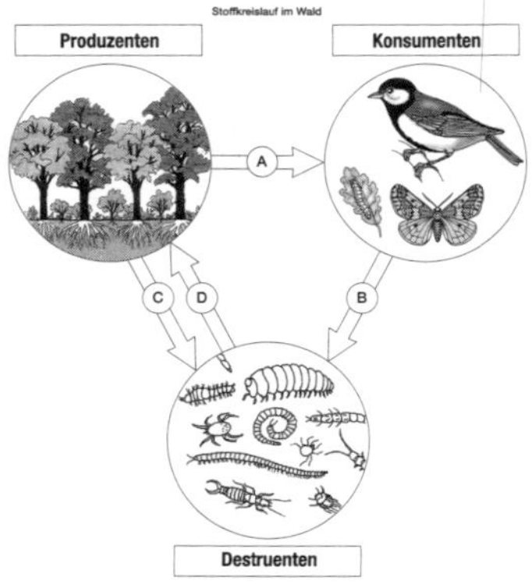

2. Nenne die Bedeutung der Pfeile A–D.

A: Produzenten stellen Sauerstoff und organisches Material zum Verbrauch für Pflanzen fressende Konsumenten bereit.

B: Aas wird von Destruenten zersetzt.

C: Tote Pflanzenteile werden von Destruenten zersetzt.

D: Zersetzungsprodukte der Destruenten (Nährsalze) dienen Produzenten als Nährstoff.

3. Erstelle Wortgleichungen für die entscheidenen Prozesse, die in den Organismen ablaufen und die den Stoffkreislauf aufrecht erhalten.

Fotosynthese: Kohlenstoffdioxid + Wasser $\xrightarrow[\text{Chlorophyll}]{\text{Licht}}$ Traubenzucker + Sauerstoff

Atmung: Organische Nährstoffe (z. B. Traubenzucker) + Sauerstoff ⟶ Kohlenstoffdioxid + Sauerstoff + Energie

4. Erläutere die Bedeutung dieser Prozesse für den Stoffkreislauf im Wald. Erkläre dabei den Begriff Recycling.

Die Produzenten stellen im Fotosyntheseprozess die Nahrungsgrundlage für sich selbst und für die Konsumenten und Destruenten her. Die von ihnen produzierten Stoffe werden von allen drei Gruppen zum Aufbau neuer Körpersubstanz und zur Energiefreisetzung im Atmungsprozess genutzt. Die Destruenten setzen beim Abbau der abgestorbenen Lebewesen Nährsalze frei, die die Produzenten wieder aufnehmen. (Stoffkreislauf)

38 Der Wald hat viele Funktionen

1	B	ODENSCHUTZ
2	E	RHOLUNG
3	H	OCHWASSERSCHUTZ
4	K	LIMAVERBESSERUNG
5	K	OHLENSTOFFDIOXIDSPEICHER
6	L	EBENSRAUM
7	L	ÄRMSCHUTZ
8	R	OHSTOFFLIEFERANT
9	S	CHUTZWALD
10	W	ASSERSPEICHER
11	W	INDSCHUTZ
12	W	IRTSCHAFTSFAKTOR

Bilde aus den folgenden Silben jeweils Begriffe, die für eine bestimmte Funktion des Waldes stehen. Trage jeweils den Begriff in eine waagerecht angeordnete Kästchenreihe ein. Für jeden Begriff ist der Anfangsbuchstabe angegeben.

bo, bens, bes, cher, cher, den, di, er, fak, fe, ho, hoch, id, kli, koh, lärm, le, len, lie, lung, ma, ox, rant, raum, roh, rung, schafts, schutz, schutz, schutz, schutz, schutz, se, ser, ser, spei, spei, stoff, tor, ver, wald, was, was, wind, wirt

Wälder sind wertvolle Kohlenstoffspeicher 39

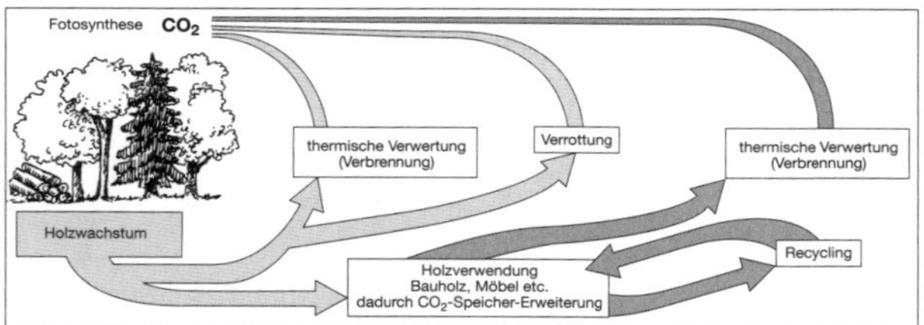

Holzverwertung

Information:
In einer Tonne Holz (trocken) sind 500 kg Kohlenstoff oder 1800 kg Kohlenstoffdioxid (500 kg Kohlenstoff und 1300 kg Sauerstoff) enthalten.

1. Beschreibe unter Verwendung der Begriffe Fotosynthese, Cellulose, Kambium, Holz- und Bastzellen das Holzwachstum.

In der Fotosynthese werden aus Kohlenstoffdioxid und Wasser die Grundlagen für das Holz produziert. Aus Traubenzucker werden Cellulose- und Ligninmoleküle, die Hauptbestandteile des Holzes, synthetisiert. Die teilungsaktive Kambiumschicht produziert nach innen Holz- und nach außen Bastzellen. Die Holzzellen bilden, wenn sie abgestorben sind, das eigentliche Holz.

2. Durch Waldvermehrung und Holzverwendung kann der Anstieg des Treibhausgases Kohlenstoffdioxid in der Atmosphäre verringert werden. Erkläre dies mithilfe der Abbildung.

Der Wald nimmt für die Fotosynthese Kohlenstoffdioxid auf und bindet es längerfristig im Holz. Auch bei der Nutzung des Holzes als Bauholz oder in der Möbelindustrie bleibt das Kohlenstoffdioxid gebunden.

3. Holz gilt, im Gegensatz zum Heizöl, bei der thermischen Verbrennung als ökologisch neutraler Brennstoff. Erkläre.

Bei der Verbrennung von Holz wird, im Gegensatz zu den fossilen Brennstoffen Kohle und Heizöl, genauso viel Kohlenstoffdioxid wieder freigesetzt wie bei der Entstehung des Holzes gebunden wurde.

40 Die Wälder filtern die Luft

Material:
Tesafilm (durchsichtig), Lupe (10 x) oder Binokular

Durchführung:
1. Suche dir zwei Bäume: Einen an einer stark befahrenen Straße (Autobahn) und einen zweiten Baum aus dem Innern eines Waldes.
2. Klebe auf die Blattober- und Blattunterseite mehrerer Blätter beider Bäume je einen 5 cm langen Tesafilmstreifen und drücke ihn gut an. Ziehe die Streifen anschließend vorsichtig ab und klebe sie auf die entsprechenden Felder des Arbeitsbogens. Beschrifte die Felder (Fundort, Baumart, Stellung der Blätter am Baum wie oben oder Himmelsrichtung, Stellung zur Verschmutzungsquelle)

Datum:	Probe: 1	Probe: 2
Fundort: Baumart: Blattentnahmestelle am Baum:	Blattoberseite	
Datum:	Probe: 1	Probe: 2
Fundort: Baumart: Blattentnahmestelle am Baum:	Blattunterseite	

3. Betrachte die Streifen mit einer starken Lupe oder unter dem Binokular. Beschreibe und erläutere deine Beobachtungen.

Unter dem Binokular oder mithilfe einer starken Lupe können gröbere Sandkörner, feinere Staubteilchen und Rußbestandteile beobachtet werden. Die Blätter von Bäumen am Straßenrand einer viel befahrenen Straße oder in der Nähe von anderen Emissionsquellen sind stärker mit solchen Niederschlägen behaftet als Bäume im Bestand. Die Untersuchungen weisen auf die Belastung der Luft mit Luftverschmutzungsstoffen und auf die Filterwirkung der Bäume hin.

Borkenkäfer können den Wald schädigen 41

1. Erläutere, warum es im Gegensatz zu den in einer Fichtenmonokultur herrschenden Bedingungen (Abb. A) unter den veränderten Bedingungen (Abb. B) zu einer Massenvermehrung des Borkenkäfers kommt.

Die in Abb. A angegebenen klimatischen Bedingungen (wenig Sonne, kühl, viel Regen) sind für die Entwicklung des Borkenkäfers ungünstig. Hinzu kommt, dass es in dem Forst nur wenige durch Luftverschmutzungsstoffe oder Krankheiten vorgeschädigte Bäume gibt, die vom Käfer befallen werden können. Eine Massenvermehrung ist unter diesen Bedingungen unwahrscheinlich. Herrschen aber günstige klimatische Bedingungen (viel Sonne, warm, trocken, siehe Abb. B) und sind genügend geschwächte Bäume vorhanden, die befallen werden können, so kann es zu einer Massenvermehrung kommen.

2. Was könnte man unternehmen, um die Massenvermehrung des Borkenkäfers zu verhindern?

Kurzfristig könnte man die befallenen und die umgestürzten Bäume entfernen, um das Brutangebot für den Borkenkäfer möglichst klein zu halten. Langfristig müsste man den reinen Nadelwald in einen Mischwald umwandeln (siehe Frage 3).

3. Begründe, warum es in einem naturnahen Mischwald nicht zu einer Massenvermehrung des Borkenkäfers kommt.

Im naturnahen Mischwald ist das Angebot an Brutbäumen nur begrenzt. Zusätzlich stehen die Brutbäume weit auseinander, sodass die Ansteckungsgefahr gering ist. Ebenso sind im Mischwald die natürlichen Feinde, die den Borkenkäfer kurz halten, eher vorhanden.

42 Der Wald steht unter Stress

1. Trage in die Kästchen 1 bis 3 drei unterschiedliche natürliche abiotische Stressfaktoren, in die Kästchen 4 bis 6 drei biotische Stressfaktoren und in die Kästchen 7 bis 9 drei durch den Menschen bedingte gasförmige Stressfaktoren ein.

Waldschadensentwicklung in Deutschland 43

1. Stelle die Tabellenwerte in Form von Balkendiagrammen dar.

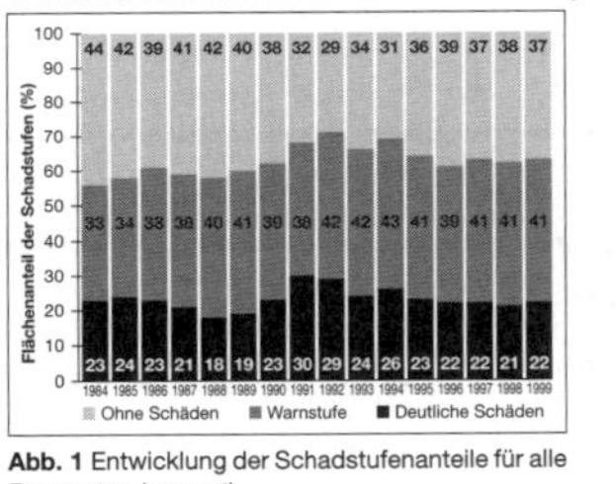

Abb. 1 Entwicklung der Schadstufenanteile für alle Baumarten (gesamt)

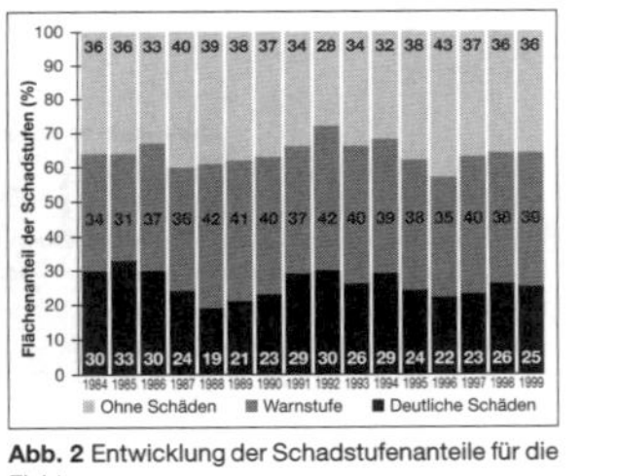

Abb. 2 Entwicklung der Schadstufenanteile für die Fichte

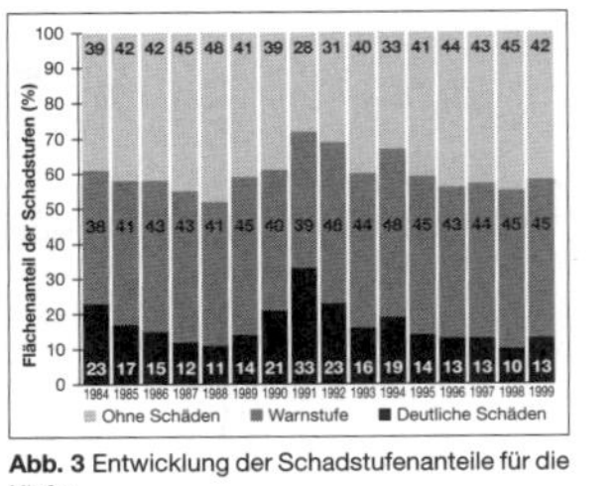

Abb. 3 Entwicklung der Schadstufenanteile für die Kiefer

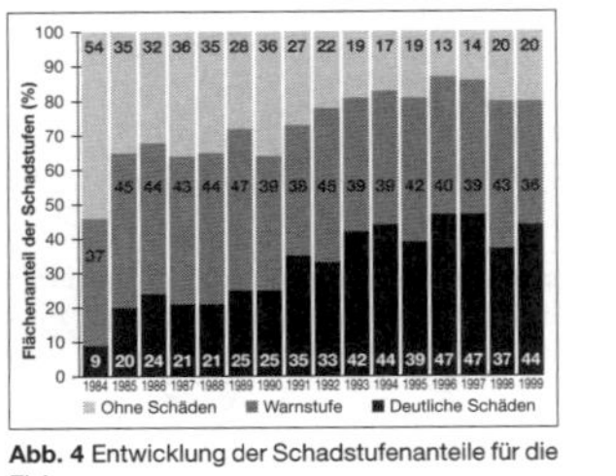

Abb. 4 Entwicklung der Schadstufenanteile für die Eiche

2. Werte die Balkendiagramme aus.

Abb. 1: Fast ein Viertel aller Baumarten (22 %) sind heute deutlich beschädigt, nur etwas über ein Drittel aller Bäume ist ohne Schäden. Seit 1984 ist weder eine deutliche Verbesserung noch Verschlechterung des Waldzustands zu erkennen. Abb. 2: 25 % der Fichten ist heute geschädigt; das ist im Vergleich zum Durchschnitt 3 % mehr. Abb. 3: Die Kiefer hat sich in den letzten Jahren erholt. Abb. 4: Augenfällig ist die zunehmende Schädigung des Eichenbestandes. (1984: 9 % mit deutlichen Schäden; 1997: 47 % mit deutlichen Schäden). Info: Anteile am deutschen Waldbestand: Fichten, Kiefern je 33 %; Eichen 8 %

44 Ökologische Bewirtschaftung des Waldes

NACHHALTIGKEIT
Der zentrale Begriff der Forstwirtschaft.
Er besagt, dass die lebende Generation nur soviel Holz nutzen darf, wie im selben Zeitraum nachwächst.
Im weiter gehenden modernen Sinne versteht man unter Nachhaltigkeit, dass sämtliche Leistungen des Waldes für die Allgemeinheit auf Dauer, gleichmäßig und in höchstmöglichem Umfang gesichert werden müssen.
Hierzu zählt auch die Erhaltung der Bodenfruchtbarkeit. Diese gerät durch den permanenten Eintrag von Luftschadstoffen, durch Befahren des Waldbodens mit schweren Maschinen oder durch den Anbau von Baumarten mit einer Boden verschlechternden Laub- oder Nadelstreu zunehmend in Gefahr.

ZIELSTÄRKENNUTZUNG – „In Ruhe gereift"
Die Zielstärke gibt an, wie dick ein Baum mindestens werden soll, bevor er gefällt werden darf.
Ein Stamm ist in der Regel umso wertvoller, je dicker er ist.
Früher wurden große Flächen immer dann kahlgeschlagen, wenn der Bestand ein vorgegebenes Alter erreicht hatte. Dadurch entstanden offene Flächen. Die Böden wurden durch plötzlich erhöhte Zufuhr von Licht, Wärme und Wasser ausgelaugt und zum Teil abgetragen.
Heute werden nur noch einzelne Bäume oder kleine Baumgruppen geerntet, um die Eingriffe im Wald so gering wie möglich zu halten.

STREUNUTZUNG
Neben der Holznutzung und der Schweinemast diente der Wald über einen Zeitraum von mehreren hundert Jahren auch der Gewinnung von Laubstreu als Ersatz für fehlendes Stroh in den Viehställen. Dabei wurden je nach Intensität jährlich 1–3 Tonnen Laub je Hektar entnommen.
Diese Nutzungsform stellte einen enormen Eingriff in den natürlichen Nährstoffkreislauf dar, mit der Folge, dass die Böden aufgrund des permanenten Nährstoffentzugs allmählich verarmten.
Die Auswirkungen der Streunutzung sind bis heute deutlich erkennbar. Die Wuchsleistungen der Bäume entsprechen bei weitem nicht denen, die aufgrund der standortlichen Gegebenheiten möglich wären.
Als Gegenmaßnahme kommt heute das Belassen von möglichst viel Biomasse nach jeder Holznutzung in Betracht, damit die fehlenden Nährstoffe dem Boden langfristig wieder zugeführt werden.

An einem Waldlehrpfad sind die drei abgebildeten Tafeln aufgestellt.

1. Lies die Texte aufmerksam durch.

2. Trage mithilfe der Tafeltexte diejenigen Veränderungen zusammen, die heute bei einer ökologischen Waldbewirtschaftung eine Rolle spielen.

Erhaltung der Bodenfruchtbarkeit, Anbau geeigneter Baumarten, Begrenzung der Eingriffe, Vermeidung von Kahlschlägen, nachhaltige Nutzung

3. Definiere den Begriff ökologische Waldwirtschaft.

Anpflanzung, Bearbeitung und Nutzung des Waldes unter ökologischen Gesichtspunkten.

Wo sind die Urwälder der Erde geblieben? 45

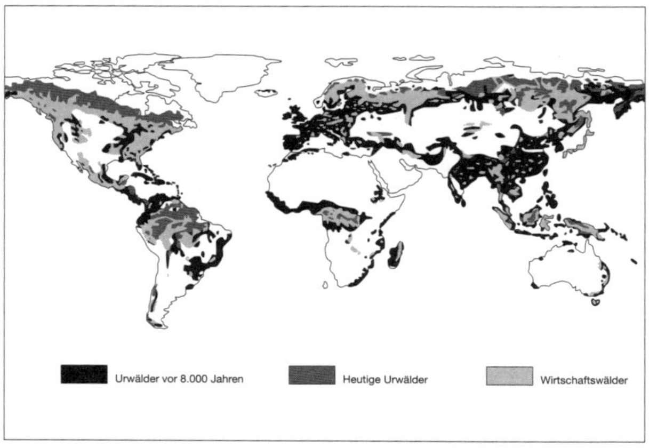

1. Nenne die Bereiche der Erde, in denen die Urwälder am stärksten zurückgegangen oder verschwunden sind.

Europa, Elfenbeinküste, Zentralafrika, Madagaskar, Süd-Ostasien, Mittelamerika, Brasilien

2. Erläutere, wie es zu dem Rückgang der Urwälder gekommen ist.

Vernichtung durch Abholzungen und Brandrodungen, um Raum für Siedlungen, Acker-, Industrieflächen oder Straßen zu schaffen und zur Holznutzung.

3. Nenne einige Gründe, die für den Erhalt der letzten Urwälder auf der Erde sprechen.

– Urwälder bilden den Lebensraum für viele Naturvölker.
– Urwälder sind Lebensräume für mehrere Millionen zum Teil noch unbekannter Pflanzen- und Tierarten.
– Urwälder stellen ein Reservoir für neue Nutzpflanzen, Wirkstoffe und Medikamente dar.
– Urwälder bilden einen großen Kohlenstoffspeicher.

46 Die Rote Waldameise

Aufbau des Hügelnestes

① **kleine Pflanzenteile**
② **grobe Pflanzenteile**
③ **Erdreich und morscher Baumstumpf**

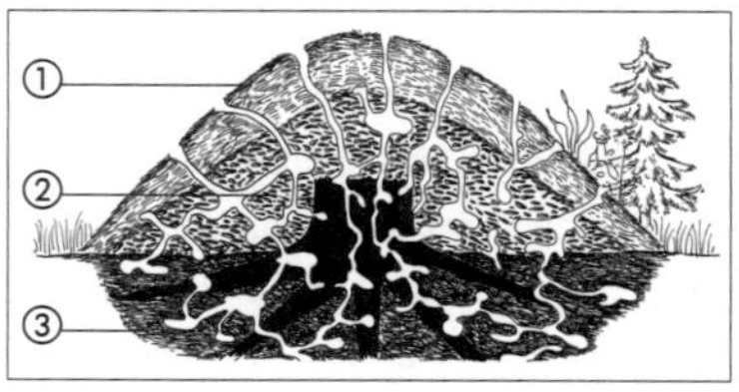

Einzelheiten aus dem Leben der Waldameise

① **Larven**
② **Wächterin verspritzt Ameisensäure**
③ **Ameise trägt Puppe**
④ **Ameisen verständigen sich mit Fühlern**
⑤ **Ameise trinkt „Honigtau" der Blattlaus**
⑥ **Ameise füttert Königin**
⑦ **Ameisen schleppen Beutetier ins Nest**
⑧ **Puppen**
⑨ **Eier**

1. Beschreibe den Aufbau des Hügelnestes und ordne den Ziffern 1–3 passende Begriffe zu.

Die oberirdischen Teile des Nestes bestehen aus eng geschichteten, feinen Pflanzenteilen, z. B. Tannennadeln. Darunter liegt eine Schicht grobe Pflanzenteile. In diesem Bereich des Nestes sind Gänge und Kammern angelegt. Das Zentrum des Baus ist ein morscher Baumstumpf, ebenfalls stark gekammert, von wo aus Gänge und Kammern ins Erdreich angelegt werden.

2. Finde für jedes Bild aus dem Leben der Waldameise eine kurze, passende Beschreibung.

3. Warum steht der Ameisenbau unter Naturschutz?

Ameisen sind wichtige Schädlingsbekämpfer und tragen erheblich zur Samenverbreitung bei.

Die Blattläuse – für Ameisen nützlich 47

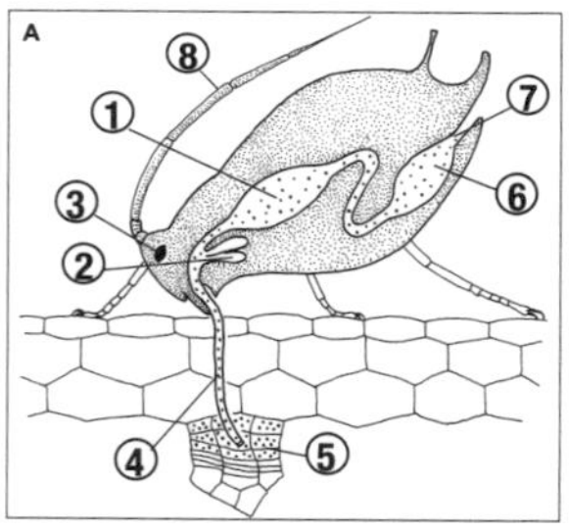

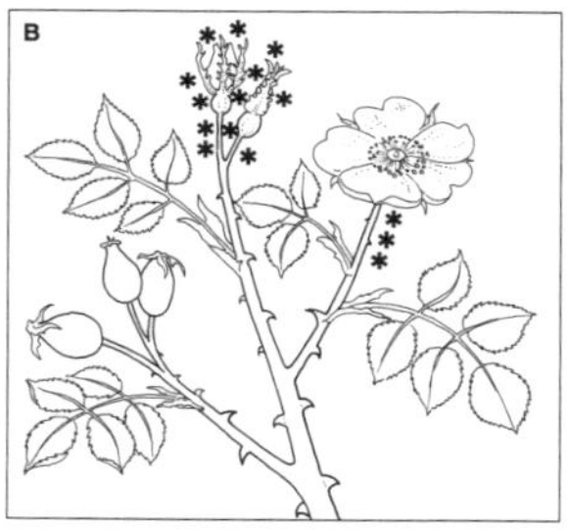

1. Beschreibe kurz die wichtigsten äußeren Blattlausmerkmale.

Kompakter Körper, flügellos, stechende Mundwerkzeuge

2. Beschrifte die Abbildung A, indem du die richtigen Zahlen einträgst: Facettenauge ③, Fühler ⑧, Stechborste ④, Speicheldrüse ②, Magen ①, Darm ⑥, After ⑦, Blattader ⑤

3. Beschreibe mithilfe der Abbildung A die Ernährungsweise der Blattläuse (⁚⁚⁚ = Zuckersaft).

Der Zuckersaft wird saugend aufgenommen und verdaut.

4. Trage in Abbildung B durch „✱"-Symbole ein, auf welchen Pflanzenteilen man besonders viele Blattläuse finden kann.

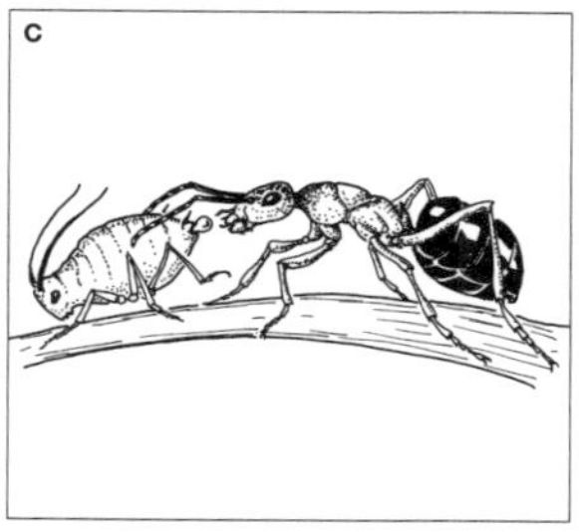

5. Manche Ameisenarten halten sich in ihren Kolonien Blattläuse, die sie regelmäßig „melken" (Abbildung C). Welche Nahrung könnte die Blattlaus den Ameisen spenden?

Der überschüssige Zuckersaft, der durch den After abgegeben wird, ist Nahrung für Ameisen.

48 Der Regenwurm

A Körperbau

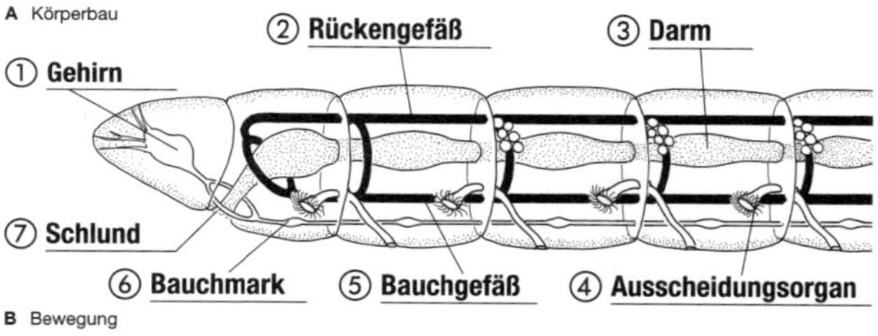

B Bewegung

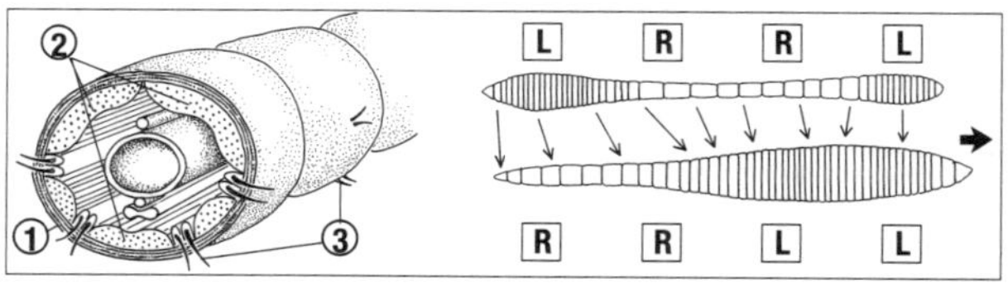

C Atmung

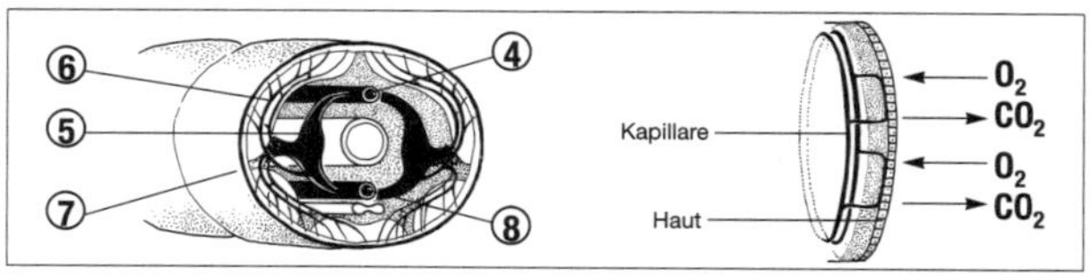

1. Beschrifte die Abbildung A.

2. Beschrifte die linken Abbildungen B und C, indem du die Zahlen richtig zuordnest: Ringmuskeln ①, Rückengefäß ④, Haut ⑦, Borsten ③, Längsmuskeln ②, Bauchgefäß ⑧, Ringgefäß ⑤, Kapillaren ⑥.

3. Beschreibe die Bewegung des Wurms, (Abb. B). Trage in die Kästchen ein: L = Längsmuskel kontrahiert, R = Ringmuskel kontrahiert. Welche Bedeutung haben die Pfeile?

Durch abwechselnde Kontraktion von R und L und einhaken der Borsten bewegt sich das Tier. Die Pfeile zeigen die Bewegung der Segmente.

4. Wie atmet das Tier? Trage in die Abbildung C rechts ein: CO_2 für Kohlenstoffdioxid und O_2 für Sauerstoff.

Durch die gut durchblutete Haut findet der Gasaustausch statt.

Regenwürmer verbessern den Waldboden

Materialien: Erdproben aus dem Wald (normal feuchter Humus – lehmiger Sand und reiner Sandboden), Kieselsteinchen, Standzylinder (Glas, 30 cm hoch, Ø 10 cm), 10–20 Regenwürmer

Versuchsdurchführung:
Die Böden zweier Glasstandzylinder werden 2 cm hoch mit Kieselsteinchen bedeckt. Diese unterste Schicht wird jetzt abwechselnd mit jeweils 5 cm dicken Bodenschichten aus Humus, sandigem Lehm und reinem Sandboden bedeckt. Die Bodenproben müssen alle gut durchfeuchtet, aber nicht nass sein. Als oberste Schicht werden abgestorbene Blätter verwendet. Der eine Zylinder wird dann mit 10 bis 20 Regenwürmern beschickt. Beide Zylinder werden an einem abgedunkelten Ort etwa vier Wochen lang beobachtet und miteinander verglichen.

Aufgaben:
1. Protokolliere die Beobachtungen.

Während der Glaszylinder ohne Regenwürmer sein Aussehen kaum verändert, sind die Schichten in dem anderen Zylinder mehr oder weniger stark miteinander vermischt.

2. Erläutere die Bedeutung des Regenwurmes für den Waldboden.

Regenwürmer graben sich manchmal mehrere Meter tief durch den Waldboden und durchmischen ihn dabei. Dabei werden für den Pflanzenwuchs nötige Mineralstoffe nach oben befördert. Außerdem spielen sie eine wichtige Rolle beim Abbau des Falllaubes. Der dabei entstehende Kot enthält viele Mineralstoffe in konzentrierter Form und wirkt so als Dünger. Ein weiterer Effekt ist die gute Durchlüftung des Bodens durch die zahlreichen Gänge.

Zusatzinformation:
In einem mitteleuropäischen Waldboden kommen etwa 30 verschiedene Regenwurmarten vor. In einem Quadratmeter Boden sind durchschnittlich 78 Individuen vorhanden. In einem Mischwald produzieren sie 17 100 kg Kot pro Hektar und Jahr.

Wozu braucht die Schnecke den Schleim?

Die Schnecke produziert mit einer Schleimdrüse (1) ein Schleimband. Dieses umgibt den gesamten Weichkörper (2) des Tieres. Auf diesem Schleimband gleitet sie vorwärts. Dadurch wird die Reibung zwischen Fußsohle (3) und Untergrund (4) vermindert.
Auf rauhem Untergrund kann die Schnecke ebenso schnell kriechen wie auf glattem, sie verbraucht dabei nur wesentlich mehr Schleim (5).
Vorangetrieben wird die Schnecke durch Kontraktionswellen, die von hinten nach vorn über die Fußsohle laufen (6).
Der Schleim zieht Wasser an, sodass er das Tier mit einem Feuchtigkeitsfilm umgibt. Dieses Wasser kann durch die Haut aufgenommen werden. Auf diese Weise decken die Schnecken einen großen Teil ihres Wasserbedarfs (7).

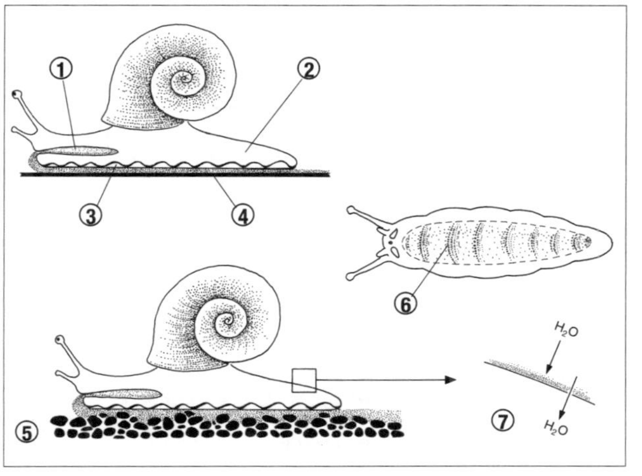

1. Ordne die Textstellen den Abbildungen zu, indem du die Zahlen richtig einträgst.
2. Welche Aufgaben hat der Schleim? Unterstreiche die wichtigen Textstellen.
3. Der Weichkörper der Schnecken kann über den nützlichen Schleimfilm aber auch sehr schnell austrocknen. Wie sind die Tiere in ihrer Lebensweise daran angepasst?

Bei Hitze und Trockenheit verbergen sich die Tiere unter Steinen und im Gebüsch und ziehen sich in ihre Schale zurück.

Spinnentiere

Bauplan einer Webspinne

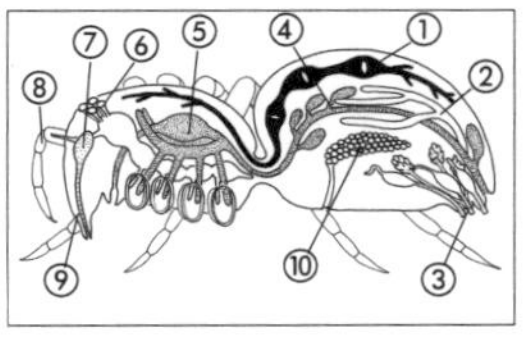

① **Herz**
② **Ausscheidungsorgan**
③ **Spinndrüsen**
④ **Darm**
⑤ **Saugmagen**
⑥ **Punktaugen**
⑦ **Giftdrüse**
⑧ **Kieferntaster**
⑨ **Giftklauen**
⑩ **Eierstock**

Verschiedene Spinnentiere

	Name	Besonderheiten in Aussehen und Lebensweisen
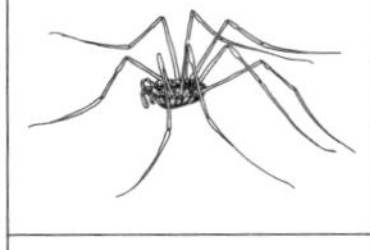	**Weberknecht**	**lange Beine, die abgeworfen werden können; Spinndrüsen fehlen; lebt unter Steinen und Holz; Nahrung: Pflanzen, Aas, Insekten**
	**Horn-Milbe**	**Körper ungegliedert; Kopfbruststück und Hinterleib verwachsen; gehört zu den Zersetzern; ernährt sich von vermodernden Pflanzen und Tieren**
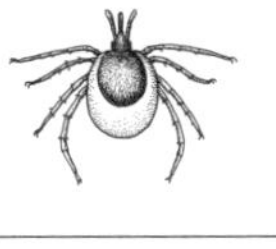	**Zecke**	**Körper ungegliedert wie Horn-Milbe; parasitische Lebensweise: Blutsauger; dabei können gefährliche Krankheiten übertragen werden**
	**Skorpion**	**Kieferntaster sind zu Scheren umgewandelt; Hinterleib mit Giftstachel; ernährt sich von Insekten und kleinen Wirbeltieren. Vorkommen: Mittelmeergebiet**

1. Beschrifte den Bauplan einer Webspinne.
2. Benenne die verschiedenen Spinnentiere und trage Besonderheiten (Aussehen, Lebensweise) ein.

Entstehung eines Radnetzes

Die Abbildung zeigt eine Kreuzspinne beim Spinnen ihres Radnetzes.

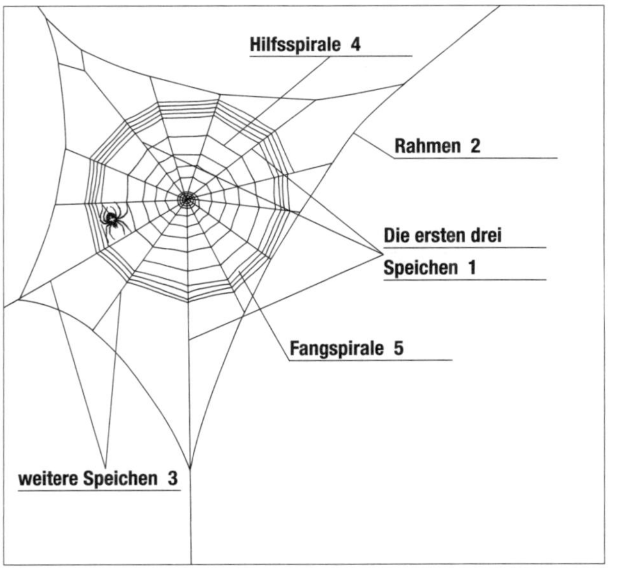

1. Beschrifte die Teile des Netzes.
2. In welcher Reihenfolge hat die Spinne das Netz produziert? Ergänze die Beschriftung durch eine entsprechende Nummerierung (1 bis ...).
3. Beschreibe, wie die Spinne ihr Netz vollendet und wie sie es zum Beutefang benutzt.

Die Hilfsspirale wird komplett abgebaut und die engen Fangspiralen bis fast zur Mitte hin vervollständigt. Von der Mitte aus spinnt das Tier einen Signalfaden, den es zu einem außerhalb des Netzes liegenden Schlupfwinkel mitnimmt. Von hier aus wird auf Beute gelauert.

Die Assel – Wie ist sie gebaut? 53

Asseln sind die einzigen Krebstiere, die in großer Zahl auch das Land besiedeln.

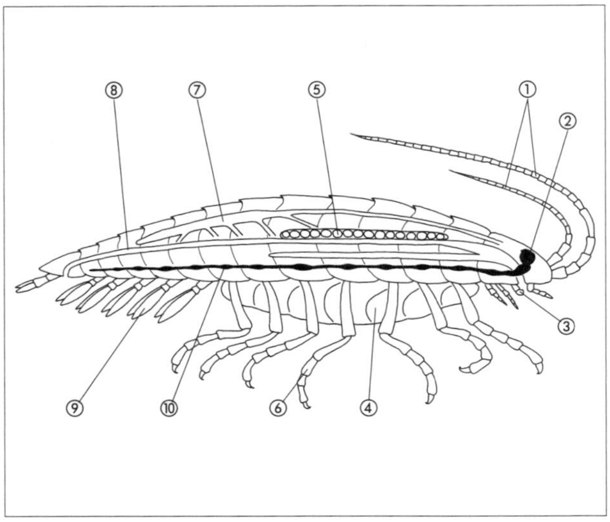

1. Beschrifte die Abbildung, indem du die Zahlen richtig zuordnest:
Fühler (**1**), Kiefer (**3**), Herz (**7**), Eierstöcke (**5**), Darm (**8**), Brutraum (**4**), Bauchmark (**10**), Facettenauge (**2**), Laufbeine (**6**), Hinterleibsbeine (**9**).

2. Krebstiere atmen mit Kiemen. Asseln tragen deshalb einen Wasservorrat mit sich herum. Begründe, warum Asseln an dunklen und feuchten Orten leben.

Sonne und Trockenheit würde zur Verdunstung des Wasservorrates führen.

3. Woran kann man erkennen, dass die Asseln zu den Krebstieren gehören?

Das erkennt man an den vielen Beinpaaren und der Segmentierung.

54 Die Assel – Wie lebt sie?

Versuch 1: Untersuchungen zur Ernährung der Asseln

Material: Pro Schülergruppe zehn Asseln, feuchte Erde, eine Plastikdose, ein flacher Stein (Versteckmöglichkeit), Blätter von einheimischen Laubbäumen

Durchführung: 1. Die Dose wird gefüllt mit: – feuchter Erde,
– einem schräg an den Rand gelegten Stein,
– drei verschiedenen Blättern,
– zehn Asseln.

2. Eine Woche lang bleiben die Behälter an einem kühlen, dunklen Ort.

Aufgabe: Analysiere die Veränderungen der Blätter und trage deine Beobachtungen in eine Tabelle ein.

	Aussehen des Blattes (Skizze)	Herkunft des Blattes
nach einer Woche:	**Die Blätter werden nach und nach zerfressen.**	**Birke, Linde, Ahorn; weniger: Eiche, Buche**
nach zwei Wochen:	**Es bleibt ein „Blattgerippe" übrig.**	

Versuch 2: Untersuchungen zum Lebensraum der Asseln

Material: Pro Schülergruppe zehn Asseln, eine Petrischale, weißes und schwarzes Papier

Durchführung: 1. Die Asseln werden in die Petrischale gegeben. Weißes und schwarzes Papier wird bereitgelegt.

2. Die Schale wird so auf das Papier gestellt, dass sie zur Hälfte mit weißen und zur Hälfte mit schwarzen Flächen unterlegt ist.

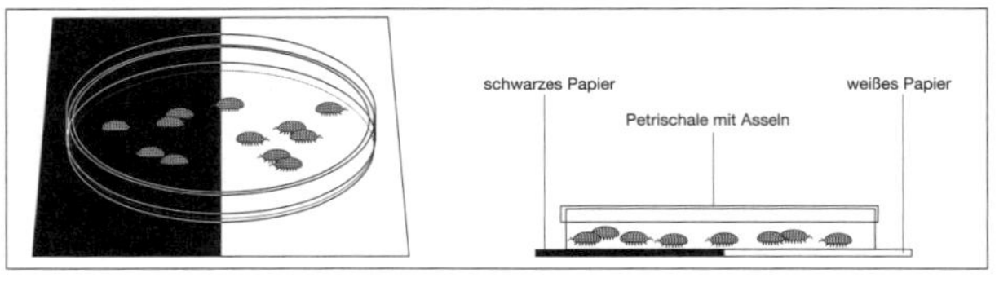

Aufgabe: a) Die Anzahl aller Tiere auf schwarzem und auf weißem Papier muss gezählt werden.

b) Finde eine Erklärung für die Versuchsergebnisse.

Unter natürlichen Bedingungen leben Asseln im Boden. Sie suchen deshalb im Experiment den dunklen Untergrund auf.

Zonierung eines Sees 55

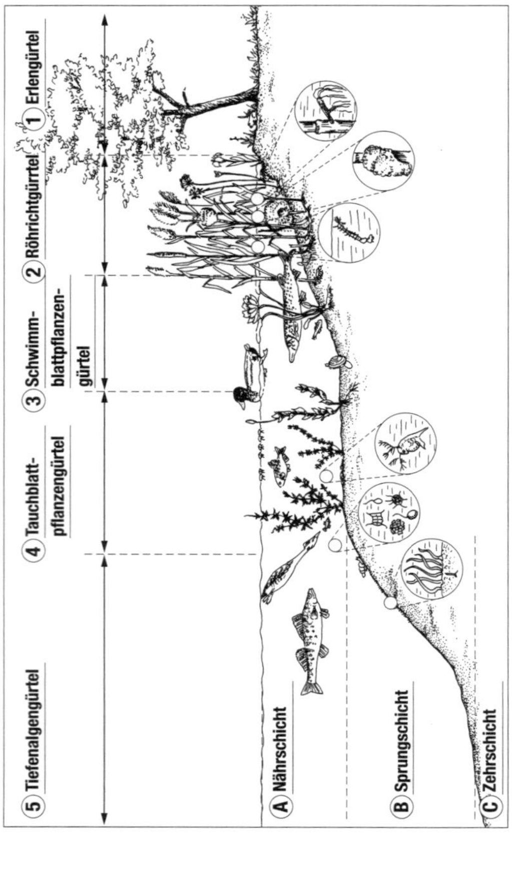

1. Trage die Namen der verschiedenen Seezonen in die nachfolgende Abbildung ein.
2. Charakterisiere die verschiedenen Zonen. Gib an, welche biotischen bzw. abiotischen Umweltbedingungen dort für die Lebewesen jeweils vorherrschen.
3. Identifiziere anhand der Zeichnung in jeder Zone mindestens einen charakteristischen tierischen oder pflanzlichen Bewohner.

56 Jährliche Schichtung und Zirkulation des Wassers in einem See I

Die nachfolgenden Abbildungen zeigen die Temperaturverhältnisse in einem See während des Sommers und im Winter.

1. Beschreibe die dargestellten Temperaturverhältnisse im Sommer und im Winter.

Sommer:

Temperatur des Oberflächenwassers im Sommer hoch, nach wenigen Metern Wassertiefe deutliche Abnahme der Temperatur, niedrigste Wassertemperatur in Bodennähe 4 °C

Winter:

Wasseroberfläche vereist, langsam steigende Temperatur bis zu 4 °C in der Tiefe, kaum Temperaturschwankungen

2. Erkläre mithilfe der folgenden Tabelle 1 die Temperaturschichtung für beide Jahreszeiten.

Wie aus der Tabelle erkennbar, hat Wasser bei 4 °C seine größte Dichte; es ist damit am schwersten und sinkt nach unten. So ergibt sich auf dem Seegrund stets eine Minimaltemperatur von 4 °C, da kälteres bzw. wärmeres Wasser leichter wird und somit nach oben steigt. Diese Dichteanomalie des Wassers ist Voraussetzung dafür, dass auch im kältesten Winter für Fische in ausreichend tiefen Gewässern ein Überleben garantiert ist. Weil gefrorenes Wasser leichter wird, kann ein Gewässer nur oberflächlich zufrieren, nie aber von unten nach oben.

Jährliche Schichtung und Zirkulation des Wassers in einem See II — 57

Abbildung c zeigt einen See im Herbst.

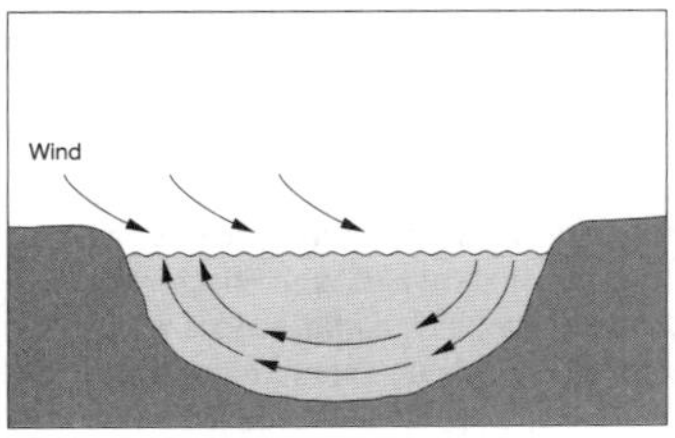

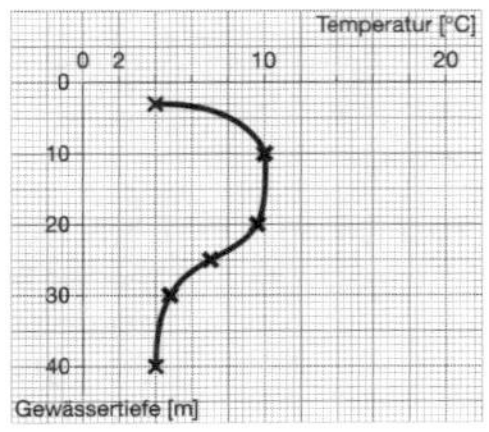

1. Beschreibe – so exakt wie möglich – die Veränderungen der Temperatur-Verhältnisse im See beim Übergang vom Sommer zum Herbst.

– Oberflächenwasser kühlt sich langsam auf rund 4 °C ab.

– Darunter liegt breite Schicht mit wärmeren Wasser.

– Bodennahes Wasser erreicht Temperatur von 4 °C.

2. Ergänze in Abbildung C rechts aufgrund deiner Überlegungen die Temperaturen in den verschiedenen Gewässertiefen.

3. In allen drei Skizzen ist der Wind eingezeichnet. Erkläre die Aufgabe des Windes in diesem Zusammenhang. Was sollen die im Gewässer eingezeichneten Pfeile andeuten?

Wird beim Übergang vom Sommer zum Herbst das Oberflächenwasser kälter, so wird es schwerer und sinkt so lange nach unten, bis es auf gleich warmes Wasser trifft. Dadurch wird eine Zirkulation verursacht, die oberflächlich durch den Wind beschleunigt wird. Durch Herbst- und Frühjahrsstürme kommt es zu einer gleichmäßigen Durchmischung des Seewassers mit nahezu konstanten Temperaturverhältnissen in allen Bereichen.

58 — Temperaturverlauf und Wasserschichtung in einem See

Aufgaben:
a) Fertige in deinem Heft je eine saubere, beschriftete Versuchsskizze zu Versuch 1 und 2 an.
b) Beschreibe – so exakt wie möglich – deine Beobachtungen bei beiden Versuchsansätzen.
c) Erkläre deine Beobachtungen.

b) + c)
Versuch 1:

In der Glaswanne hat das gekühlte Wasser überall die gleiche Dichte. Der Kaliumpermanganatkristall löst sich auf, es entstehen zunächst violette Schlieren, die senkrecht zu Boden sinken. Durch den Fön gerät das Oberflächenwasser in Bewegung, sodass sich die Violettfärbung auf die gesamte Wassermenge verteilt.

Versuch 2:

Das wärmere Oberflächenwasser hat eine geringere Dichte als das darunter liegende kalte Leitungswasser. Es bilden sich zwei Schichten aus. Wieder löst sich der Kristall auf, nur bleibt die Violettfärbung auf das warme Wasser beschränkt. Durch den Fön werden Wellen erzeugt, die sich lediglich auf die obere Wasserschicht beschränken.

d) Erläutere, welche Vorgänge in der Natur durch dieses Modellexperiment nachgeahmt werden.

– Im ersten Gefäß werden die Verhältnisse in einem See nach der Frühjahrs- oder Herbstzirkulation simuliert. In allen Tiefen des Sees liegen gleiche Temperaturverhältnisse vor, das Wasser hat überall gleiche Dichte. Es hat eine Vollzirkulation stattgefunden.

– Im zweiten Gefäß werden die Verhältnisse der Sommerstagnation nachgeahmt. Das wärmere Wasser hat eine geringere Dichte und schwimmt auf dem kälteren und somit schwereren Wasser. Durch den Fön wird lediglich das warme Wasser verwirbelt, aber es kommt zu keinem Austausch mit dem kalten Tiefenwasser.

Der Sauerstoffgehalt eines Gewässers — 59

Der Sauerstoffgehalt im Wasser wird in **Milligramm pro Liter** (mg/*l*) gemessen. Ein Milligramm Sauerstoff hat ein Volumen von 0,75 ccm oder 0,75 ml.
Die folgende Tabelle zeigt die Abhängigkeit der Sauerstoffmenge von der Wassertemperatur.

Temperatur des Wassers in °C	Sauerstoffanteil in mg/*l*	Sauerstoffmenge in ccm oder ml
0	14,3	**10,725 cm^3 bzw. ml**
10	11,4	**8,55 cm^3 bzw. ml**
20	9,3	**6,975 cm^3 bzw. ml**
30	7,9	**5,925 cm^3 bzw. ml**

1. a) Berechne für jede Temperaturangabe die Sauerstoffmenge in ccm oder ml. Trage deine Ergebnisse in die vorgesehene Spalte der Tabelle ein.
b) Formuliere aus den Vorgaben bzw. aus deinen Berechnungen eine Aussage über die temperaturabhängige Löslichkeit von Sauerstoff im Wasser.

Mit steigender Wassertemperatur sinkt die Sauerstofflöslichkeit.

c) Vergleiche die Menge des im Wasser enthaltenen Sauerstoffs mit dem in der Luft vorhandenen Sauerstoffanteil. Was fällt dir dabei auf?
Hinweis: 100 ccm Luft enthalten rund 20 ccm Sauerstoff!

Der Sauerstoffgehalt des Wassers liegt deutlich unter dem der Luft.
Luft ist ein Gemisch verschiedener Stoffe mit gleichem Aggregatzustand.
Info: Im Wasser ist das Gas aber gelöst.

Misst man die Atembewegungen an den Kiemendeckeln eines Goldfisches bei unterschiedlichen Wasserqualitäten, so erhält man die in der folgenden Tabelle dargestellten Messergebnisse:

2. a) Fasse die in der Tabelle enthaltenen Aussagen zusammen.

Mit steigender Wassertemperatur nimmt die Anzahl der Atembewegungen zu. Kühlt sich das Wasser um 10 °C ab, halbiert sie sich in etwa, bei Erwärmung des Wasser um 10 °C verdoppelt sie sich.

b) Wie lassen sich die unterschiedlichen Werte erklären? Trage deine Überlegungen in die Spalte *Erklärung* ein.

Die Anzahl der Atembewegungen hängt vom Sauerstoffgehalt des Wassers ab. Da mit steigender Temperatur die Löslichkeit des Sauerstoffs sinkt, muss der Fisch öfter atmen, um etwa den gleichen Sauerstoffanteil aufnehmen zu können. Gleichzeitig steigt bei Fischen mit zunehmender Wassertemperatur die Stoffwechselaktivität und damit der Sauerstoffbedarf.

60 — Anpassung einer Pflanze an den Umweltfaktor Wasser

1. Beschreibe so exakt wie möglich den Aufbau der dargestellten Wasserpflanze.

Blüte oberhalb der Wasserfläche. Stängel bis zu 6 m lang (Anpassung an wechselnde Wasserstände). *Schwimmblätter* auf der Wasseroberfläche aufliegend, deutliche Blattfläche erkennbar. *Tauchblätter* stark gegliedert, fallen an der Luft pinselartig zusammen.

2. Trage sowohl abiotische als auch biotische Faktoren zusammen, an die diese Wasserpflanze angepasst ist.

Die Pflanze ist angepasst an den Lebensraum, bei dem es sich in der Regel um schnell fließende Gewässer handelt:

- Tauchblätter bieten der Strömung nur geringen Widerstand;

- Gefahr, dass Blätter durch den Wasserdruck zerrissen werden, ist somit gering;

- Schwimmblätter müssen nicht unbedingt ausgebildet werden;

- Position der Blüten oberhalb der Wasserfläche ermöglicht Bestäubung sowohl durch Wind als auch durch Insekten

3. Die nachfolgenden Abbildungen zeigen die Querschnitte des Laubblattes eines Baumes und des Schwimmblattes vom Wasserhahnenfuß.
a) Arbeite Unterschiede zwischen den beiden Blatttypen heraus.

Laubblatt: Spaltöffnungen auf der Blattunterseite, relativ kleine Hohlräume im Schwammgewebe, geordnetes, einreihiges Palisadengewebe, Abschlussgewebe mit deutlicher Wachsschicht

Schwimmblatt: Spaltöffnungen auf der Blattoberseite, Hohlräume im mehrschichtigen Palisadengewebe, große Hohlräume im Schwammgewebe, Abschlussgewebe ohne deutliche Wachsschicht

b) Begründe, inwieweit diese anatomischen Änderungen Anpassungen an bestimmte Umweltfaktoren darstellen.

Spaltöffnungen sind Voraussetzung für den Gasaustausch bei der Fotosynthese: Kohlenstoffdioxid muss in die Pflanze aufgenommen werden, Sauerstoff wird abgegeben. Schwimmblätter verlegen Spaltöffnungen auf die Oberseite des Blattes, weil nur so ein Austausch mit der Luft möglich ist. Luftgefüllte Zwischenräume innerhalb der Gewebe sorgen für den notwendigen Auftrieb.

Atmen im Wasser I

Wasserlebende Organismen haben unterschiedliche Verfahren entwickelt, wie sie an den lebensnotwendigen Sauerstoff gelangen.

1. Ordne die folgenden Texte jeweils einer Tierart zu. Schneide dazu die Tiere aus und klebe sie in die dafür vorbereiteten Felder.

2. Stelle in Form einer Tabelle die verschiedenen Atemtechniken im Wasser zusammen und erläutere sie kurz.

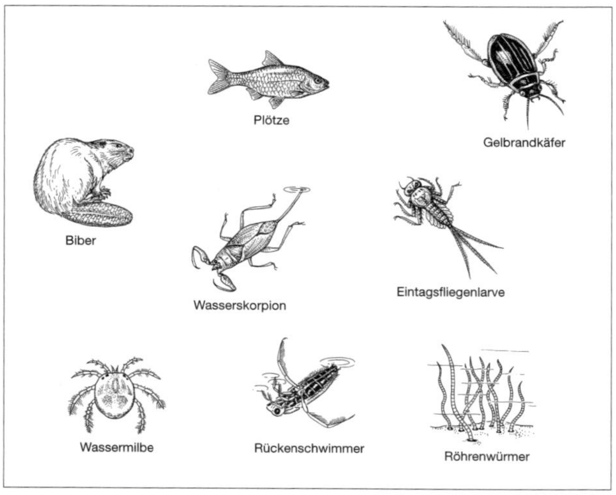

Ihr Körper ist abgeflacht und stromlinienförmig, sie besitzen kräftige Ruderbeine; alle 15–20 Minuten werden die unter den Flügeldecken liegenden Luftvorräte aufgefüllt, indem sie das Hinterleibsende über die Wasseroberfläche halten.

Tracheen übernehmen den Transport von Sauerstoff und Kohlenstoffdioxid. Im Kopfbereich befinden sich Atemöffnungen (Stigmen). Von ihnen gehen Tracheen aus, die ins Körperinnere führen, sich dort stärker verzweigen und schließlich alle Körperzellen mit Sauerstoff versorgen.

Atmen im Wasser I + II

1. Ordne die folgenden Texte jeweils einer Tierart zu. Schneide dazu die Tiere aus und klebe sie in die dafür vorbereiteten Felder.

Text 1 → Gelbrandkäfer; Text 2 → Wassermilbe; Text 3 → Biber; Text 4 → Wasserskorpion; Text 5 → Röhrenwürmer; Text 6 → Eintagsfliegenlarve; Text 7 → Rückenschwimmer; Text 8 → Plötze;

2. Stelle in Form einer Tabelle die verschiedenen Atemtechniken im Wasser zusammen und erläutere sie kurz.

Hautatmung	**z. B. Schlammröhrenwürmer atmen durch die Haut; durch ständige Bewegung des Hinterendes wird Frischwasser herangeführt; Blut ist hämoglobinhaltig, sodass auch sauerstoffärmerem Wasser genug Sauerstoff entzogen werden kann.**
Kiemenatmung	**z. B. Fische; Aufnahme des Sauerstoffs durch die dünnen Wände der Haargefäße der Kiemenblättchen, Abgabe von Kohlenstoffdioxid aus den Kapillaren der Kiemen an das Wasser.**
Tracheen-atmung	**Luftröhren übernehmen den Sauerstoff- und Kohlenstoffdioxidtransport; z. B. bei Spinnen und Insekten; sie haben an bestimmten Stellen des Körpers Atemöffnungen (Stigmen), von dort aus führen die Luftröhren ins Körperinnere, wo sie sich stärker verzweigen und schließlich als feine Lufthaargefäße alle Körperzellen erreichen.**
Tracheen-kiemenatmung	**z. B. Eintagsfliegenlarven besitzen blattförmige kiemenähnliche Anhängsel, die von feinen Tracheenästchen durchzogen sind. Der im Wasser gelöste Sauerstoff tritt in diese Tracheenäste über, sodass diese Tiere unter Wasser atmen können.**
Ausnutzen des Luftsauerstoffs	**z. B. Gelbrandkäfer; Zwischen Rücken und Deckflügeln befindet sich ein Hohlraum, in den Frischluft eindringt. Dieser Luftvorrat ermöglicht es ihm, etwa 20 Minuten unter Wasser zu tauchen. Der Rückenschwimmer nimmt über die Hinterleibsspitze Sauerstoff auf. Er kann allerdings nur kurze Zeit unter Wasser bleiben.**

Atmen im Wasser II

Bei diesen Tieren erfolgt der Gasaustausch über Lungen. Da der Sauerstoffgehalt des Wassers nur ca. 1/30 des Sauerstoffgehaltes der Luft beträgt, ist es für die meisten Lungenatmer unmöglich, einen längeren Zeitraum unter Wasser zu verbringen.

Sie leben als unbeholfene Schwimmer im äußersten Uferbereich und sitzen meist reglos an Wasserpflanzen so dicht unter dem Wasserspiegel, dass die vom Ende des Hinterleibs ausgehende Atemröhre etwas über die Wasseroberfläche hinausragt. Sie entnehmen den Sauerstoff somit direkt aus der Luft.

Hier liegt die einfachste Form der Sauerstoffaufnahme vor. Mit ihrem Kopfteil stecken sie im Schlamm, mit dem Hinterende strudeln sie sich durch ständiges Bewegen frisches Wasser zu. Über die dünne Haut erfolgt der Gasaustausch. Ihr Blut ist stark hämoglobinhaltig, so dass sie trotz des geringen O_2-Gehaltes am Gewässerboden genug Sauerstoff aufnehmen können.

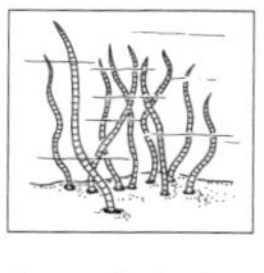

Sie besitzen je nach Art faden- oder blattförmige Außenkiemen; für den Gasaustausch muss das Wasser der Kiemenumgebung ständig erneuert werden. Bei Außenkiemen genügt hierfür die natürliche Wasserströmung oder die Fortbewegung der Tiere.

Sie nehmen mit der dicht behaarten Bauchseite Luftbläschen auf, indem sie das Ende des Hinterleibes aus dem Wasser strecken. Dadurch entsteht ein Auftrieb, der dazu führt, dass das Tier stets in Rückenlage schwimmt.

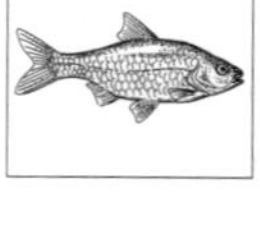

Diese Tiere besitzen Innenkiemen mit stark vergrößerter Oberfläche und intensiver Durchblutung. Das Kohlenstoffdioxid wird an das Wasser abgegeben, der im Wasser gelöste Sauerstoff geht direkt ins Blut über.

Nahrungsbeziehungen im See I

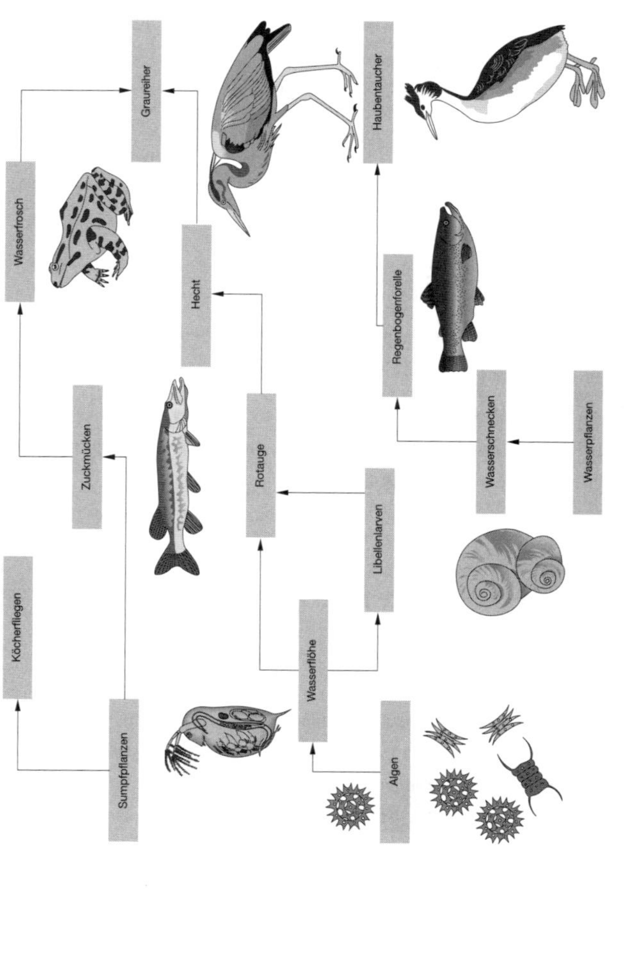

1. Ordne die auf dem Arbeitsblatt „Nahrungsbeziehungen im See (I)“ dargestellten Organismen nach ihrer Bedeutung (Aufgabe) in der „Lebensgemeinschaft See“ (z. B. Produzenten). Trage die Oberbegriffe in die Kästchen ein.

Produzenten: z. B. Algen, Sumpfpflanzen, Wasserpflanzen

Pflanzenfresser: Zuckmücken, Köcherfliegen, Wasserflöhe

Fleischfresser 1. Ordnung: Rotauge

Fleischfresser 2. Ordnung: Haubentaucher, Hecht

Endkonsument: Graureiher

2. Stelle eine Nahrungskette aus mindestens fünf Gliedern zusammen. Trage die Namen der Organismen in die vorbereiteten Kästchen ein.

Algen → Wasserflöhe → Rotauge → Hecht → Graureiher

3. In der Natur kommen nicht nur Nahrungsketten vor. Meistens sind mehrere Ketten zu einem Nahrungsnetz verbunden. Welchen Vorteil hat ein solches Netz gegenüber einer einfachen Nahrungskette?

Die meisten Tiere verfügen über verschiedenartige Nahrungsquellen. Sie gehören dadurch häufig mehreren Nahrungsketten an, die untereinander zu einem Netz verwoben sind. Fällt eine Nahrungsquelle aus, so ist dennoch die Existenz durch Ausweichen auf andere Organismen gesichert.

4. Verbinde die auf dem Arbeitsblatt vorgegebenen Pflanzen und Tiere so, dass sich ein möglichst umfassendes Nahrungsnetz ergibt.
Gib die Fress-Beziehungen zwischen jeweils zwei Arten durch einen Pfeil an, dessen Pfeilspitze immer von der Beute zum Räuber zeigt (→ = wird gefressen von).

5. Bei den vorgegebenen Organismen fehlen Vertreter der Destruenten. Beurteile die Konsequenzen für ein Ökosystem, wenn dies in der Realität tatsächlich vorkäme.

Desturenten zersetzen totes organisches Material. Bei ihrer Abbautätigkeit verbrauchen Destruenten Sauerstoff, führen dem Ökosystem dafür aber Mineralsalze zurück. Ohne die Tätigkeit der Destruenten lagert sich am Gewässerboden eine giftige Faulschlammschicht ab.

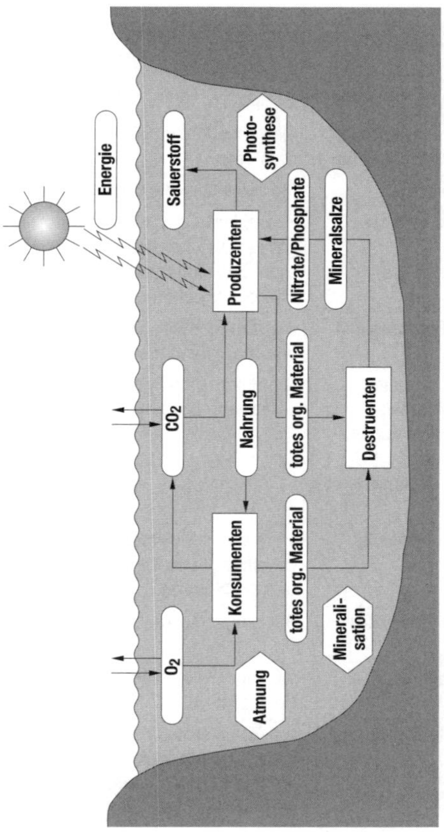

1. Ordne die folgenden Begriffe den verschiedenen Kästchen zu: Energie – Sauerstoff (O_2) (2x) – Kohlenstoffdioxid (CO_2) – Produzenten – Konsumenten – Destruenten – Nahrung – totes org. Material (2x) – Mineralsalze – Mineralisation – Photosynthese – Atmung – Nitrate/Phosphate. Achte dabei auf die verschiedenen Kästchenformen:

- (Sechseck) steht für einen Stoffwechselvorgang
- (Rechteck) symbolisiert eine Organismengruppe
- (abgerundetes Kästchen) gibt an, welche Stoffe aufgenommen oder abgegeben werden

2. Erkläre anhand der Abbildung, warum von einem Stoff**kreislauf** gesprochen wird.

Die Abbildung zeigt einen naturbelassenen, „gesunden“ See, in dem sich alle Organismen in einem biologischen Gleichgewicht befinden. Heute sind solche Seen nur noch selten anzutreffen, da durch Eingriffe des Menschen diese empfindlichen Systeme erheblich verändert worden sind.

1. Nenne zu den vorgegebenen Oberbegriffen Beispiele, die das Eingreifen des Menschen in das Ökosystem See belegen. Trage deine Beispiele an entsprechender Stelle ein.

Freizeit/Hobby: Wassersport: Surfen, Segeln, Baden, Motorboote
Haushalte: Mineralsalze aus Wasch- und Reinigungsmitteln, ungeklärte Abwässer
Verkehr/Erschließung: Uferbebauung: Straßen, Restaurants
Industrie: giftige Schwermetalle, Kühlwasser aus Kraftwerken
Landwirtschaft: Auswaschung von Mineraldünger und Gülle, Schädlingsbekämpfungsmittel

2. Fertige eine Tabelle nach folgendem Muster an, und erläutere die Auswirkungen bzw. Konsequenzen des menschlichen Eingriffs.

Eingriff	Auswirkungen	Konsequenzen
Wassersport (z. B. Surfen, Motorboote, Badegäste)	Laich- und Ruheplätze von Fischen werden beeinträchtigt; Nistplätze im Schilfbereich gestört; Abknicken von Schilfpflanzen Verunreinigungen durch Motorboote	Tiere wandern ab und suchen anderweitig neue Nist- und Laichplätze. Dichter Schilfbestand ist wichtiger Schutz für das Ufer gegen Wind, Wellenschlag und Uferausspülungen (Läuft ein 2,5-PS-Motor eine Stunde, so verunreinigt er 68 000 Liter Wasser!)
Haushalte	Gewässer werden mit übermäßig hohem Nährsalzgehalt angereichert; natürliche Selbstreinigung ist gestört.	Deutliche Zunahme an organischem Material (Massenvermehrung von Algen und Wasserpflanzen); übermäßiger Sauerstoffbedarf für den Abbau des org. Materials; sauerstoffabhängige Organismen sterben ab.
Industrie	Schwermetalle (z. B. Cadmium, Quecksilber, Chrom) vergiften die Gewässer.	Fischsterben; Vernichtung des Schlammröhrenwurms (Tubifex), der riesige Mengen an Schlamm mit abgestorbenen Algen fressen kann
Landwirtschaft	Mineraldünger und Gülle werden bei Regen ausgewaschen und gelangen in die Gewässer Belastung des Grundwassers.	Massenvermehrung der Algen Verwendung des Grundwassers zur Trinkwassergewinnung nicht mehr möglich
Verkehr/Erschließung	Uferbefestigung, Begradigungen Straßenbau	Auenlandschaften verschwinden, Verlust an Laich-, Versteck- und Nahrungsräumen vieler Fisch- und Lurcharten; Erhöhter Lärmpegel, Unruhe: Aufscheuchen sensibler Wasservögel

1. Beschreibe die verschiedenen Kurvenverläufe.

Sauerstoffgehalt zunächst relativ konstant, dann deutlicher Abfall fast auf null. Die *Mineralsalzkonzentration* lange Zeit konstant, dann deutlicher Anstieg. Zunächst parallel zur Mineralsalzkurve verläuft der Graph, der den Gehalt an *Produzenten* verdeutlicht. Dann nimmt die Konzentration an Produzenten aber drastisch ab. Der Verlauf der *Konsumenten*-Kurve ist ähnlich der der Produzenten, nur auf geringerem Niveau. Die *Faulschlammbildung* ist lange Zeit konstant, später bildet sich neuer Faulschlamm. Die Menge der *Destruenten*, die unter Sauerstoffverbrauch Abfallstoffe abbauen, steigt ein wenig an, dann fällt ihre Konzentration deutlich ab.

2. Setze die Kurven zueinander in Beziehung und erkläre die Abhängigkeiten.

Die Zufuhr von Nährsalzen bedingt einen deutlichen Anstieg der Produzenten. Produzenten sind Lebensgrundlage für die Konsumenten. Da die Zahl der Konsumenten in der Regel kleiner ist als die der Produzenten, liegt die Kurve der Konsumenten unter der der Produzenten. Durch die gesteigerte Menge an Produzenten und Konsumenten fällt mehr totes organisches Material an, das durch die Destruenten abgebaut werden muss. Der vermehrte Abbau des org. Materials führt zur Abnahme des verfügbaren Sauerstoffs. Wird der Sauerstoff knapp, sterben die Konsumenten und Destruenten ab. Durch die verminderte Abbautätigkeit steigt die Masse des Faulschlamms an.

3. Begründe, warum trotz steigender Mineralsalzkonzentration die Anzahl der Produzenten nach einiger Zeit zurückgeht.

Die hohe Mineralsalzkonzentration führt zu einem sprunghaften Anstieg der Produzenten. In der Regel vermehren sich insbesondere Algen, sodass grüne Algenteppiche an der Gewässeroberfläche treiben. Diese Algenmassen trüben das Gewässer mit der Folge, dass weniger Licht in die tieferen Bereiche des Sees vordringen kann. Ohne Licht kann aber die Fotosynthese nicht mehr ablaufen, die Algen sterben ab.

4. Abbildung B zeigt eine Apparatur, die auf dem Gewässerboden verankert und zur Belüftung des Tiefenwassers verwendet wird.
a) Erkläre die Funktionsweise des Gerätes. b) Beschrifte die Abbildung.

Das Gerät wird genutzt, um sauerstoffarmes Tiefenwasser wieder mit sauerstoffhaltiger Luft zu versorgen. Es besteht aus einem Druckluftschlauch (1), der die Zuleitung für die unter Wasser befindliche Belüftungskammer (2) darstellt. Verteilerrohre (3) geben die Luft an das Wasser weiter. (4) stellt ein Entlüftungsrohr dar.

c) Gib an, welche Vorgänge im Tiefenwasser durch Einsatz des Gerätes aktiviert werden sollen.
d) Zu welchem Zeitpunkt im Jahresablauf hältst du den Einsatz des Belüftungsgerätes für sinnvoll? Begründe.

Im Tiefenwasser laufen die Abbauprozesse des toten organischen Materials ab. Die Destruenten verbrauchen sehr viel Sauerstoff für diesen Abbau, und so kann es zum Ende des Sommers oder im Frühherbst zu einer gefährlichen Sauerstoffarmut kommen, die unter anderem auch zum Absterben der Fische führen kann. Gegen Ende des Sommers ist aufgrund der Schichtung des Wassers auch ein Gasaustausch mit dem sauerstoffreicheren Oberflächenwasser nicht möglich. Erst nach Einsetzen der Herbstzirkulation kann auf den Einsatz der Belüftungsapparatur verzichtet werden.

Das Ökosystem Hecke — 69

1. Beschreibe beide Abbildungen so exakt wie möglich.

2. Fasse die wesentlichen Aussagen aus Abbildung B zusammen.

3. Leite aus beiden Abbildungen den vielfältigen ökologischen Nutzen dieser Hecken her.

Ökologischer Nutzen	Auswirkungen
Hecken halten das Regenwasser fest und verstärken die Taubildung.	**Sie verhindern das Austrocknen der Böden.**
Hecken brechen den Wind.	**Sie verhindern die Bodenerosion.**
Hecken sind sehr artenreiche Lebensräume.	**Heckenbewohner suchen Beutetiere auf den angrenzenden Feldern; es breiten sich deutlich weniger Pflanzenschädlinge aus.**
Hecken filtern Straßenstaub und Abgase.	**Sie verringern die Schadstoffbelastung für Mensch und Tier.**
Hecken verhindern extreme Temperaturschwankungen. Hecken mindern das Absenken der Bodentemperatur. Hecken verhindern die Ausbreitung bodennaher Kaltluft.	**Sie bieten Winterquartiere; sie verbessern das örtliche Klima.**
Hecken bieten viele Versteckmöglichkeiten.	**Tiere sind vor Landmaschinen geschützt; Tiere finden hier Nist- und Schlafplätze.**
Hecken bieten Sicht- und Lärmschutz.	**Rückzugsmöglichkeiten für Tiere.**
Pflanzenvielfalt in den Hecken	**wichtiger Nektarspender für die Honigbienen**
Tiervielfalt innerhalb der Hecken	**z. B. Blattläuse als Mitglieder der Lebensgemeinschaft Hecke liefern mit ihren Ausscheidungen Grundstoff für den „Waldhonig".**

70 — Die Feldhecke als Lebensraum

1. Schreibe folgende Begriffe in die richtigen Kästchen:
Dach – Kernzone – Mantelzone – Baumschicht – Bodenschicht – Krautschicht – Saum – Strauchschicht.

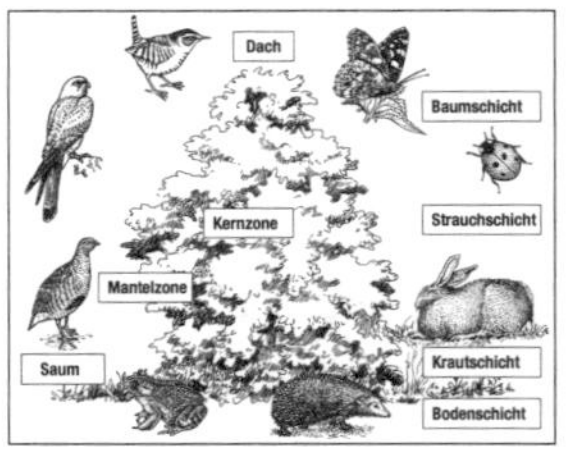

2. Stelle die typischen Merkmale der verschiedenen Zonen dar.

Kernzone: zentrale, innen schattige Zone mit Bäumen und Sträuchern; Mantelzone: schließt an Kernzone an, besteht aus kleineren lichtbedürftigen Büschen; Saum: artenreicher Kraut- und Grasgürtel

3. Benenne die dargestellten Tiere und ordne sie den verschiedenen Heckenbereichen zu.

Heckenbewohnende Tiere: Marienkäfer, Igel, Erdkröte, Schmetterlinge, Zaunkönig, Turmfalke, Rebhuhn, Feldhase.
Raubvögel (Turmfalke) besetzen den oberen Bereich einer Hecke, um möglichst weit in die offene Landschaft schauen zu können. Igel haben im Inneren der Hecke ihre Verstecke, die sie nachts verlassen, um Nahrung in Form von Insekten und Kleintieren zu suchen. Auch das Rebhuhn nutzt die Kernzone als Lebensraum. Der Feldhase besiedelt die Mantelzone. Die Erdkröte bewohnt die Saumzone der Feldhecke.

4. Beschreibe Lebensbedingungen der Tiere in den unterschiedlichen Zonen der Hecke. Berücksichtige bei deinen Überlegungen Temperatur- und Lichtverhältnisse, Feuchtigkeit, Versteckmöglichkeiten, Nahrungsquellen usw.

Hecken bremsen den Wind, verhindern das Austrocknen des Bodens, spenden Schatten, sorgen für ausgeglichene Temperaturen durch geringeres Aufheizen des Bodens im Vergleich zum Feld und geringere Auskühlung, sorgen für höhere Taubildung und geringere Verdunstung von Niederschlägen, bieten verschiedene Versteckmöglichkeiten (z. B. für Feldhase und Igel), bieten ein reichhaltiges Nahrungsangebot für Insekten und Körner fressende Vögel.

Wiesenpflanzen – angepasst an das Mähen — 71

1. Mehrmals im Jahr wird durch das Mähen die Entwicklung der Wiesenpflanzen beeinflusst.
a) Beschreibe, wie die in der obigen Abbildung dargestellten Pflanzen das Mähen überstehen.
b) Erkläre unter Berücksichtigung der Anatomie des Löwenzahns, wie Wiesenpflanzen an den mehrfachen Schnitt der Wiese angepasst worden sind.

Mit Beginn der wärmeren Witterung beginnt die Zeit der früh blühenden Pflanzen (Gänseblümchen, Primeln, Wiesenschaumkraut, Löwenzahn etc.). Bevor die Wiese das erste Mal geschnitten wird, streuen diese Pflanzen ihre Samen aus. Der Landwirt mäht die Wiese, wenn die Gräser in Blüte stehen. Dies ist wichtig, da die Pflanzen zu diesem Zeitpunkt noch ihren vollen Nährstoffgehalt besitzen und damit ein hochwertiges Heu liefern. Durch das Abmähen der Wiese wird die Entwicklung der Pflanzen unterbrochen. Es können nur solche Pflanzen überleben, die nach dem Mähen erneut austreiben. Dazu gehören solche mit rosettenartigen Blättern und kriechenden Sprossteilen, die von den Messern nicht erfasst werden. (Auch Gräser können Ersatzsprosse bilden.)

2. In der nachfolgenden Abbildung ist eine Wiese im Jahresverlauf dargestellt. Daneben findest du fünf Entwicklungsstadien eines Löwenzahns. Schneide diese Stadien aus und klebe sie an die entsprechende Stelle der Abbildung. Begründe deine Zuordnung.

Abb. 5: Knospenbildung im März
Abb. 2: Pflanzenwachstum im April
Abb. 3: Blütenbildung Mai/Juni
Abb. 4: Löwenzahn nach dem ersten Schnitt (Juni/Juli)
Abb. 1: vermindertes Pflanzenwachstum (September)
Die Abbildungen 5, 2, 3 zeigen den normalen Wachstumsverlauf eines Löwenzahns. Nach dem Mähen bleiben die Blattrosette und ein Rest des Sprosses erkennbar. Es kann sich nun eine zweite Wachstumsperiode anschließen, jedoch werden die Pflanzen nicht mehr so groß wie vor dem ersten Schnitt.

Die Goldammer – Vogel des Jahres 1999 — 73

1. Begründe anhand des Steckbriefes, inwieweit die Goldammer an den Lebensraum Hecke angepasst ist.

- **Gefiederfärbung angepasst an das Geäst**
- **Werbung um Geschlechtspartner erfolgt erhöht sitzend von den Zweigspitzen aus**
- **Nestbau aus Grashalmen und Blättern: Baumaterial in und um Hecken reichlich vorhanden**
- **Farbe der Eier angepasst an den Lebensraum**
- **Nahrungsangebot in Hecken reichlich vorhanden**

2. Im Gegensatz zu Deutschland stehen die Goldammern in Belgien und in den Niederlanden bereits auf der Roten Liste der gefährdeten Arten. Nenne mögliche Gründe für diese Erscheinung.

- **riesige Monokulturflächen**
- **keine Hecken zwischen den Feldern**
- **hohe Biozidbelastung → Abtöten der lebensnotwendigen Insekten**
- **kaum Nistmaterial und wenig Brutplätze**

3. Wie bei allen bodenbrütenden Arten können die Verluste an Gelegen und Jungvögeln recht hoch sein. Welche biotischen bzw. abiotischen Ursachen siehst du dafür?

biotische Ursachen für Gelegeverlust:
- **hohe Anzahl von Räubern, die die Nester plündern und/oder Jungtiere fressen**
- **zu geringes Nahrungsangebot**
- **Nester können nicht unter ausreichendem Schutz errichtet werden (zu wenig Hecken)**

abiotische Ursachen:
- **Zerstörung des Geleges durch landwirtschaftliche Geräte**
- **zu kalte und/oder nasse Sommer**

74 Das Leben einer Bienenarbeiterin im Überblick

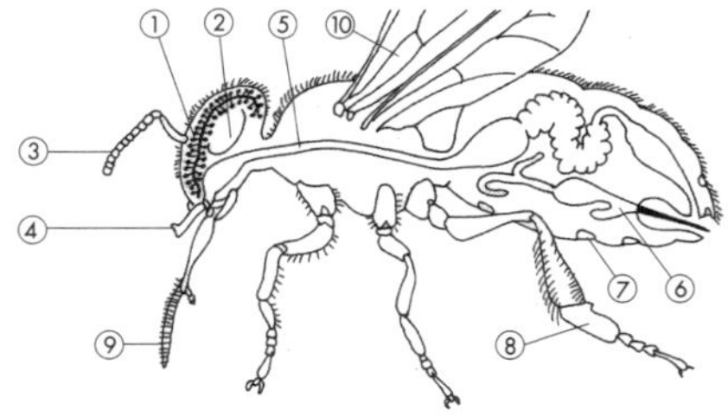

Lebenszeit (Tage)	Funktion (Stichwort)	Tätigkeit	Welche Organe werden besonders gebraucht?
1–3	Putzbiene	**Reinigung der Waben**	**8, 4, 9**
4–6	Kindermädchen	**Fütterung der älteren Maden mit Pollen und Honig**	**4, 9**
6–10	Amme	**Fütterung der jungen Maden mit Futtersaft**	**4, 9**
11–16	Baubiene	**Herstellen neuer Waben**	**7, 8**
17–20	Pollenstampfer	**Pollen kneten und in Waben verpacken**	**8**
	Honigmacher	**Nektaraufnahme und -weitergabe**	**9, 5**
	Ventilator	**Kühlung durch Flügelschlag**	**10**
	Wächter	**Abwehr fremder Insekten**	**6**
20-Lebens-ende	Sammelbiene	**Anbringen von Nektar und Pollen aus der Umgebung**	**10, 2, 8, 5**

1. Beschrifte die Abbildung, indem du die Zahlen richtig zuordnest: Saugrüssel (**9**), Oberkiefer (**4**), Fühler (**3**), Speiseröhre und Honigmagen (**5**), Flügel (**10**), Wachsdrüsen (**7**), Facettenauge (**2**), Stachel (**6**), Futtersaftdrüse (**1**), Sammelbein (**8**).

2. Bearbeite die Tabelle. Beschreibe dazu die jeweilige Tätigkeit und gib die Ziffern derjenigen Organe an, welche dabei besonders gebraucht werden.

76 Die Tanzsprache der Bienen

Es ist 14 Uhr am Nachmittag, sechs Sammelbienen kehren zu ihrem Stock zurück und führen auf den senkrechten Waben den Schwänzeltanz auf.

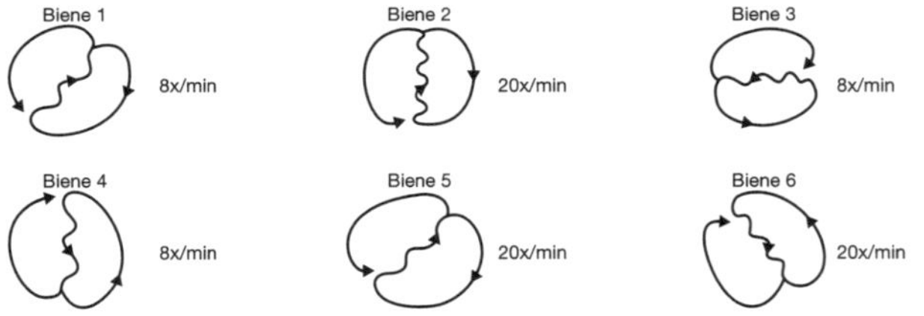

1. Trage in die Skizze die Lage der von der jeweiligen Biene entdeckten Futterquelle (F_1–F_6) ein und begründe deine Entscheidung.

2. Welche Eigenschaften der Futterquelle können Bienen noch übermitteln und wie machen sie das?

Die Qualität des Futters wird durch Weitergabe von Proben übermittelt.

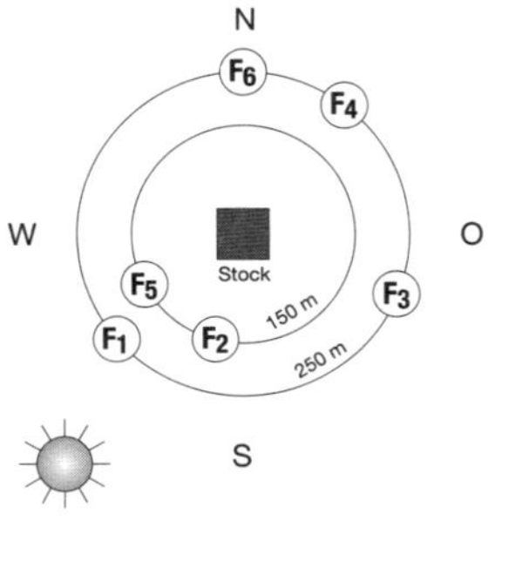

Die Mitglieder eines Bienenvolkes 75

Name	Drohne	Arbeitsbiene	Königin
Entsteht aus	**unbefruchteten Eiern**	**befruchteten Eiern**	**befruchteten Eiern**
Entwickelt sich in	**großen Waben**	**normalen Waben**	**Geischzellen**
Wird als Larve gefüttert mit	**Futtersaft, Pollen, Honig**	**Futtersaft, Pollen, Honig**	**Futtersaft**
Entwicklungszeit	**24 Tage**	**21 Tage**	**16 Tage**
Lebensalter	**ca. 4 Monate**	**ca. 6 Wochen**	**3–4 Jahre**
körperliche Merkmale	**Körper groß, große Augen, kräftige Flügel**	**kleinere Tiere mit Giftstachel, Sammelbein, Wachsdrüse, etc.**	**größtes Tier mit gut entwickelten Eierstöcken**
Aufgaben	**Fortpflanzung**	**Brutpflege, Ernährung, Abwehr von Feinden, Temperierung des Stocks**	**Fortpflanzung**

Arbeitsbiene, Drohne und Königin sind unterschiedliche Mitglieder des Bienenvolkes. Vergleiche sie miteinander, indem du die Tabelle ausfüllst.

Blattlaus und Marienkäfer – ein biologisches Gleichgewicht 77

Die Marienkäfer und ihre Larven ernähren sich von Blattläusen. Man hat gezählt, dass eine Marienkäferlarve in 13 Tagen 267 Blattläuse frisst.
Die Verhältnisse zwischen den beiden Insektenarten kann man folgendermaßen darstellen:

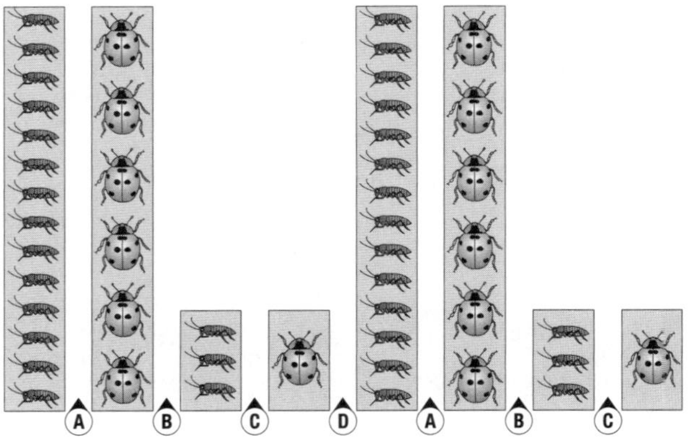

1. Mit vier lückenhaften Sätzen lassen sich die Verhältnisse beschreiben:

A Je mehr **Blattläuse**, desto mehr **Marienkäfer**.

B Je mehr **Marienkäfer**, desto weniger **Blattläuse**.

C Je weniger **Blattläuse**, desto weniger **Marienkäfer**.

D Je weniger **Marienkäfer**, desto mehr **Blattläuse**.

2. Jeder Satz ist mit einem Buchstaben gekennzeichnet. Trage die richtigen Buchstaben in die Abbildung ein (Kreise !).

3. Wenn man die Verhältnisse zwischen Blattlaus und Marienkäfer beschreiben will, spricht man auch kurz vom biologischen Gleichgewicht. Was heißt das?

Beide Tiere können sich nicht übermäßig vermehren, ihre Anzahl bleibt im Durchschnitt gleich.

78 Die Raupe ist die Larve des Schmetterlings

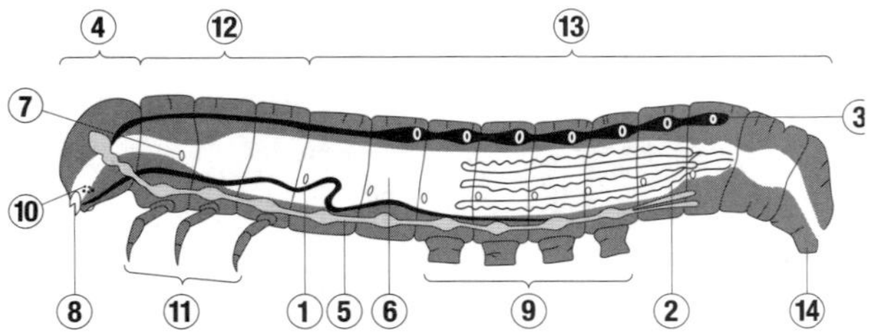

1. Beschrifte das Bild, indem du die richtigen Zahlen einträgst:
Spinndrüse (1), Ausscheidungsorgan (2), Herz (3), Kopf (4), Nervensystem (5), Darm (6), Atemöffnungen (7), kauend-beißende Mundwerkzeuge (8), vier Paar Bauchfüße (9), Punktaugen (10), drei Paar Brustbeine (11), Brust (12), Hinterleib (13), ein Paar Nachschieber (14).

2. Welche Organe stellen eine besondere Angepasstheit an die Lebensweise der Raupe dar?

Raupen ernähren sich von Blättern. Sie fressen große Mengen: mit den kauend-beißenden Mundwerkzeugen werden die Blätter zerkleinert, der große Magen kann viel Nahrung aufnehmen. Die Spinndrüsen erzeugen die Fäden zum Aufhängen der Puppe.

3. Was geschieht mit den Organen während der Puppenruhe?

Erhalten bleibt: **Herz, Ausscheidungsorgan, Nervensystem (3, 2, 5, 6)**

Verändert wird: **7 (verkleinert), 9 (umgewandelt zu Roll-Saugrüssel)**
12 (vergrößert zu 3 Beinpaaren)

Zurückgebildet wird: **1, 10, 15**

Neugebildet wird: **Facettenauge, Flügel, Keimdrüsen, Fühler**

Insektenentwicklung 79

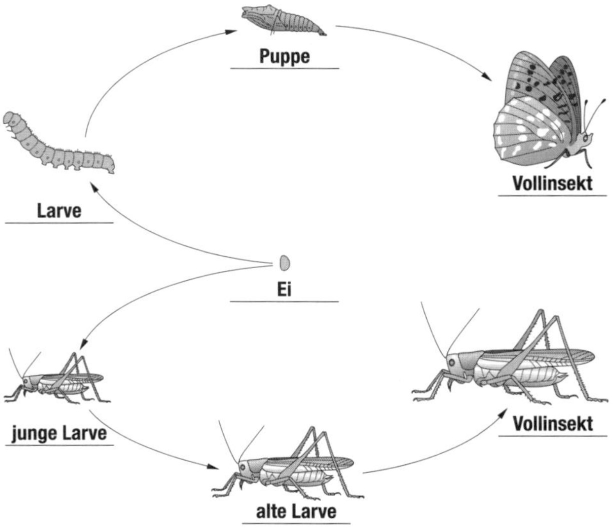

1. Trage die folgenden Begriffe in die Abbildung ein:
Vollinsekt, Ei, junge Larve, Larve, alte Larve, Puppe.

2. Worin unterscheiden sich die beiden Entwicklungstypen?

Bei der Entwicklung ohne Puppenstadium wird die Larve dem Vollinsekt langsam immer ähnlicher.
Bei der Entwicklung mit Metamorphose bleibt die Larve dem Vollinsekt unähnlich.

3. Finde für jeden Typ zwei Insektenarten als Beispiele.

A: Biene, Mücke, Fliege, Käfer
B: Wanzen, Libellen

80 Das Insektenbein: Abwandlungen vom Grundbauplan

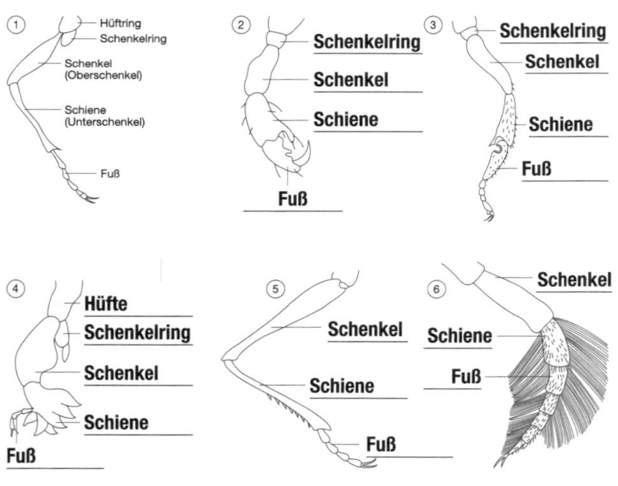

Die Abb. 1 zeigt ein wenig spezialisiertes Insektenbein. Es handelt sich um das Laufbein eines Käfers.

1. Vervollständige die Beschriftung der übrigen Abbildungen.

2. Finde heraus, welche Bilder zu den folgenden Bezeichnungen gehören:
Sammelbein (**3**), Schwimmbein (**6**), Sprungbein (**5**), Grabbein (**4**), Klammerbein (**2**).

3. Inwiefern stellen die Beine Angepasstheiten an die Lebensweise des jeweiligen Insekts dar?

Insekt	② Kopflaus	③ Biene	④ Maulwurfsgrille	⑤ Heupferd	⑥ Gelbrandkäfer
Lebensweise	**klammert an Haaren**	**sammelt Pollen**	**gräbt im Boden**	**springt enorm**	**lebt im Wasser**

Wir bestimmen Insekten 81

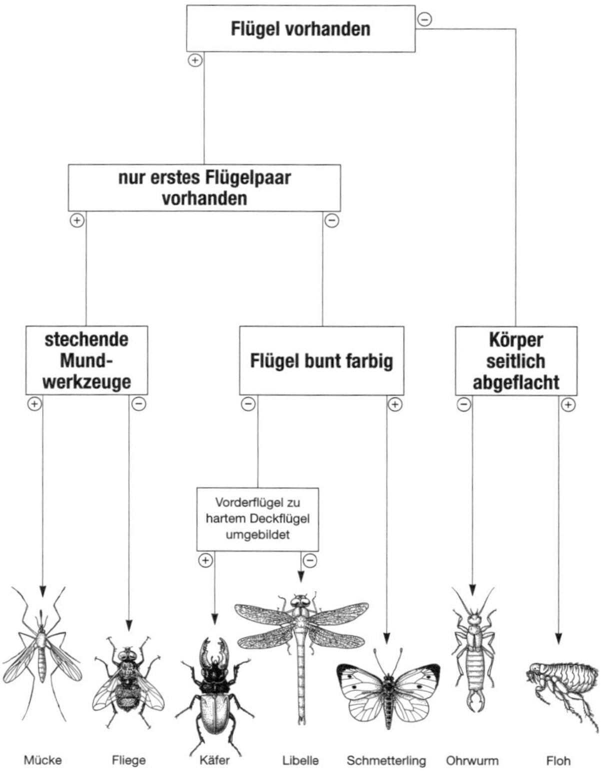

Vervollständige den Bestimmungsbogen, indem du dir die geeigneten Unterschiedsmerkmale überlegst.
⊕ bedeutet JA ⊖ bedeutet NEIN.

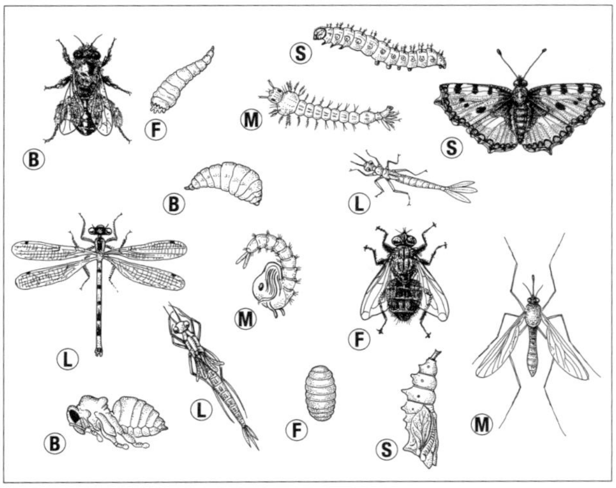

1. Es sind Larven, Puppen und Vollinsekten zu sehen, und zwar von folgenden Tieren: Libelle, Mücke, Schmetterling, Honigbiene, Fliege. Ordne zu, indem du den Anfangsbuchstaben des richtigen Namens einträgst.

2. Vergleiche Lebensraum und Lebensweise von Larven und Vollinsekten in einer Tabelle:

Insekt	Lebensraum und Lebensweise von Larve	Lebensraum und Lebensweise von Vollinsekt
Libelle	in Tümpeln, räuberisch	gute Flieger, räuberisch
Mücke	in Tümpeln, Pflanzenfresser	blutsaugend, stechend
Biene	in der Wabe	zunächst i. d. Wabe, später guter Flieger
Fliege	in Abfall, Mist	gute Flieger, leckend-saugende Ernährung
Schmetterling	auf Blättern, kauend-beißende Ernährung	nektarsaugende Ernährung

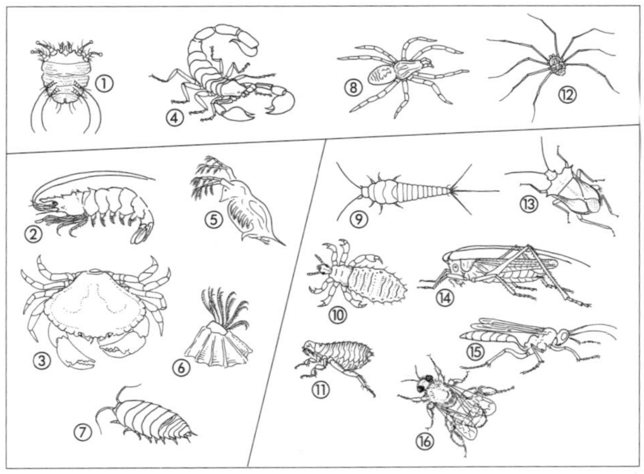

1. Trenne durch zwei gerade Linien die drei Tiergruppen voneinander.

2. Folgende Tiere sind dargestellt. Trage die richtigen Ziffern ein.

Weberknecht (12)	Seepocke (6)	Floh (11)
Milbe (1)	Garnele (2)	Silberfischchen (9)
Skorpion (4)	Wasserfloh (5)	Kopflaus (10)
Wolfsspinne (8)	Assel (7)	Wanze (13)
	Taschenkrebs (3)	Heupferd (14)
		Schlupfwespe (15)
		Biene (16)

3. Nenne die wichtigsten äußeren Unterscheidungsmerkmale.

Insekten	Spinnen	Krebstiere
drei Beinpaare Kopf/Brust/Hinterleib	vier Beinpaare Kopfbrust/Hinterleib	viele Beinpaare Kopfbrust/Hinterleib

1. Kreuzworträtsel
Das Lösungswort ist eine andere Bezeichnung für Insekten

1. edles Material, in dem sich Puppen entwickeln
2. Sehsinnesorgan
3. Staaten bildende Insekten tropischer Gebiete
4. produziert Honigtau
5. Material, aus dem das Außenskelett besteht
6. darin entwickelt sich die Bienenkönigin
7. der Blutkreislauf ist …
8. übertrug früher die Pest
9. vollständige Verwandlung

1. SEIDENKOKON
2. NETZAUGE
3. TERMITEN
4. BLATTLAUS
5. CHITIN
6. WEISELZELLE
7. OFFEN
8. RATTENFLOH
9. METAMORPHOSE

Lösungswort: KERBTIERE

2. Welches Wort passt nicht zu den anderen der Serie? Unterstreiche und begründe.

• Tracheen – Kiemen – Lungen – Haare – Haut	kein Atemorgan
• Biene – Milbe – Schmetterling – Käfer – Libelle	kein Insekt
• Flügel – Beine – Fühler – Rückenherz – Mundwerkzeuge	kein äußeres Merkmal
• Larve – Vollinsekt – Raupe – Puppe – Ei	kein allgemeiner Begriff
• Netzauge – Sehen – Tracheensystem – Einzelauge – Rasterbild	hat nichts mit Sehen zu tun
• Rückenherz – Tracheensystem – Flügel – Darm – Bauchmark	kein inneres Organ
• Schwänzeltanz – Duftmarken – Melken – Betrillern – Zirpen	keine Kommunikation zwischen Insekten

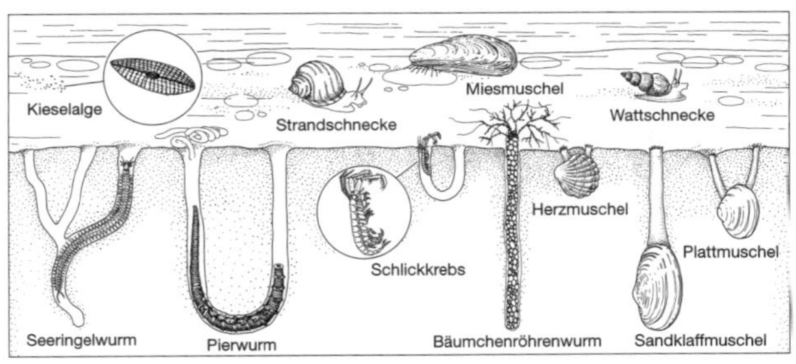

1. Erläutere kurz die Ernährungsweise der abgebildeten Wattbewohner.

Kieselalge: Es handelt sich um autotrophe Lebewesen, die Nährsalze und Kohlenstoffdioxid aus dem Wasser aufnehmen. Sie erzeugen im Fotosyntheseprozess zur eigenen Ernährung Kohlenhydrate.

Strand- und Wattschnecke: Weiden Bakterien und Algen vom Wattboden ab.

Miesmuschel: Filtriert Plankton aus dem Wasser.

Schlickkrebs: Weidet z. B. Kieselalgen vom Wattboden ab.

Bäumchenröhrenwurm: Zwischen den Ästen der Bäumchenkrone werden Schleimfäden gespannt. Mit ihnen werden vorbei schwimmende Mikroorganismen gefangen.

Herz-, Platt- Sandklaffmuschel: Filtern über Siphone (röhrenförmige Ausstülpungen) Mikroorganismen (Plankton) aus dem Wasser.

Pierwurm: Entnimmt dem aufgenommenen Sandboden Mikroorganismen.

Seeringelwurm: frisst Algen, Aas (z. B. tote Garnelen), Kleinkrebse.

2. Nenne einige extreme Bedingungen, denen die Wattbewohner ausgesetzt sind.

Durch Ebbe und Flut bedingt, schwanken u. a. die abiotischen Faktoren Licht, Temperatur und Salzgehalt sehr stark.

86 Pflanzen der Salzwiesen

1. Erläutere die Faktoren, die das Vorkommen der abgebildeten Pflanzen bestimmen.

Für das Vorkommen spielen offenbar die Höhenlage, die Zahl der Überflutungen und der Bodensalzgehalt eine Rolle. Am besten sind Schlickgras und Queller an eine ständige Überflutung und damit an einen hohen Salzgehalt des Bodens angepasst. Mit zunehmender Höhenlage nehmen die Anzahl der Überflutungen und damit der Salzgehalt des Bodens ab. Während die Sode noch einen relativ hohen Salzgehalt des Bodens bevorzugt, können Andel und Strandaster Böden besiedeln, deren Salzgehalt zwischen 10 und 20 % liegen. Dagegen können Strandflieder und Löffelkraut nur einen geringen Salzgehalt tolerieren. Schlickgras und Queller haben also ihr ökologisches Optimum bei einem hohen, Sode, Andel und Strandaster bei einem mittleren und Strandflieder und Löffelkraut bei einem geringeren Bodensalzgehalt.

2. Beschreibe, wie der Queller seinen Salzgehalt regulieren kann.

Um die Salzlösung in seinen Zellen zu verdünnen, nimmt der Queller zusätzlich Wasser auf. Er quillt dadurch gewissermaßen auf. Durch die zu dicken fleischigen Schuppen reduzierten Blätter ist die Oberfläche des Quellers relativ klein. Dadurch verdunstet er bei Ebbe wenig Wasser aus seinen Zellen, sodass die Salzkonzentration in ihnen kaum ansteigt.

Strandhafer befestigt Dünen 87

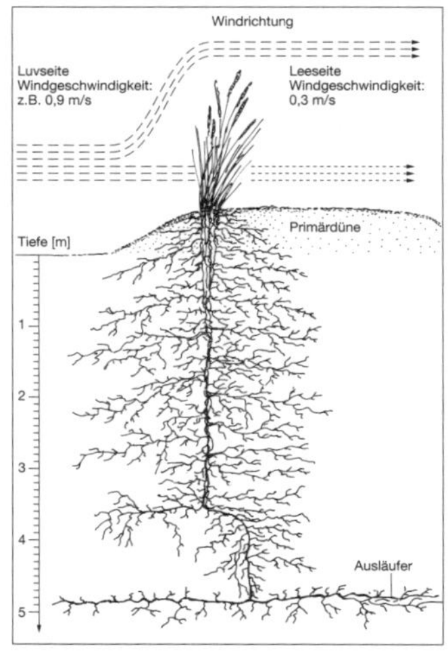

1. Strandhafer ist extremen Standortfaktoren ausgesetzt. Zähle möglichst viele solcher Standortfaktoren auf.

a. Trockenheit, b. Wassermangel, c. Sandschliff, d. Übersandung, e. Erwärmung und Überhitzung der obersten Bodenschicht, f. Humusarmut, g. Salzgehalt des Bodens

2. Strandhafer ist in der Natur an der Dünenbildung beteiligt. Er wird auch vom Menschen zur Dünenbefestigung angepflanzt. Erläutere mithilfe der Abbildung die Eigenschaften des Strandhafers für Dünenbildung und Dünenbefestigung.

Der Seewind kann den winddurchlässigen Strandhafer durchstreifen. Beim Durchströmen des Strandhafers verliert der Wind an Geschwindigkeit. Der mitgeführte Sand setzt sich dadurch an der Wind abgekehrten Seite (Leeseite) ab. Es entsteht eine Erstlings- oder Primärdüne. Sammelt sich mit der Zeit mehr Sand an und wird er vom stark verzweigten Wurzelsystem mehr und mehr durchwurzelt und damit festgehalten, so entsteht eine Folge- oder Sekundärdüne. Der Mensch bepflanzt Dünen mit Strandhafer, um die geschilderten Vorgänge zu beschleunigen. Die so befestigten Dünen stellen einen Schutz vor Überflutungen dar.

88 Nahrungsbeziehungen im Meer

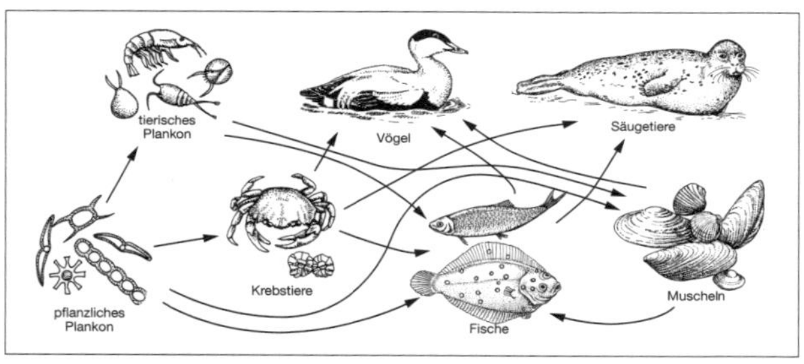

1. Verbinde die abgebildeten Organismen zu einem Nahrungsnetz.

2. Schreibe mindestens drei Nahrungsketten aus diesem Netz auf.

z. B.: pflanzliches Plankton → tierisches Plankton → Fische → Säugetiere → Krebstiere → Vögel

pflanzliches Plankton → Krebstiere → Fische → Säugetiere

3. Trage die folgenden Begriffe in die vorgegebene Pyramide ein: 5 kg Kabeljau, Produzenten, 500 kg Kleinkrebse, Konsumenten 3. Ordnung, 50 kg Heringe, Konsumenten 1. Ordnung, 5000 kg Algen, Konsumenten 2. Ordnung

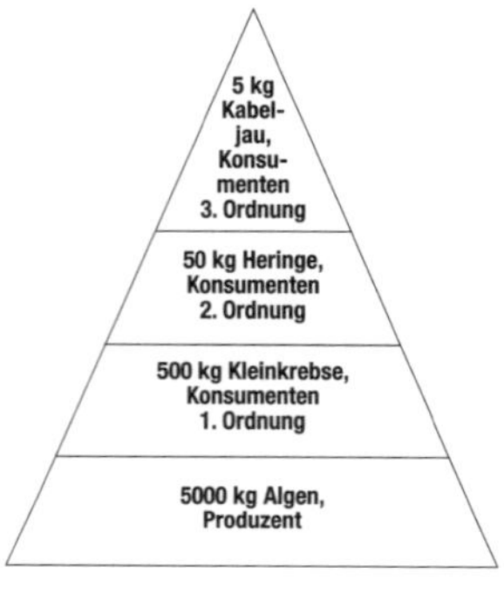

4. Beschreibe die Beziehungen in der Nahrungspyramide.

vgl. Pyramide links

5. Wie viel Prozent der jeweiligen „Beute" werden in eigene Körpermasse umgewandelt? Was geschieht mit dem Rest?

Es werden jeweils nur 10 % der aufgenommenen Nahrung in eigene Körpermasse umgewandelt. Der Rest wird für Lebensvorgänge wie Atmung und Bewegung verbraucht und letztendlich in Wärmeenergie umgewandelt.

Wattenmeer – Lebensraum für Zugvögel 89

Information:
Insgesamt leben etwa 2000 verschiedene Tierarten im Wattenmeer. Auf jedem Quadratzentimeter wachsen jedes Jahr 300 g Mikroalgen. Weitere 200 g Algen schwemmt die Nordsee zusätzlich heran. Ein Quadratmeter Watt kann über 1 Mio. Wattschnecken und bis zu 40 000 Schlickkrebse beherbergen. Diese Tiere dienen wiederum zahllosen Durchzüglern und Überwinterern unter den Vögeln als Nahrung, darunter je etwa eine halbe Million Austernfischer, Knutts und Alpenstrandläufer sowie 30 000 Nonnengänse.

1. Erläutere, warum das Wattenmeer als Rast- und Überwinterungsgebiet für Millionen von Gänsen und Wattvögeln dient.

Das Wattenmeer bietet noch ausreichend Platz, um solchen Vogelmassen weitgehend ungestörte Rastplätze zu bieten. Zusätzlich bietet das Wattenmeer den Vogelmassen ein ausreichend großes Nahrungsangebot, damit sie sich Fettreserven für den Weiter- oder Rückflug anfressen können.

2. Beantworte mithilfe der Abbildung die Frage, warum so viele verschiedene Vogelarten vom Wattenmeer leben können.

Verschiedene Vogelarten können bestimmte Tierarten gleichzeitig als Nahrungsquelle nutzen, da sie massenhaft zur Verfügung stehen. Die verschiedenen Vogelarten können sich von verschiedenen Tierarten ernähren, was an der unterschiedlichen Schnabelform und -länge zu erkennen ist. So wird Nahrungskonkurrenz vermieden.

3. Diskutiere die Frage, warum weite Teile des Wattenmeeres als Nationalpark geschützt sind.

1. Die dort lebenden Tier- und Pflanzenarten, die zum Teil endemisch sind, müssen geschützt werden.

2. Heimischen Brutvögeln und Zugvögeln werden so die Nahrungs- und Rastplätze erhalten.

3. Die Laichplätze für viele Fischarten (z. B. Scholle, Hering) werden so geschützt.

90 Meerestiere in der Ostsee

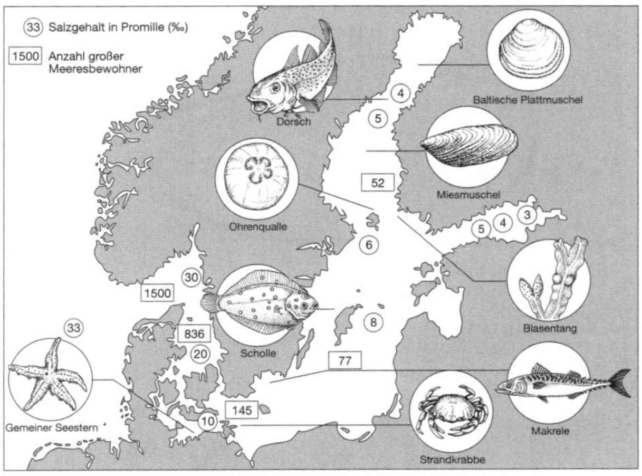

Anzahl großer Meerestiere und Salzgehalt in der Ostsee

1. Im Gegensatz zur Nordsee hat die Ostsee einen geringeren Salzgehalt. Erläutere unter Berücksichtigung der Lage und der Zuflüsse den unterschiedlichen Salzgehalt der Ostsee.

Der Salzgehalt nimmt vom Skagerrak (Verbindung zur Nordsee) und Kattegat nach Osten immer mehr ab. Einmal nimmt der Einfluss des von der Nordsee einfließenden Wassers immer mehr ab und zum anderen nimmt der Verdünnungscharakter des Süßwassers der in die Ostsee fließenden Flüsse zu.

2. Schildere den Einfluss des Salzgehaltes der Ostsee auf das Vorkommen mariner Tierarten.

Je geringer der Salzgehalt, um so geringer wird die Anzahl der marinen Arten. Offenbar können nur einige Arten im Wasser mit einem geringeren Salzgehalt leben. Die marinen Arten werden dann mehr und mehr von Süßwasserarten abgelöst.

Planktonproduktion in der Ostsee 91

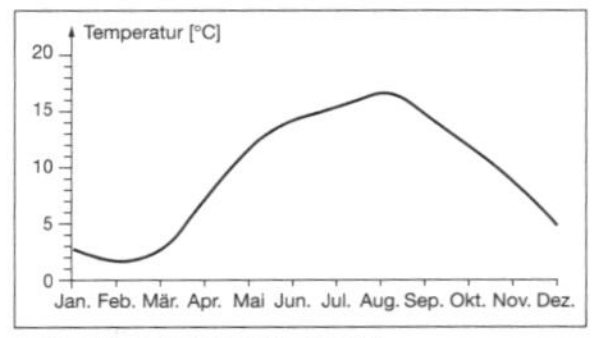

A Oberflächenwassertemperatur

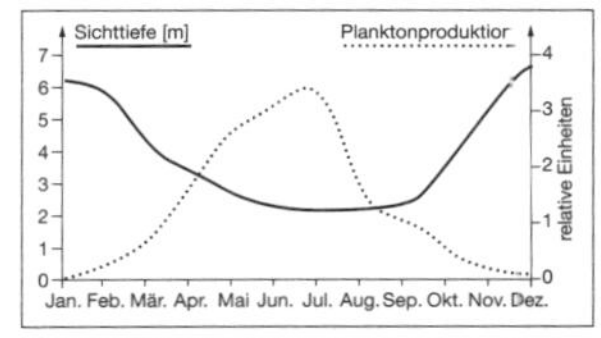

B Sichttiefe und pflanzliche Planktonproduktion

1. Nenne fünf abiotische Faktoren, die das pflanzliche Planktonwachstum beeinflussen.

① **Licht**
② **Phosphor**
③ **Stickstoff**
④ **Temperatur**
⑤ **Kohlenstoffdioxid**

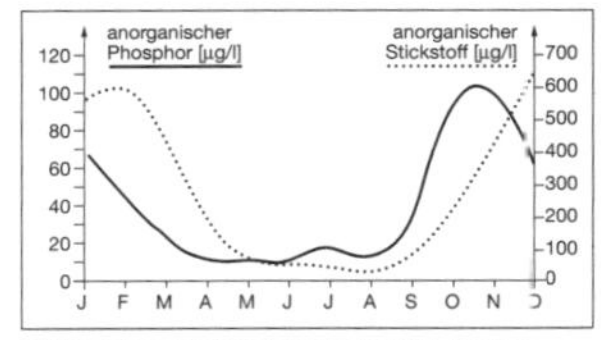

C Phosphor- und Stickstoffgehalt (Nährsalze)

2. Erläutere den Verlauf der Kurven und stelle Zusammenhänge her.

A: **Durch die zunehmende Sonneneinstrahlung erwärmt sich im Laufe des Sommers die Oberflächenwassertemperatur und nimmt mit nachlassender Sonneneinstrahlung im Herbst und Winter wieder ab.**

B: **Mit zunehmender Erwärmung und zunehmendem Lichteinfall steigt die Algenproduktion mehr und mehr an und sinkt anschließend bei abnehmender Sonneneinstrahlung wieder. Die Sichttiefe ändert sich gegenläufig.**

C: **Die phosphor- und stickstoffhaltigen Nährstoffe werden vom pflanzlichen Plankton verbraucht, sodass die Kurven im Sommer, zur Zeit des höchsten Planktonwachstums (siehe Abb. B), ins Minimum geraten. Durch Zersetzungsvorgänge oder durch Zuflüsse gelangen neue phosphor- und stickstoffhaltigen Nährstoffe in das Wasser, die für die steigende Konzentration beider Nährstoffe sorgen. Gleichzeitig nehmen die Verbraucher ab (siehe Abb. B), sodass weniger Nährstoffe benötigt werden.**

92 Fischsterben in der Eckernförder Bucht

Auszug aus einer Tageszeitung:
„An der schleswig-holsteinischen Ostseeküste in der Eckernförder Bucht sind in wenigen Tagen weit über 100 000 Fische an Sauerstoffmangel und der Giftwirkung des Schwefelwasserstoffs gestorben. Der zuständige Umweltminister verwies auf die ständige Zunahme sauerstoffarmen Wassers gemischt mit Schwefelwasserstoff, das sich in Bodennähe entwickelt habe und durch Windeinwirkungen der letzten Tage aus den Tiefenzonen in die Oberflächenschichten der flachen Buchten geströmt sei. Gleichzeitig hätten die starken ablandigen Winde das sauerstoffreiche Oberflächenwasser aus den Buchten in die Ostsee hinausgetrieben. Die biologisch toten Tiefenzonen im Küstenbereich seien durch zunehmende Nährstoffmengen aus Kläranlagen, von landwirtschaftlich genutzten Flächen, aus Fließgewässern und aus der Luft entstanden."

Lies die Auszüge aus der Tageszeitung aufmerksam durch und beantworte folgende Fragen:

1. Woher stammen die Nährstoffe in der Bucht? Nenne vier verschiedene Quellen.

Klärwerke, Eintrag aus landwirtschaftlichen Flächen, Einträge aus der Luft, Einträge durch Flüsse

2. Erläutere anhand der Abbildung die Entstehung einer sauerstoffreichen Oberflächen- (Nährstoffschicht) bzw. einer sauerstoffarmen und schwefelwasserstoffreichen Tiefenschicht.

In der lichtdurchfluteten nährstoffreichen Oberflächenschicht kommt es zu einer Massenvermehrung der Algen, die mithilfe der Fotosynthese viel Sauerstoff erzeugen. Die absterbenden Algen werden in der Tiefe durch Bakterien zersetzt. Hierfür benötigen sie viel Sauerstoff. Ist er verbraucht, werden die Atmungsvorgänge durch Gärungsvorgänge abgelöst. Bei der Gärung entsteht u. a. der giftige Schwefelwasserstoff.

3. Erläutere mithilfe der Abbildung das Fischsterben in der Bucht.

Durch den starken Wind kann Oberflächenwasser verstärkt aus der Bucht herausbefördert werden. Dadurch kann sauerstoffarmes Tiefenwasser der Zehrschicht, angereichert durch Schwefelwasserstoff aus der Faulschlammschicht, in die oberen Wasserschichten aufsteigen. Die Fische gehen an Sauerstoffmangel und am giftigen Schwefelwasserstoff ein.

Verschmutzung der Meere 93

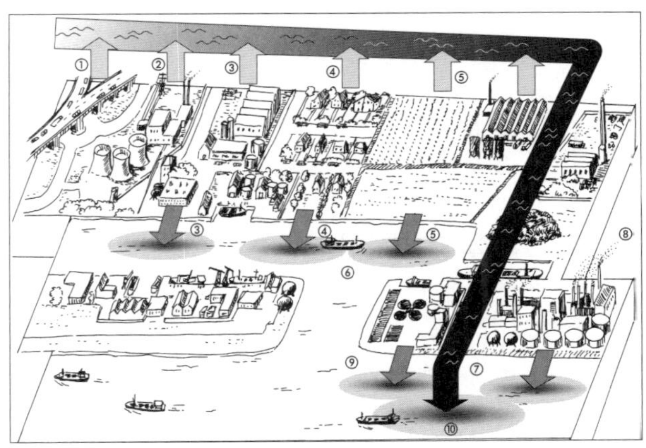

Verschmutzungsquellen der Meere

1. Bezeichne die dargestellten Verschmutzungsquellen.

① **Verkehr**
② **Kraftwerke**
③ **Industrieanlagen**
④ **Haushalte**
⑤ **Landwirtschaft**
⑥ **Schifffahrt**
⑦ **Erdölplattformen**
⑧ **Lufteinträge**
⑨ **Klärwerke**
⑩ **Flusseinträge**

2. Schildere einige Auswirkungen der verschiedenen Verschmutzungen.

Abwässer aus Haushalten, Klärwerken und Landwirtschaft sind nährstoffreich und bewirken eine Überdüngung vor allem der küstennahen Meeresteile. Abwässer der Industrie können sich giftig (z. B. durch Schwermetalle) auf die Tier- und Pflanzenwelt auswirken. Schifffahrt und Erdölplattform vergiften durch Abwässer und bei Unfällen auch durch Erdölprodukte die Tierwelt (u. a. Seevögel).

PCB im Ökosystem Nordsee

Bei den PCB (polychlorierte Biphenyle) handelt es sich um Stoffe, die u. a. als wasserabstoßende Lackzusätze, als Weichmacher in Kunststoffen oder als Hydrauliköl verwendet wurden. Da sie als krebsverdächtig eingestuft wurden, sind seit Anfang der neunziger Jahren die Herstellung und die Verwendung innerhalb der EU verboten worden. Trotzdem haben die Werte in den Lebewesen (siehe Abbildung) kaum abgenommen.

1. Beschreibe das dargestellte Problem.

Die in die Nordsee gelangenden Schadstoffe können sich über die Nahrungskette anreichern. Auch nach einem Verbot solcher Stoffe verbleiben sie noch längere Zeit im Ökosystem.

2. Beschreibe den Weg der Stoffe in die Nordsee.

Die Substanzen können über die Flüsse oder die Luft in die Nordsee gelangen.

3. Diskutiere mögliche Auswirkungen auf den Menschen.

Der Mensch ist als Endkonsument besonders gefährdet, weil sich in ihm solche Stoffe anreichern können.

4. Nenne weitere Beispiele für Schadstoffe in der Nordsee.

Weitere Beispiele sind Schwermetalle, Pestizide, Erdölprodukte.

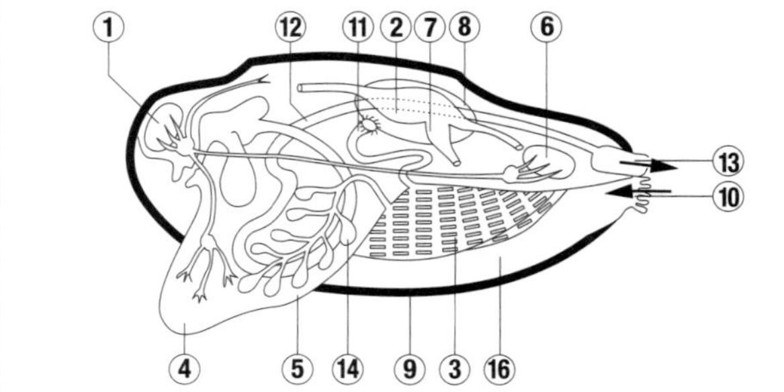

A Muschel im Längsschnitt

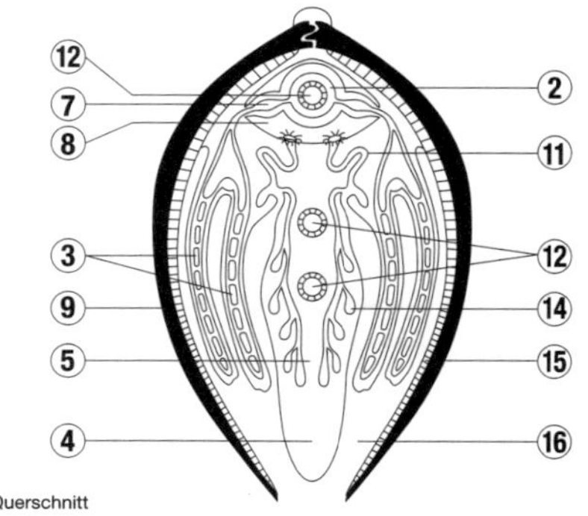

B Muschel im Querschnitt

1. Beschrifte die Abbildungen A und B, indem du die entsprechenden Zahlen in die Kreise schreibst: Vorderer Schließmuskel (1), Herz (2), Kiemen (3), Fuß (4), Eingeweidesack (5), Hinterer Schließmuskel (6), Blutgefäß (7), Herzbeutel (8), Schale (9), Einströmöffnung (10), Ausscheidungsorgan (11), Darm (12), Ausströmöffnung (13), Keimdrüsen (14), Mantel (15), Mantelhöhle (16), Nervenknoten (17).

Information:
In wenigen Wochen filtrieren die Miesmuscheln einmal das gesamte Wasser des Wattenmeeres.

Materialien:
Becherglas (1000 ml), Fluorescein (oder Aktivkohleaufschlämmung), 500 ml Meerwasser, Miesmuschel z. B. aus einem Fischgeschäft, Pipette (5 ml) mit Pipettierhilfe

Durchführung:
Fülle das Becherglas zur Hälfte mit Meerwasser. Setze eine Muschel so in das Becherglas, dass die Schlossbandseite nach oben zeigt. Warte bis sich die Muschel so weit geöffnet hat, dass du in die ovale Öffnung hineinsehen kannst. Sollte sich die Muschel nach 10 bis 15 Minuten noch nicht geöffnet haben, so musst du die Muschel durch eine andere ersetzen. Sauge dann mithilfe der Pipettierhilfe 5 ml einer Fluoresceinlösung (Spatelspitze Fluorescein + 10 ml Meerwasser) oder 5 ml einer Aktivkohleaufschlämmung in die Pipette. Führe anschließend die Pipette in die Nähe der schmalen Öffnung am Schlossband und lasse die Lösung langsam auslaufen (siehe Abbildung). Die Muschel sollte hierbei nicht berührt werden.

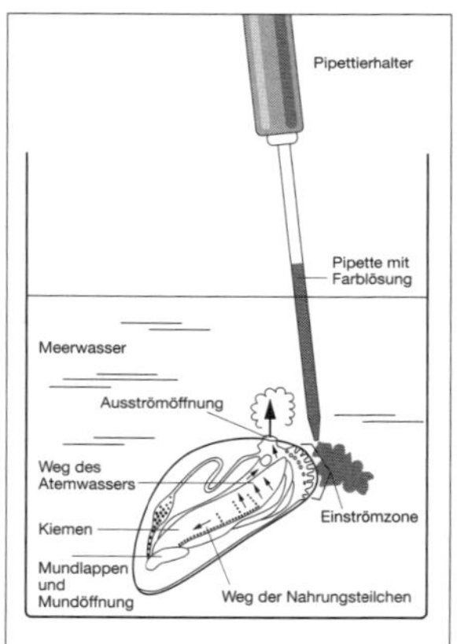

Versuchsanordnung

1. Führe den Versuch durch und protokolliere deine Beobachtungen.

Nach einigen Minuten kann man das Ausströmen des Farbstoffes aus der ovalen Öffnung beobachten.

2. Erläutere, warum man die Miesmuschel als Strudel und Filtrierer bezeichnen kann.

Sie können als Strudler bezeichnet werden, weil sie mithilfe feiner Flimmerhärchen der Kiemen Atemwasser und darin enthaltende Nahrungspartikel (z. B. Algen) durch die untere Einströmöffnung am Schlossband einstrudeln.

Als Filtrierer werden sie bezeichnet, weil sie mithilfe von Schleim der Kiemenblätter Nahrungspartikel aus dem Atemwasser filtrieren. Flimmerhärchen transportieren dann die Nahrungspartikel zur Mundöffnung.

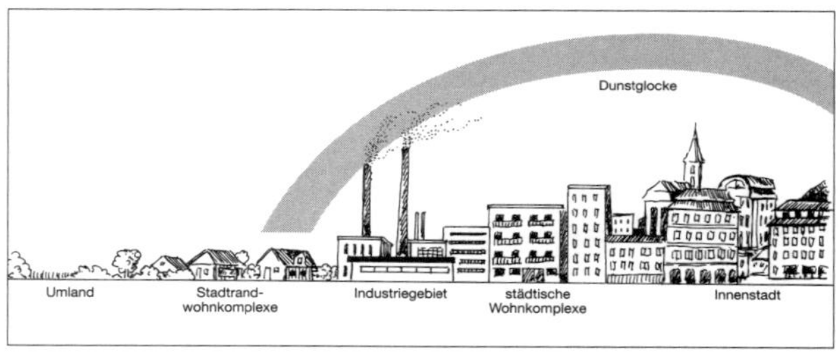

1. Beschreibe die typischen Umweltbedingungen in Städten im Vergleich zum Umland.

In Städten sind im Vergleich zum Umland Sonnenscheindauer, Windgeschwindigkeit, Luftfeuchtigkeit und Grundwasserspiegel herabgesetzt. Die Durchschnittstemperaturen, der Versiegelungspfad des Bodens und der Abgasgehalt der Luft sind erhöht.

2. Erläutere deren Ursachen und die Folgen für das Leben von Pflanzen und Tieren in der Stadt.

	Ursachen	Folgen
1.	Dunstglocke	verminderte Lebensqualität, beschränkte Fotosynthese
2.	viele Wärmequellen	–
3.	dichte Bebauung	eingeschränkte Windbestäubung, verminderter Abtransport der Schadstoffe
4.	wenig Vegetation	Gefahr von Atemwegserkrankungen
5.	dichte Bebauung	sinkender Grundwasserspiegel
6.	Industrie, Verkehr, Haushalte	Gefahr von Atemwegserkrankungen
7.	dichte Bebauung, Kanalisation	eingeschränktes Wasserangebot für Pflanzen

98 Pflanzen in der Stadt

1. a) Nenne Gründe, warum die Pflanzen aus der oberen Tabelle in der Stadt so erfolgreich sind.

Durch Abrisse von Häusern und Industrieanlagen und an Wegrändern entstehen in der Stadt oft kahle Brachflächen, die von Erstbesiedlern wie der Kanadischen Goldrute „in Beschlag“ genommen werden. Der Wärme liebende Sommerflieder profitiert von der erhöhten Temperatur in der Stadt. Das Indische Springkraut überwuchert mit zahlreichen Samen die einheimischen Pflanzen.

b) Finde weitere Beispiele für nichteinheimische Pflanzen und erkläre deren Vorkommen in der Stadt.

Heidekraut, Nadelbäume und -sträucher, Oleander, Hibiskus, Bambus, Robinie, Kastanie.
Viele Mittelmeerpflanzen können in den relativ warmen Stadtlebensräumen gut existieren; sie gefallen den Menschen in der Stadt; sie sind häufig immergrün und sind deshalb pflegeleicht und auch im Winter schön.

2. Ermittle aus der Abbildung die ökolgischen Folgen. Dazu musst du dich über die Ernährungsweise von Fledermäusen informieren.

Pflanzen, die schon seit langer Zeit in Mitteleuropa existieren, sind Lebensraum und ökologische Nischen für eine Vielzahl von Insekten. Diese wiederum stellen eine wichtige Nahrungsgrundlage dar für Singvögel, Igel und z. B. auch die Fledermaus.
Viele nicht einheimische Pflanzen dienen nur wenigen Kleintieren als Nahrung und Unterschlupf. Entsprechend fehlen andere Tiere, die auf diese Kleintiere angewiesen sind. Es gibt aber auch Ausnahmen, wie z. B. den Sommerflieder („Schmetterlingsstrauch“).

Wie ernähren sich Tiere in verschiedenen Stadtlebensräumen? 99

1. Beschreibe die Abbildung und erläutere, warum die Anzahl der Lebewesen von Glied zu Glied abnimmt.

Im Stadtzentrum gibt es relativ wenig Konsumenten 2. und 3. Ordnung; deren Anzahl nimmt über die Lebensräume 3, 5, 4 und 2 zu. Von Stufe zu Stufe nimmt die Anzahl der Lebewesen ab, weil nur etwa 10 % der chemischen Energie an die Lebewesen der nächsten Stufe weitergegeben wird.

2. a) Ermittle die Besonderheiten der einzelnen Stadtlebensräume.

– Besonderheit „Innenstadt“: Konsumenten 2. und 3. Ordnung finden keine geeigneten Lebensbedingungen (z. B. Nistmöglichkeiten). Deshalb ist ihr Vorkommen gering.
– Besonderheit „brachliegendes Gewerbegebiet“: Hier können sich ungestört Ruderalgesellschaften entwickeln. Wegen der Abwesenheit des Menschen finden auch Kosumenten 2. und 3. Ordnung geeignete Lebensbedingungen.
– Besonderheit „Park“: Es gibt viele Kleintierfresser, Konsumenten 3. Ordnung jedoch finden wegen der Freizeit- und Erholungsfunktion der Parks wenig Rückzugsgebiete.
– Besonderheit „Mülldeponie“: Durch den Eintrag von organischen Abfällen leben hier mehr Kleintierfresser als Pflanzenfresser.
– Besonderheit „Laubmischwald“: Wegen der vielen ökologischen Nischen und der reichlich vorhandenen Pflanzenbiomasse sind alle Gruppen stark vertreten.

b) Finde Beispiele für die Organismengruppen.

Zu den Kleintierfressern gehören: Igel, Fledermäuse, Singvögel, Spinnen
Zu den Pflanzenfressern gehören: Insekten, Schnecken, Würmer, Mäuse, Kaninchen
Zu den Wirbeltierfressern gehören: Katzen, Hunde, Füchse, Elstern, Mäusebussard, Marder

100 Wirbellose Tiere in der Stadt

Vorkommen einiger wirbelloser Tiere auf verschiedenen Wegetypen

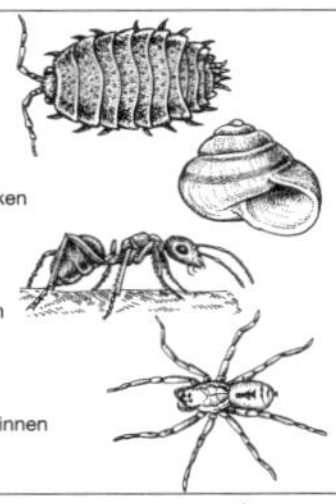

	Asphalt	Schotter	Schotter mit Grünstreifen in der Mitte	Grüner Weg
Asseln	/	○	○	○
Schnecken	/	/	◐	◐
Ameisen	◐	◐	◐	◐
Wolfsspinnen	○	○	◐	●

/ keine Beobachtung ○ Einzelbeobachtung ◐ Häufigkeit < 10 % ● Häufigkeit > 10 %

1. Beschreibe und erläutere die Tabelle, indem du dich über die Lebensweise der angegebenen Tiere informierst.

Asseln sind Zersetzer. Sie sind deshalb auf den Wegetypen nur vereinzelt anzutreffen, weil wenig totes organisches Material anfällt. Schnecken sind Pflanzenfresser. Sie können deshalb nur im Bereich begrünter Wege existieren. Ameisen leben in unterirdischen Bauten. Sie halten sich auf ihren Erkundungsgängen auf den Wegetypen auf, sind aber nicht von der Beschaffenheit des Weges abhängig. Wolfsspinnen sind räuberisch lebende Spinnen. Sie jagen Insekten. Deshalb können sie nur dort existieren, wo Beutetiere anzutreffen sind.

2. Welche Konsequenzen ergeben sich daraus für ökologisch engagierte Städteplaner und private Hausbesitzer?

Man sieht, dass bereits ein Grünstreifen auf einem Schotterweg erheblich die Besiedlung mit wirbellosen Tieren fördert. Das Anlegen solcher Wege z. B. als Garageneinfahrt, grüner Randstreifen oder begrünter Verkehrsinsel trägt erheblich zur Artenvielfalt in Städten bei.

Die Luft in der Stadt 101

A Untersuchung der Stadtluft an drei verschiedenen Stellen

	Innenstadt 	baumbestandene 	Park 
Staubteilchen pro Liter Luft	18 370	3830	3140
relative Luftfeuchtigkeit	55 %	65 %	80 %
Lufttemperatur	14	11	9

B Widerstandfähigkeit von Bäumen

	gegen Schwefeldioxid	gegen Stickoxide
empfindlich	Tanne, Fichte	Birke, Lärche
anfällig	Linde, Esche, Buche, Hainbuche	Ahorn, Linde, Fichte, Tanne
widerstandsfähig	Pappel, Ahorn, Erle, Esche,	Hainbuche, Eiche, Buche, Kiefer

1. Vergleiche die Angaben der Tabelle A und erkläre:

Je mehr Bäume vorhanden sind, desto besser können sie den Staub an ihren Blättern binden. Zudem spenden sie durch Verdunstung Luftfeuchtigkeit. Dadurch und durch Schattenbildung wird die Luft abgekühlt.

2. Woher stammen die Abgase Schwefeldioxid und Stickoxid?

Sie stammen aus der Verbrennung fossiler Brennstoffe in Industrie, Automotoren und privaten Haushalten.

3. Welche Empfehlung würdest du für die Begrünung der Städte aussprechen?

Buche, Hainbuche und Ahorn sind nicht sehr empfindlich. Diese Bäume wären für die Stadtbegrünung z. B. geeignet.

102 Luftverschmutzung durch Abgase

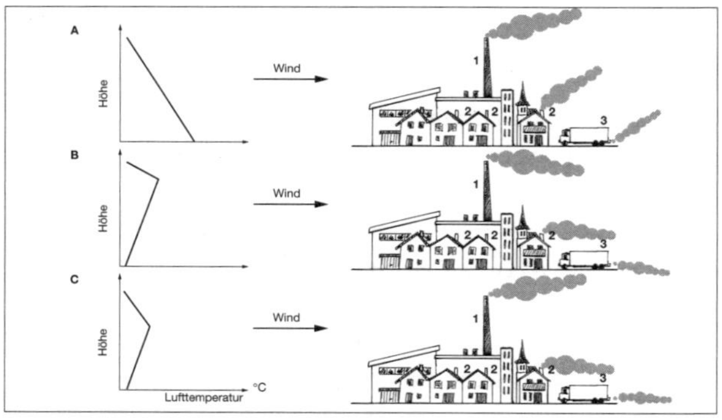

1. Das Bild zeigt die drei wichtigsten Luftverschmutzer. Es sind

1. Industrie 2. Haushalte 3. Kraftfahrzeuge

2. Die Diagramme zeigen die Temperaturverhältnisse der Luft bei drei typischen Wetterlagen. Beschreibe die Situationen.

A Kontinuierliche Temperaturabnahme nach oben

B Inversionswetterlage: hohe Inversion

C Inversionswetterlage: tiefe Inversion

3. Die Verteilung der Luftschadstoffe hängt von den Wetterlagen ab. Zeichne in die Bilder ein, welchen Verlauf die Abgaswolken aus 1, 2 und 3 vermutlich nehmen.

4. In die Bauvorschriften für die Höhe von Schornsteinen von Industrieanlagen gehen meteorologische Kenntnisse ein. Begründe.

In Gegenden mit häufigen tiefen Inversionen sollen die Industrieabgase möglichst abziehen können.

5. Nimm zu dem folgenden Satz kritisch Stellung: Der Vorteil des Kraftfahrzeugs liegt darin, dass es durch Eigenbewegung zur Verteilung der Abgase beiträgt.

Das Problematische ist, dass diese Abgase auch bei günstigen Wetterlagen den Menschen schädigen, weil sie über dem Boden frei werden.

Die Stubenfliege I 103

Stubenfliegen sind schwer zu jagen, denn sie sind gute Flieger: 190 mal in der Sekunde schlagen die Flügel auf und nieder. Sie sind wahre Kletterkünstler, denn sie können an Decken, Wänden und Fensterscheiben laufen. Sie setzen sich auf unsere Lebensmittel und verunreinigen sie.
Sehen wir uns diese Tiere genauer an:

A Der Fliegenfuß

Bau *Fähigkeiten*

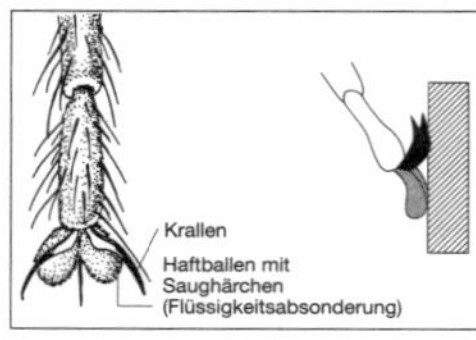

Durch die Saughärchen haftet die Fliege an glatten Flächen.

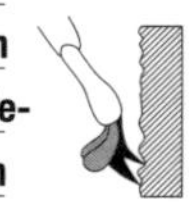

Durch die Krallen haftet das Tier an rauhen Flächen.

1. Beschreibe den Fuß, wenn die Fliege auf einer rauhen und auf einer glatten Unterlage sitzt.

B Der Kopf der Fliege

Bau *Nahrungsaufnahme*

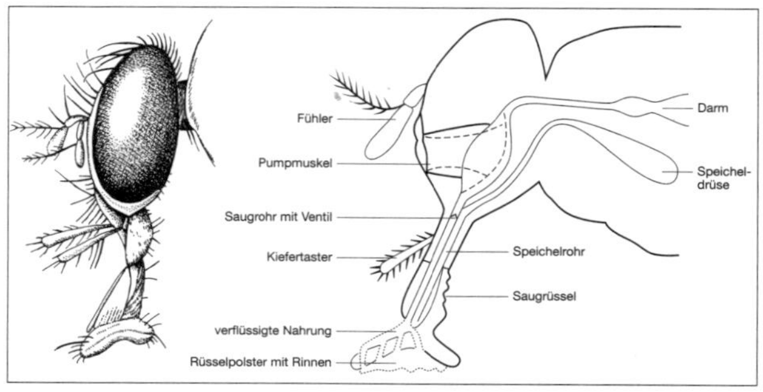

2. Beschreibe die Aufnahme flüssiger und fester Nahrung.

Feste Nahrung wird zunächst eingespeichelt, um sie zu verflüssigen. Danach kann sie durch die Tätigkeit des Pumpmuskels angesogen werden.

104 Die Stubenfliege II

C Das Fliegen

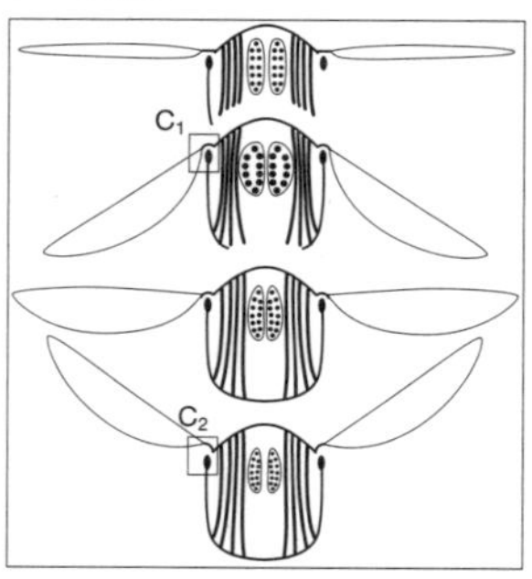

1. Deute die verwendeten Symbole.

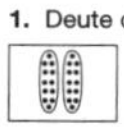 Längsmuskel

 Quermuskel

2. Beschreibe den Flügelschlag, indem du folgende Begriffe in die Tabelle einträgst: kontrahiert, entspannt, hebt sich, senkt sich.

	Rückenplatte	Längsmuskel	Quermuskel	Flügel
Abschlag	hebt sich	kontrahiert	entspannt	senkt sich
Aufschlag	senkt sich	entspannt	kontrahiert	hebt sich

3. Die Ausschnittvergrößerung unten zeigt einen Ausschnitt beim Abschlag (C1) und beim Aufschlag des Flügels (C2). Beschrifte, indem du die Zahlen richtig zuordnest:

Die Bewegung von Rücken (1) – und Bauchschild (2) werden durch Gelenkteile (3) auf die Flügel (4) übertragen.

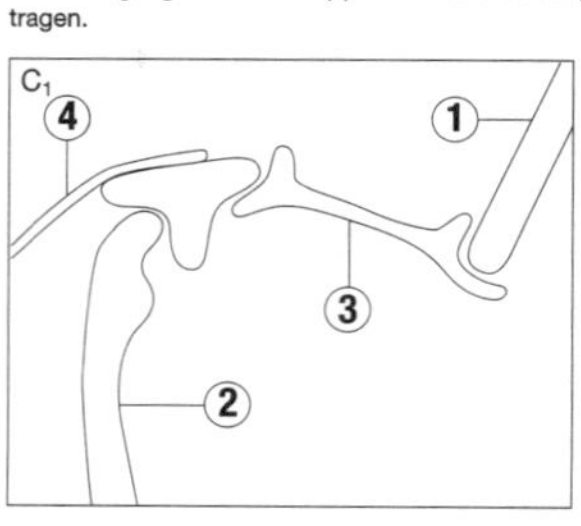

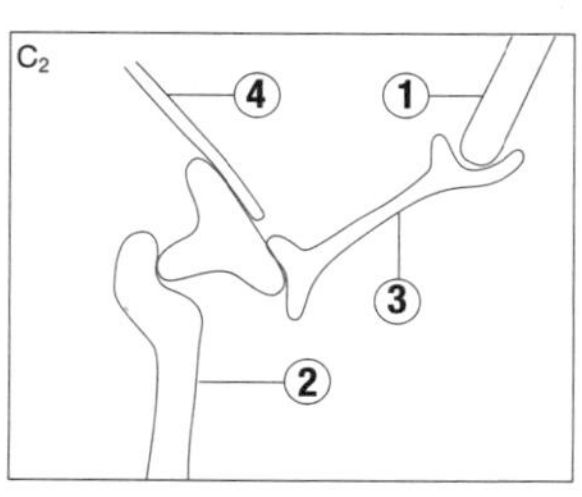

Die Assel – Wie ist sie gebaut?

Asseln sind die einzigen Krebstiere, die in großer Zahl auch das Land besiedeln.

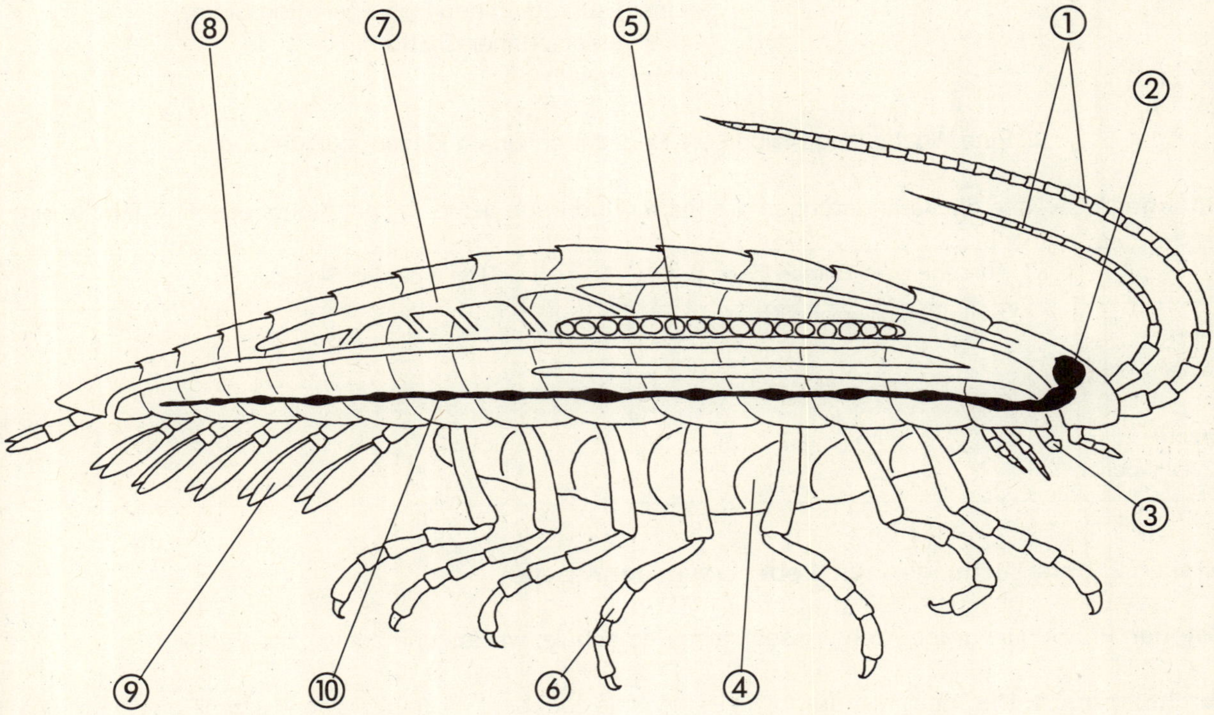

1. Beschrifte die Abbildung, indem du die Zahlen richtig zuordnest:

Fühler ( ), Kiefer ( ), Herz ( ), Eierstöcke ( ), Darm ( ), Brutraum ( ), Bauchmark ( ), Facettenauge ( ), Laufbeine ( ), Hinterleibsbeine ( ).

2. Krebstiere atmen mit Kiemen. Asseln tragen deshalb einen Wasservorrat mit sich herum. Begründe, warum Asseln an dunklen und feuchten Orten leben.

____

____

____

3. Woran kann man erkennen, dass die Asseln zu den Krebstieren gehören?

____

54 Die Assel – Wie lebt sie?

Versuch 1: Untersuchungen zur Ernährung der Asseln

Material: Pro Schülergruppe zehn Asseln, feuchte Erde, eine Plastikdose, ein flacher Stein (Versteckmöglichkeit), Blätter von einheimischen Laubbäumen

Durchführung: **1.** Die Dose wird gefüllt mit:
- feuchter Erde,
- einem schräg an den Rand gelegten Stein,
- drei verschiedenen Blättern,
- zehn Asseln.

2. Eine Woche lang bleiben die Behälter an einem kühlen, dunklen Ort.

Aufgabe: Analysiere die Veränderungen der Blätter und trage deine Beobachtungen in eine Tabelle ein.

	Aussehen des Blattes (Skizze)	Herkunft des Blattes
nach einer Woche:		
nach zwei Wochen:		

Versuch 2: Untersuchungen zum Lebensraum der Asseln

Material: Pro Schülergruppe zehn Asseln, eine Petrischale, weißes und schwarzes Papier

Durchführung: **1.** Die Asseln werden in die Petrischale gegeben. Weißes und schwarzes Papier wird bereitgelegt.

2. Die Schale wird so auf das Papier gestellt, dass sie zur Hälfte mit weißen und zur Hälfte mit schwarzen Flächen unterlegt ist.

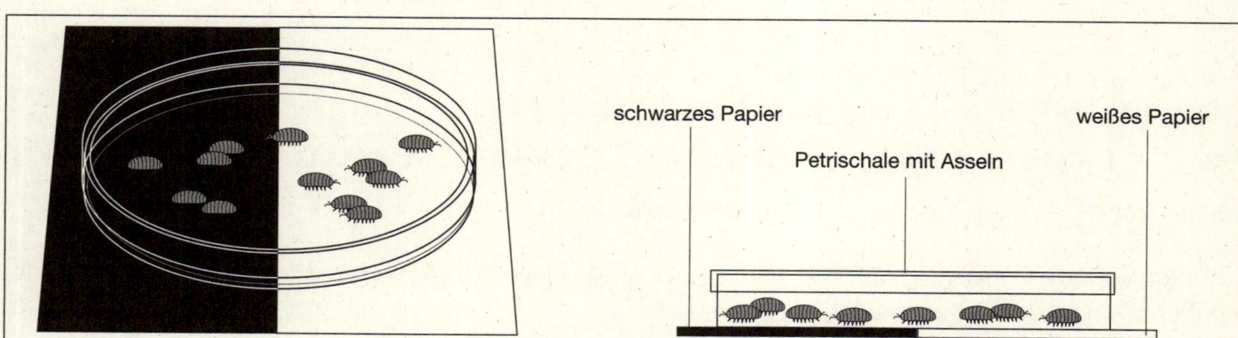

Aufgabe: a) Die Anzahl aller Tiere auf schwarzem und auf weißem Papier muss gezählt werden.

b) Finde eine Erklärung für die Versuchsergebnisse.

___

___

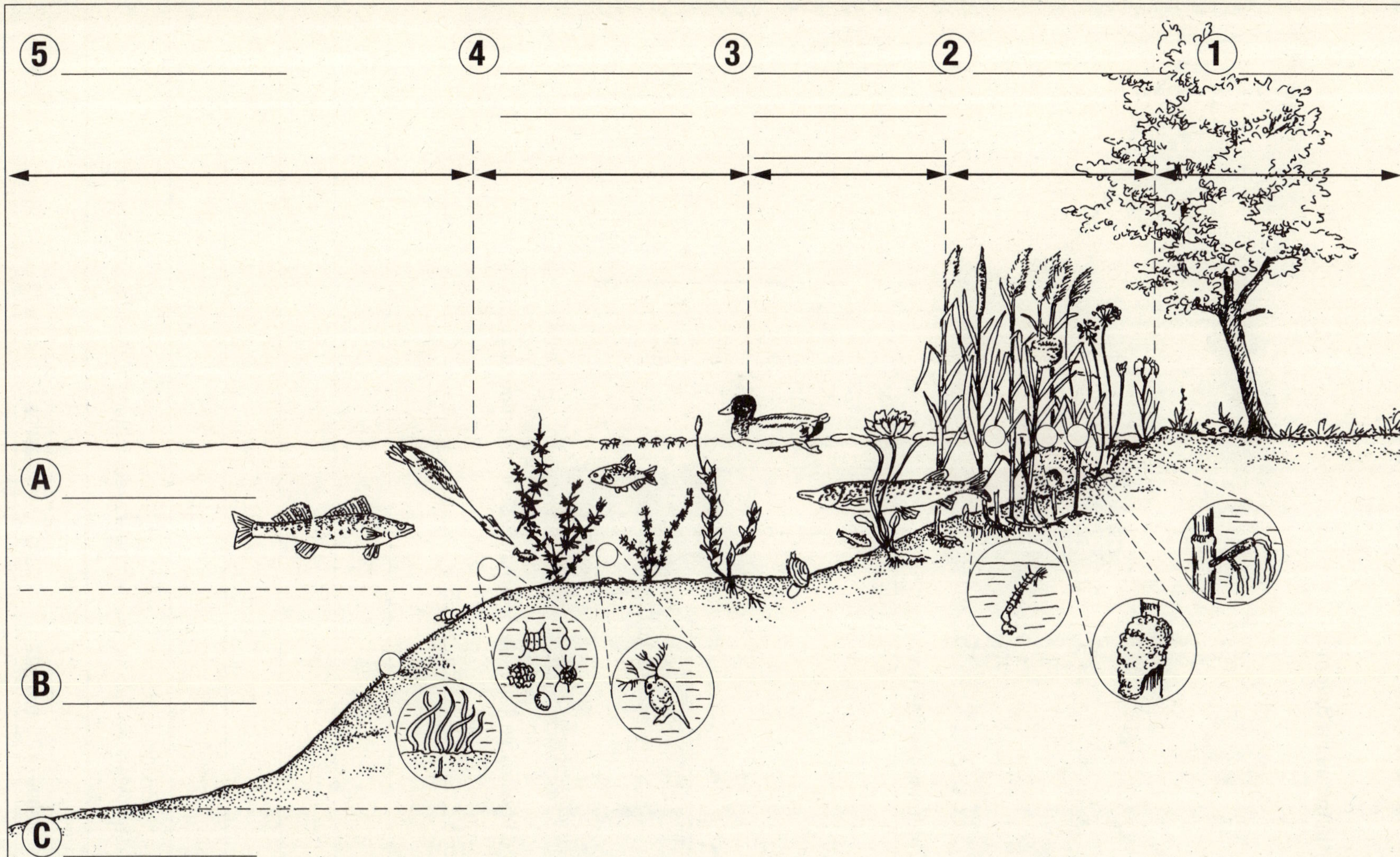

1. Trage die Namen der verschiedenen Seezonen in die nachfolgende Abbildung ein.

2. Charakterisiere die verschiedenen Zonen. Gib an, welche biotischen bzw. abiotischen Umweltbedingungen dort für die Lebewesen jeweils vorherrschen.

3. Identifiziere anhand der Zeichnung in jeder Zone mindestens einen charakteristischen tierischen oder pflanzlichen Bewohner.

56 Jährliche Schichtung und Zirkulation des Wassers in einem See I

Die nachfolgenden Abbildungen zeigen die Temperaturverhältnisse in einem See während des Sommers und im Winter.

A Temperaturverhältnisse im Sommer

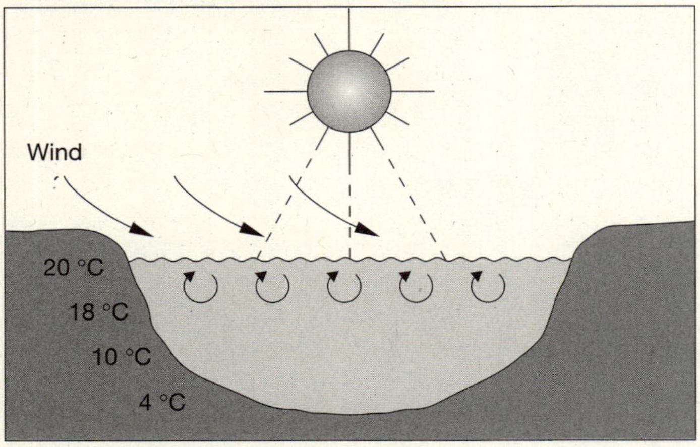

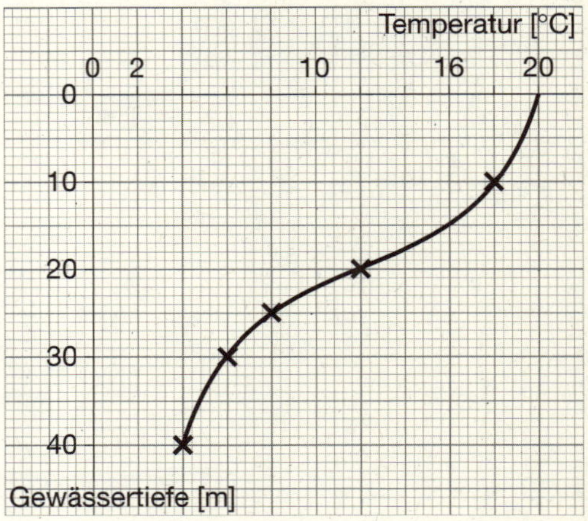

B Temperaturverhältnisse im Winter

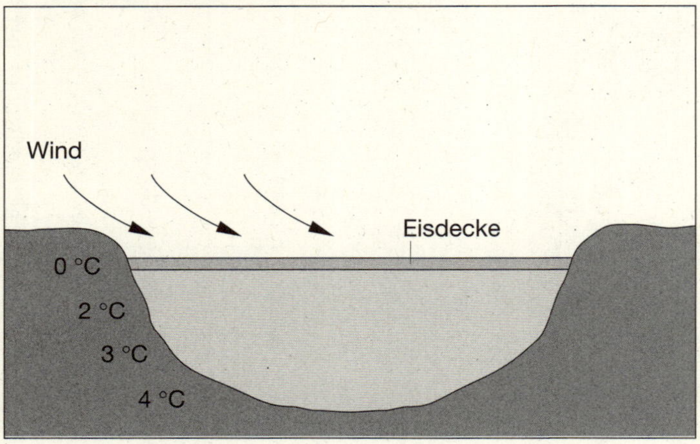

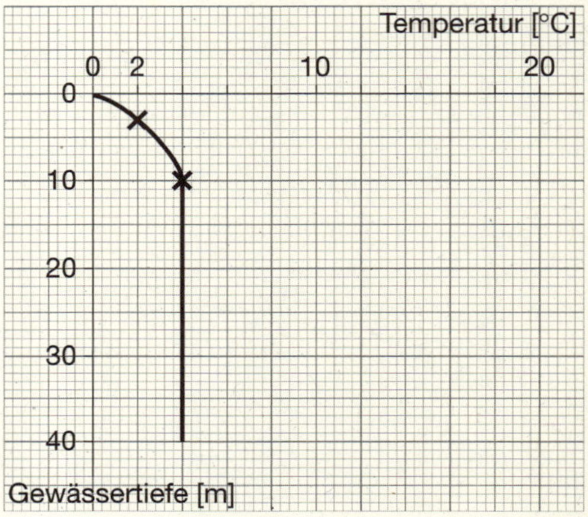

1. Beschreibe die dargestellten Temperaturverhältnisse im Sommer und im Winter.

____

____

____

____

____

____

2. Erkläre mithilfe der folgenden Tabelle die Temperaturschichtung für beide Jahreszeiten.

Temperatur in °C	0	2	4	5	10	18	20
Dichte g/cm^3	0,99987	0,99997	1,0000	0,99999	0,99973	0,99862	0,99823

Abhängigkeit der Dichte des Wassers von der Temperatur

Jährliche Schichtung und Zirkulation des Wassers in einem See II

57

C Temperaturverhältnisse im Herbst

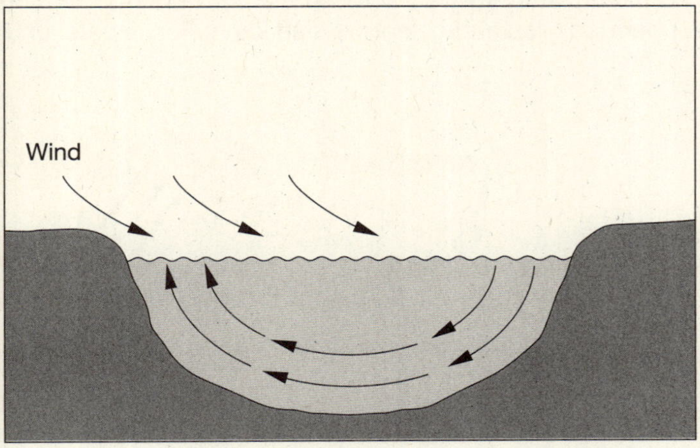

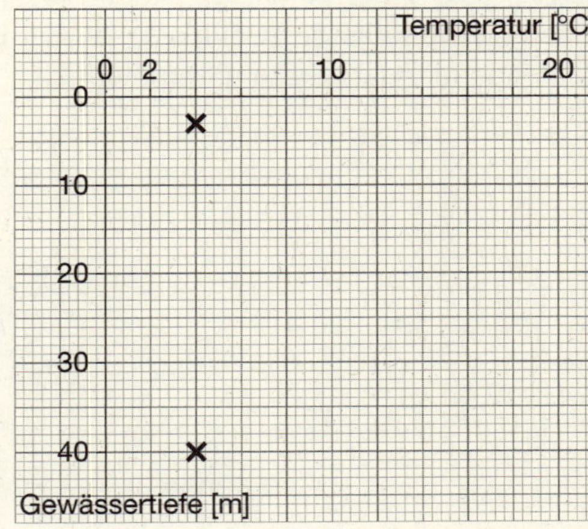

1. Beschreibe – so exakt wie möglich – die Veränderungen der Temperatur-Verhältnisse im See beim Übergang vom Sommer zum Herbst.

____

____

____

____

____

____

2. Ergänze in Abbildung C rechts aufgrund deiner Überlegungen die Temperaturen in den verschiedenen Gewässertiefen.

3. In allen drei Skizzen ist der Wind eingezeichnet. Erkläre die Aufgabe des Windes in diesem Zusammenhang. Was sollen die im Gewässer eingezeichneten Pfeile andeuten?

____

____

____

____

____

____

____

____

Temperaturverlauf und Wasserschichtung in einem See

Material:
Zwei große Glaswannen; ein Stück Plastikfolie, dessen Fläche etwas größer ist als die Bodenfläche der Glaswanne und an den Schmalseiten der Wanne über den Glasrand gelegt werden kann; Fön; Spatel und Kaliumpermanganat als Färbemittel

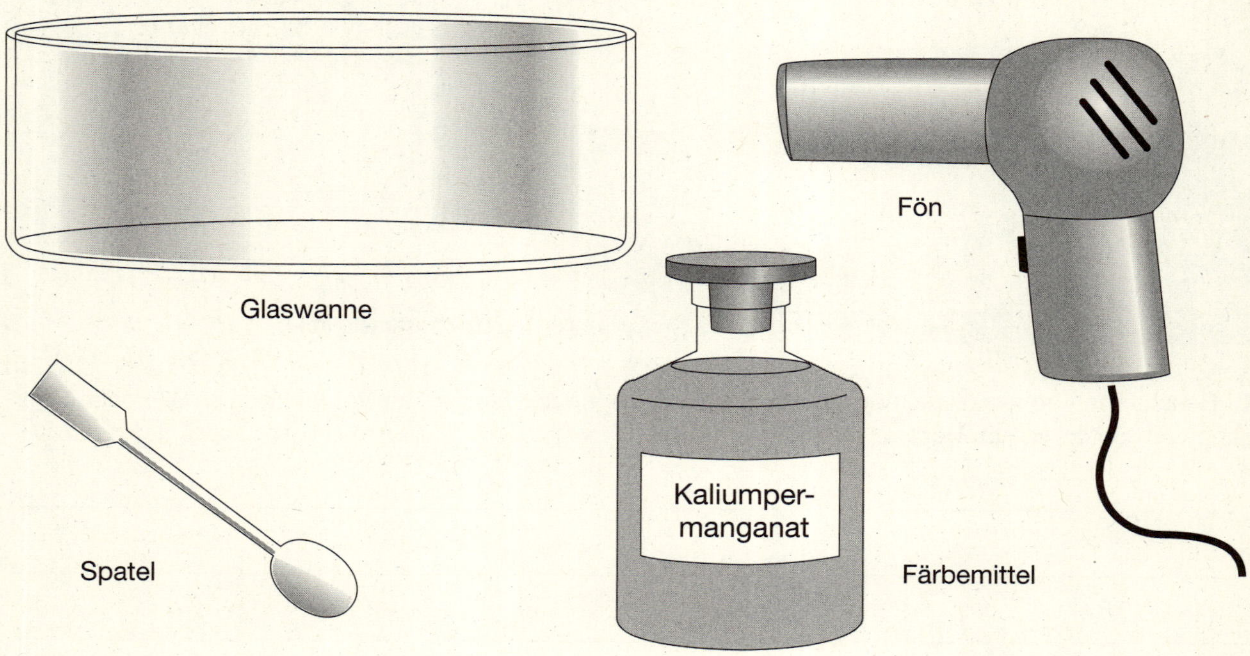

Durchführung:
1. Glaswanne 1 wird vollständig mit gut gekühltem Leitungswasser gefüllt. Nachdem sich das Wasser in dem Gefäß beruhigt hat, gibt man an einer Ecke der Glaswanne eine Spatelspitze Kaliumpermanganat in das Wasser. Mit dem Fön bläst man nun schräg über die Wasseroberfläche.

2. Glaswanne 2 wird zu rund zwei Drittel mit kaltem Leitungswasser gefüllt. Die Wasserfläche wird vorsichtig mit der vorbereiteten Plastikfolie abgedeckt und anschließend mit 40 °C warmem Wasser überschichtet, bis das Gefäß nahezu gefüllt ist. Nach langsamem Entfernen der Folie gibt man wie bei Durchführung 1. eine Spatelspitze Kaliumpermanganat hinzu und bläst erneut mit dem Fön schräg über die Wasseroberfläche.

Aufgaben:
a) Fertige in deinem Heft je eine saubere, beschriftete Versuchsskizze zu Versuch 1 und 2 an.
b) Beschreibe – so exakt wie möglich – deine Beobachtungen bei beiden Versuchsansätzen.
c) Erkläre deine Beobachtungen.
d) Erläutere, welche Vorgänge in der Natur durch dieses Modellexperiment nachgeahmt werden.

Der Sauerstoffgehalt eines Gewässers

Der Sauerstoffgehalt im Wasser wird in **Milligramm pro Liter** (mg/*l*) gemessen. Ein Milligramm Sauerstoff hat ein Volumen von 0,75 ccm oder 0,75 ml.
Die folgende Tabelle zeigt die Abhängigkeit der Sauerstoffmenge von der Wassertemperatur.

Temperatur des Wassers in °C	**Sauerstoffanteil in mg/*l***	**Sauerstoffmenge in ccm oder ml**
0	14,3	
10	11,4	
20	9,3	
30	7,9	

1. a) Berechne für jede Temperaturangabe die Sauerstoffmenge in ccm oder ml. Trage deine Ergebnisse in die vorgesehene Spalte der Tabelle ein.
b) Formuliere aus den Vorgaben bzw. aus deinen Berechnungen eine Aussage über die temperaturabhängige Löslichkeit von Sauerstoff im Wasser.

____

____

c) Vergleiche die Menge des im Wasser enthaltenen Sauerstoffs mit dem in der Luft vorhandenen Sauerstoffanteil. Was fällt dir dabei auf?
Hinweis: 100 ccm Luft enthalten rund 20 ccm Sauerstoff!

____

____

____

Misst man die Atembewegungen an den Kiemendeckeln eines Goldfisches bei unterschiedlichen Wasserqualitäten, so erhält man die in der folgenden Tabelle dargestellten Messergebnisse:

	Wasserqualität	**Atembewegung des Goldfisches pro Minute**	**Erklärung**
1	„normales“ Wasser bei Zimmertemperatur	86–90	
2	Wasser, dessen Temperatur um 10 °C **höher** ist als bei 1	150–160	
3	Wasser, dessen Temperatur um 10 °C **niedriger** ist als bei 1	40–45	

2. a) Fasse die in der Tabelle enthaltenen Aussagen zusammen.
b) Wie lassen sich die unterschiedlichen Werte erklären? Trage deine Überlegungen in die Spalte *Erklärung* ein.

60 Anpassung einer Pflanze an den Umweltfaktor Wasser

Gewässer weisen für Lebewesen oft sehr unterschiedliche Bedingungen auf, die wir als Umweltfaktoren bezeichnen. Dabei unterscheiden wir zwischen **biotischen** und **abiotischen** Umweltfaktoren.
Zu den **biotischen** Einflüssen zählen all die Wechselwirkungen, die andere Lebewesen auf einen Organismus ausüben. Dabei spielt es zunächst keine Rolle, ob die Lebewesen zur eigenen oder zu einer fremden Art gehören.
Einflüsse aus der unbelebten Natur, die auf Lebewesen einwirken, werden als **abiotische** Umweltfaktoren zusammengefasst. Um ein Überleben zu sichern, müssen die Organismen an diese unterschiedlichen Umweltfaktoren angepasst sein.
In der nachfolgenden Abbildung ist eine Wasserpflanze dargestellt, der Wasserhahnenfuß.

1. Beschreibe so exakt wie möglich den Aufbau der dargestellten Wasserpflanze.

2. Trage sowohl abiotische als auch biotische Faktoren zusammen, an die diese Wasserpflanze angepasst ist.

3. Die nachfolgenden Abbildungen zeigen die Querschnitte des Laubblattes eines Baumes und des Schwimmblattes vom Wasserhahnenfuß.
a) Arbeite Unterschiede zwischen den beiden Blatttypen heraus.
b) Begründe, inwieweit diese anatomischen Änderungen Anpassungen an bestimmte Umweltfaktoren darstellen.

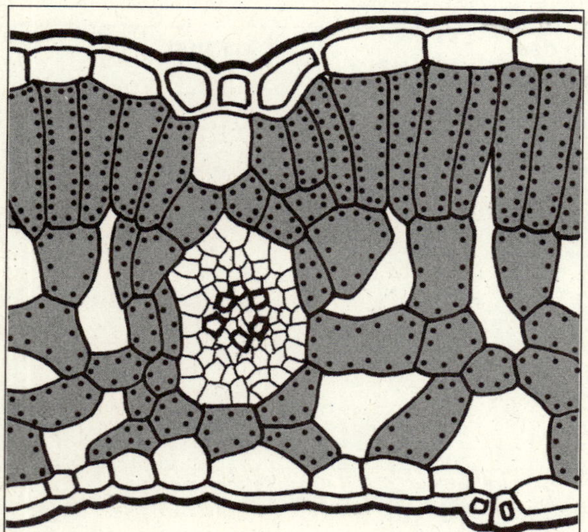

Laubblatt

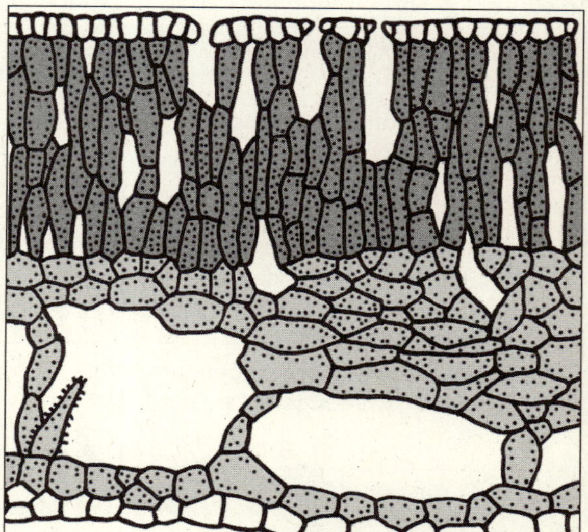

Schwimmblatt

Atmen im Wasser I

Wasserlebende Organismen haben unterschiedliche Verfahren entwickelt, wie sie an den lebensnotwendigen Sauerstoff gelangen.

1. Ordne die der Abbildung folgenden Texte jeweils einer Tierart zu. Schneide dazu die Tiere aus und klebe sie in die dafür vorbereiteten Felder.

2. Stelle in Form einer Tabelle die verschiedenen Atemtechniken im Wasser zusammen und erläutere sie kurz.

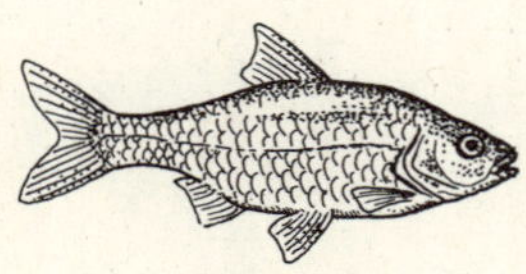

Plötze

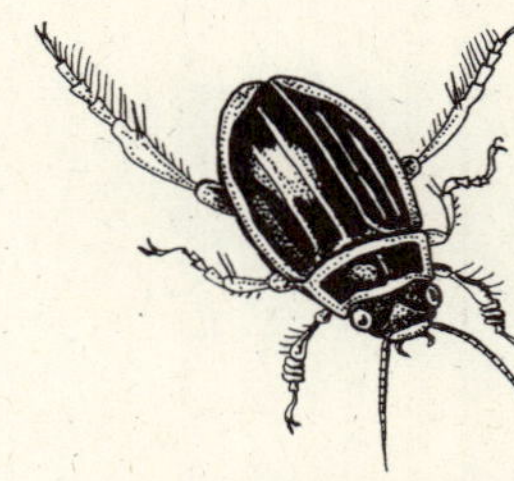

Gelbrandkäfer

Biber

Wasserskorpion

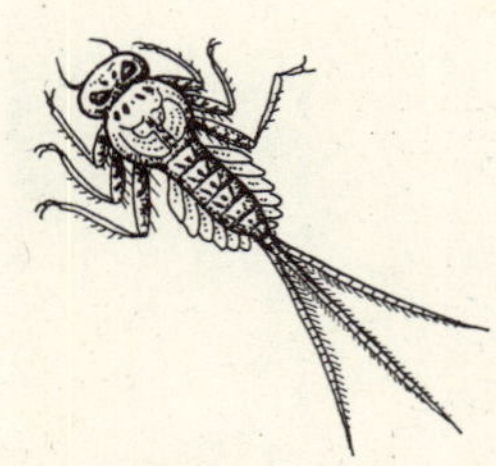

Eintagsfliegenlarve

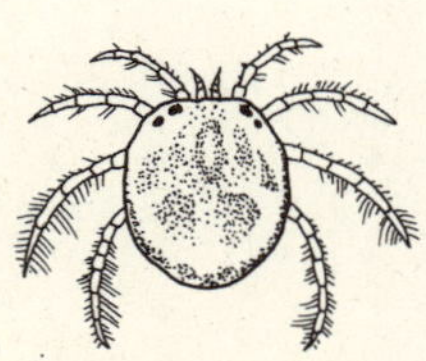

Wassermilbe

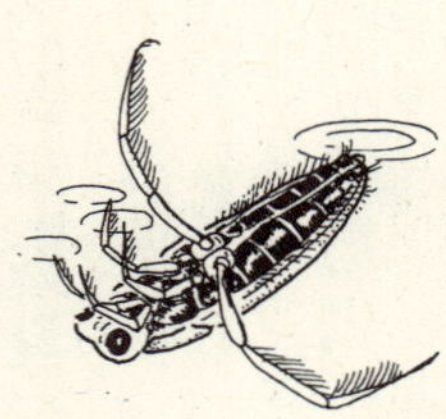

Rückenschwimmer

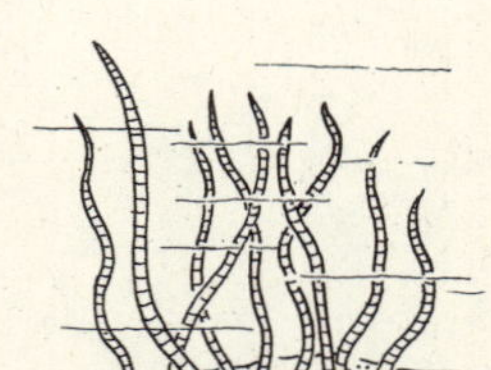

Röhrenwürmer

Ihr Körper ist abgeflacht und stromlinienförmig, sie besitzen kräftige Ruderbeine; alle 15–20 Minuten werden die unter den Flügeldecken liegenden Luftvorräte aufgefüllt, indem sie das Hinterleibsende über die Wasseroberfläche halten.

Tracheen übernehmen den Transport von Sauerstoff und Kohlenstoffdioxid. Im Kopfbereich befinden sich Atemöffnungen (Stigmen). Von ihnen gehen Tracheen aus, die ins Körperinnere führen, sich dort stärker verzweigen und schließlich alle Körperzellen mit Sauerstoff versorgen.

Atmen im Wasser II

Bei diesen Tieren erfolgt der Gasaustausch über Lungen. Da der Sauerstoffgehalt des Wassers nur ca. 1/30 des Sauerstoffgehaltes der Luft beträgt, ist es für die meisten Lungenatmer unmöglich, einen längeren Zeitraum unter Wasser zu verbringen.

Sie leben als unbeholfene Schwimmer im äußersten Uferbereich und sitzen meist reglos an Wasserpflanzen so dicht unter dem Wasserspiegel, dass die vom Ende des Hinterleibs ausgehende Atemröhre etwas über die Wasseroberfläche hinausragt. Sie entnehmen den Sauerstoff somit direkt aus der Luft.

Hier liegt die einfachste Form der Sauerstoffaufnahme vor. Mit ihrem Kopfteil stecken sie im Schlamm, mit dem Hinterende strudeln sie sich durch ständiges Bewegen frisches Wasser zu. Über die dünne Haut erfolgt der Gasaustausch. Ihr Blut ist stark hämoglobinhaltig, so dass sie trotz des geringen O_2-Gehaltes am Gewässerboden genug Sauerstoff aufnehmen können.

Sie besitzen je nach Art faden- oder blattförmige Außenkiemen; für den Gasaustausch muss das Wasser der Kiemenumgebung ständig erneuert werden. Bei Außenkiemen genügt hierfür die natürliche Wasserströmung oder die Fortbewegung der Tiere.

Sie nehmen mit der dicht behaarten Bauchseite Luftbläschen auf, indem sie das Ende des Hinterleibes aus dem Wasser strecken. Dadurch entsteht ein Auftrieb, der dazu führt, dass das Tier stets in Rückenlage schwimmt.

Diese Tiere besitzen Innenkiemen mit stark vergrößerter Oberfläche und intensiver Durchblutung. Das Kohlenstoffdioxid wird an das Wasser abgegeben, der im Wasser gelöste Sauerstoff geht direkt ins Blut über.

64 Nahrungsbeziehungen im See I

1. Ordne die auf dem Arbeitsblatt „Nahrungsbeziehungen im See (I)" dargestellten Organismen nach ihrer Bedeutung (Aufgabe) in der „Lebensgemeinschaft See" (z. B. Produzenten). Trage die Oberbegriffe in die Kästchen ein.

2. Stelle eine Nahrungskette aus mindestens fünf Gliedern zusammen. Trage die Namen der Organismen in die vorbereiteten Kästchen ein.

3. In der Natur kommen nicht nur Nahrungsketten vor. Meistens sind mehrere Ketten zu einem Nahrungsnetz verbunden. Welchen Vorteil hat ein solches Netz gegenüber einer einfachen Nahrungskette?

4. Verbinde die auf dem Arbeitsblatt vorgegebenen Pflanzen und Tiere so, dass sich ein möglichst umfassendes Nahrungsnetz ergibt.
Gib die Fress-Beziehungen zwischen jeweils zwei Arten durch einen Pfeil an, dessen Pfeilspitze immer von der Beute zum Räuber zeigt (→ = wird gefressen von).

5. Bei den vorgegebenen Organismen fehlen Vertreter der Destruenten. Beurteile die Konsequenzen für ein Ökosystem, wenn dies in der Realität tatsächlich vorkäme.

66 Stoffkreislauf in einem Süßwassersee

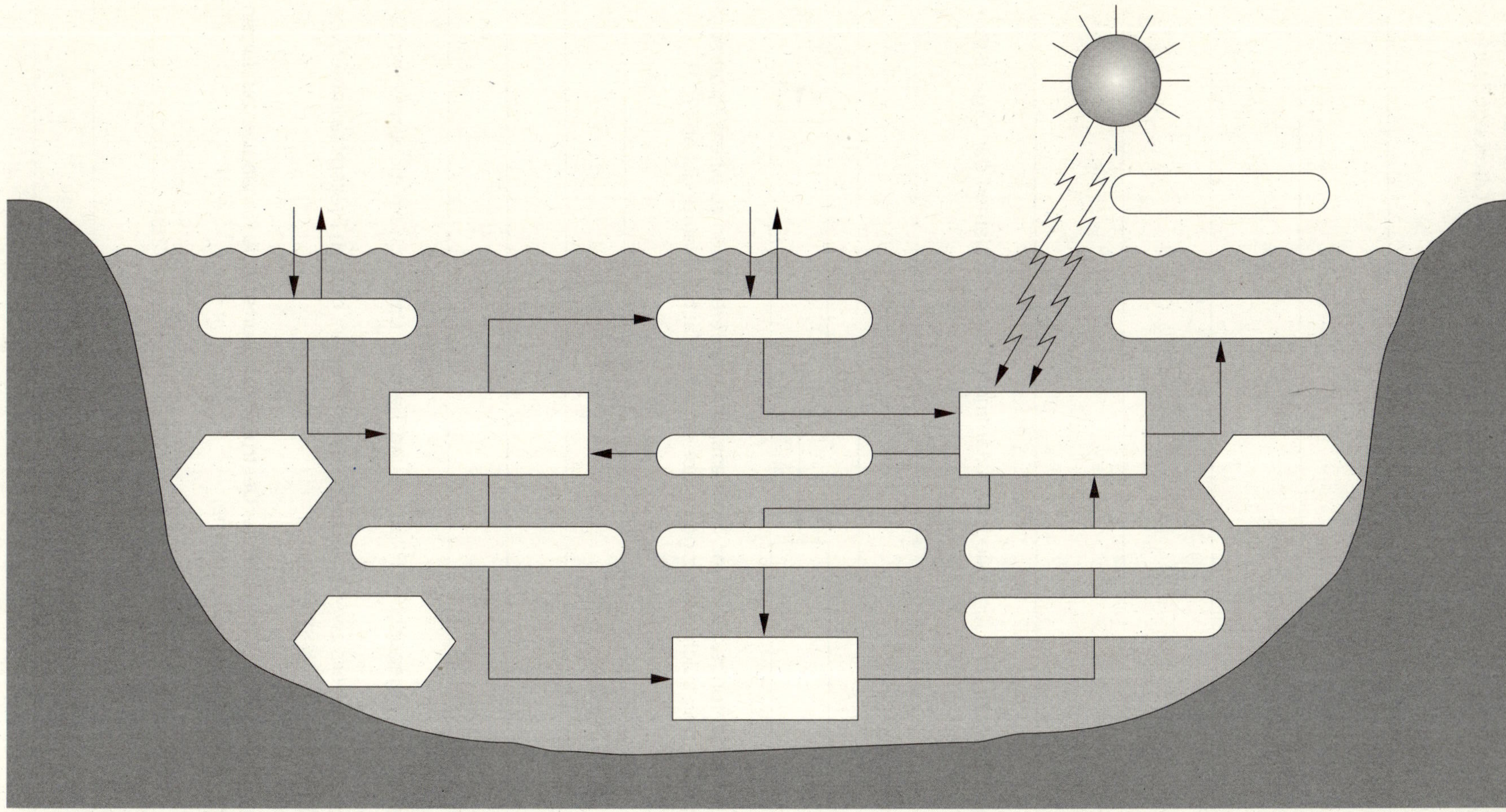

1. Ordne die folgenden Begriffe den verschiedenen Kästchen zu: Energie – Sauerstoff (O_2) (2x) – Kohlenstoffdioxid (CO_2) – Produzenten – Konsumenten – Destruenten – Nahrung – totes org. Material (2x) – Mineralsalze – Mineralisation – Photosynthese – Atmung – Nitrate/Phosphate. Achte dabei auf die verschiedenen Kästchenformen:

⬡ steht für einen Stoffwechselvorgang

▭ symbolisiert eine Organismengruppe

⬭ gibt an, welche Stoffe aufgenommen oder abgegeben werden

2. Erkläre anhand der Abbildung, warum von einem Stoff**kreislauf** gesprochen wird.

Die Abbildung zeigt einen naturbelassenen, „gesunden" See, in dem sich alle Organismen in einem biologischen Gleichgewicht befinden. Heute sind solche Seen nur noch selten anzutreffen, da durch Eingriffe des Menschen diese empfindlichen Systeme erheblich verändert worden sind.

Freizeit/Hobby

______________________ ______________________

______________________ ______________________

______________________ ______________________

Verkehr/Erschließung

____

____

____

Industrie

____

____

____

Haushalte

____

____

____

Landwirtschaft

____

____

____

1. Nenne zu den vorgegebenen Oberbegriffen Beispiele, die das Eingreifen des Menschen in das Ökosystem See belegen. Trage deine Beispiele an entsprechender Stelle ein.

2. Fertige eine Tabelle nach folgendem Muster an, und erläutere die Auswirkungen bzw. Konsequenzen des menschlichen Eingriffs.

Eingriff	Auswirkungen	Konsequenzen

68 Ein See „kippt um“

In einem vom Menschen unbeeinflussten See sorgt die begrenzte Menge an Mineralsalzen für eine Begrenzung des Algenwachstums. Bei diesem Wachstum spielen besonders Nitrate und Phosphate eine wichtige Rolle. Wird die Konzentration dieser Salze durch Einleiten häuslicher und landwirtschaftlicher Abwässer erhöht, so setzt eine Kettenreaktion mit verheerenden Folgen für das Gewässer ein.
Die Abbildung zeigt eine solche Reaktionsfolge innerhalb eines Sees nach Belastung durch eingeleitete Abwässer.

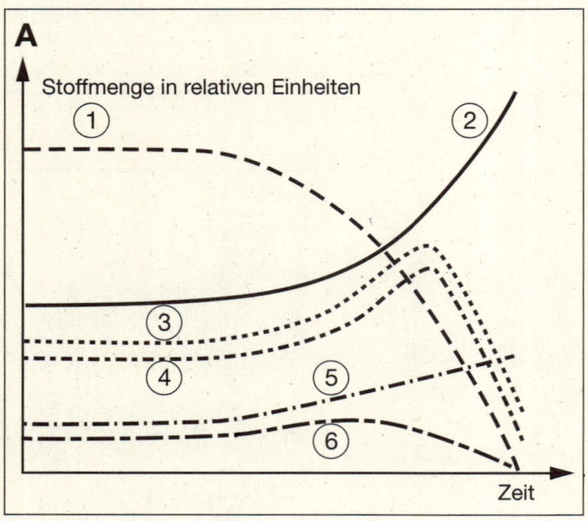

① Sauerstoffgehalt
② Mineralsalze
③ Produzenten
④ Konsumenten
⑤ Faulschlamm-Bildung
⑥ Sauerstoff verbrauchende Mineralisierer (Destruenten)

1. Beschreibe die verschiedenen Kurvenverläufe.

2. Setze die Kurven zueinander in Beziehung und erkläre die Abhängigkeiten.

3. Begründe, warum trotz steigender Mineralsalzkonzentration die Anzahl der Produzenten nach einiger Zeit zurückgeht.

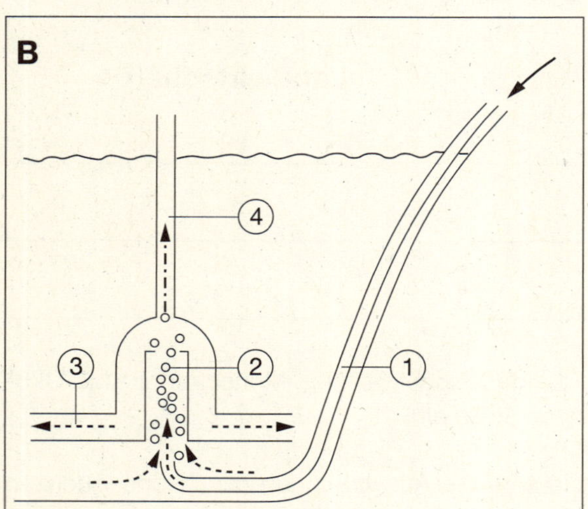

◄—— Frischluft
◄- - - Wasser und Frischluft
◄-·-·- Faulgase

① ______________________________

② ______________________________

③ ______________________________

④ ______________________________

4. Abbildung B zeigt eine Apparatur, die auf dem Gewässerboden verankert und zur Belüftung des Tiefenwassers verwendet wird.
a) Erkläre die Funktionsweise des Gerätes.
b) Beschrifte die Abbildung.
c) Gib an, welche Vorgänge im Tiefenwasser durch Einsatz des Gerätes aktiviert werden sollen.
d) Zu welchem Zeitpunkt im Jahresablauf hältst du den Einsatz des Belüftungsgerätes für sinnvoll? Begründe.

Ausschnitt einer Kulturlandschaft mit zahlreichen Hecken

Einfluss einer Hecke auf benachbarte Standorte

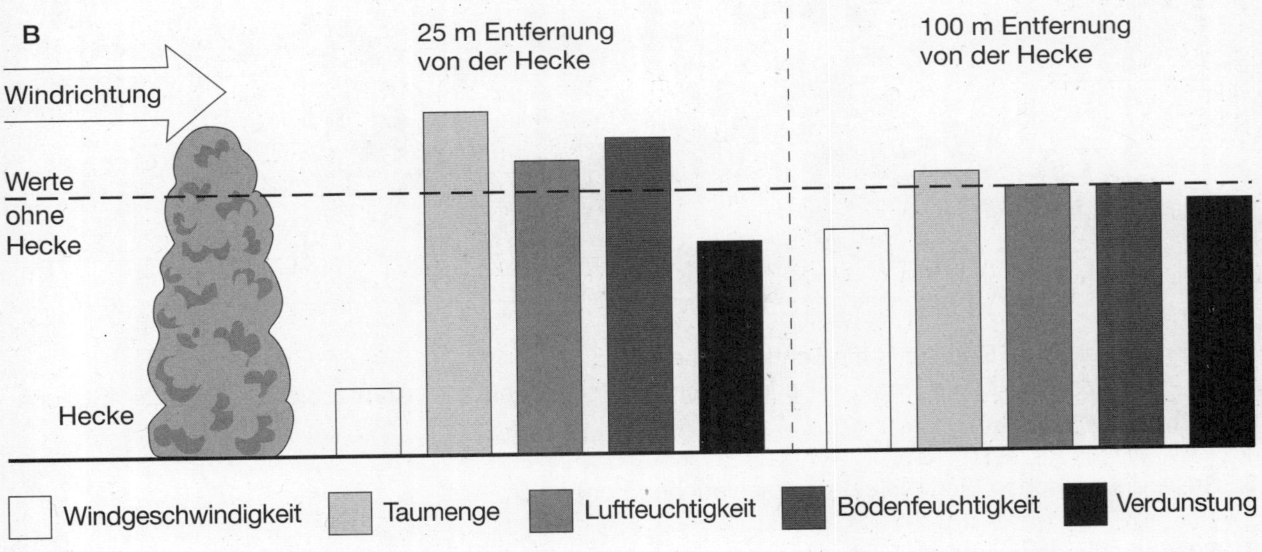

1. Beschreibe beide Abbildungen so exakt wie möglich.
2. Fasse die wesentlichen Aussagen aus Abbildung B zusammen.
3. Leite aus beiden Abbildungen den vielfältigen ökologischen Nutzen dieser Hecken her.

Die Feldhecke als Lebensraum

Die nachfolgende Abbildung zeigt die verschiedenen Bereiche des Lebensraums Hecke und Tiere, die sich in den unterschiedlichen Zonen einer Feldhecke ansiedeln.

1. Schreibe folgende Begriffe in die richtigen Kästchen:
Dach – Kernzone – Mantelzone – Baumschicht – Bodenschicht – Krautschicht – Saum – Strauchschicht.

2. Stelle die typischen Merkmale der verschiedenen Zonen dar.

3. Benenne die dargestellten Tiere und ordne sie den verschiedenen Heckenbereichen zu.

4. Beschreibe Lebensbedingungen der Tiere in den unterschiedlichen Zonen der Hecke. Berücksichtige bei deinen Überlegungen Temperatur- und Lichtverhältnisse, Feuchtigkeit, Versteckmöglichkeiten, Nahrungsquellen usw.

Wiesenpflanzen – angepasst an das Mähen

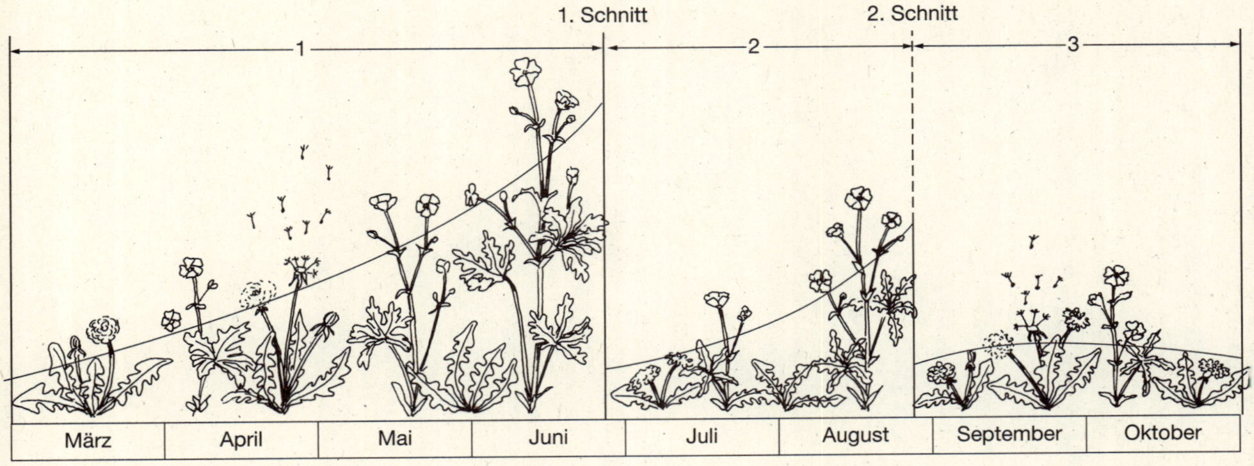

1. Mehrmals im Jahr wird durch das Mähen die Entwicklung der Wiesenpflanzen beeinflusst.

a) Beschreibe, wie die in der obigen Abbildung dargestellten Pflanzen das Mähen überstehen.

b) Erkläre unter Berücksichtigung der Anatomie des Löwenzahns, wie Wiesenpflanzen an den mehrfachen Schnitt der Wiese angepasst worden sind.

2. In der nachfolgenden Abbildung ist eine Wiese im Jahresverlauf dargestellt. Daneben findest du fünf Entwicklungsstadien eines Löwenzahns. Schneide diese Stadien aus und klebe sie an die entsprechende Stelle der Abbildung. Begründe deine Zuordnung.

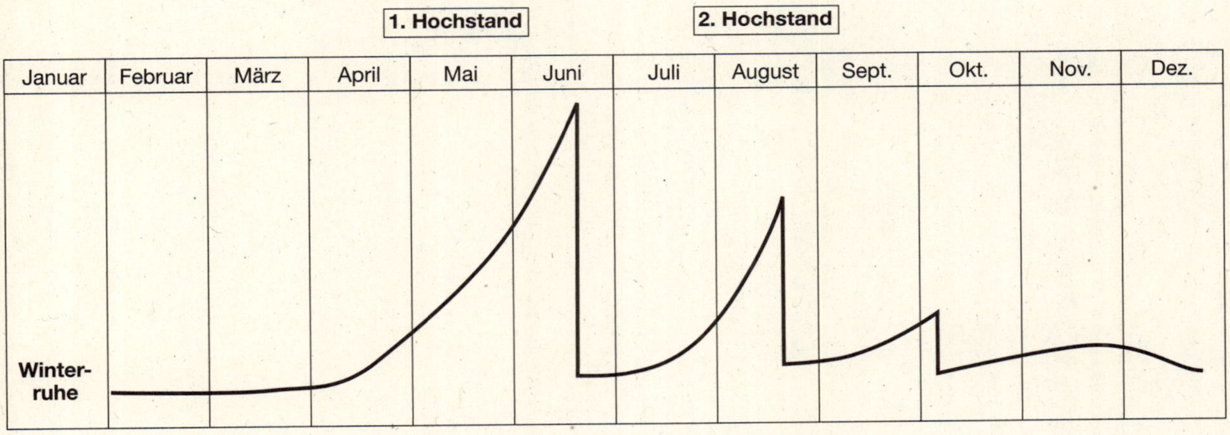

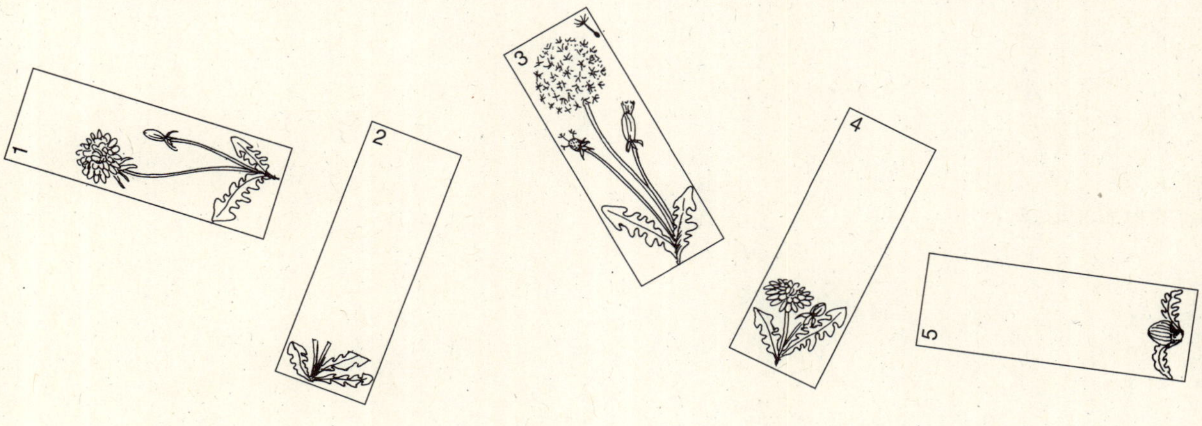

Die Goldammer – Vogel des Jahres 1999

Kennzeichen:
Größe: 16,5 cm
Färbung: Männchen leuchtend gelb mit vielen braunen Streifen, Weibchen unscheinbar mit mehr Braun- und Grautönen
Besonderes Kennzeichen:
Rostroter Bürzel

Nahrung:
Insekten, Spinnen und andere Kleintiere.
Im Winter: Sämereien, vor allem Getreide

Werbung:
Von den Zweigspitzen eines Strauches aus singt die Goldammer von Ende Februar bis in den Herbst hinein ihr charakteristisches Lied: „Wie, wie hab ich dich so lieb“.

Vermehrung:
Nestbau von April bis Anfang Juni;
Nest wird aus Grashalmen und Blättern entweder am Boden oder in bodennaher Vegetation gebaut. Das Gelege besteht durchschnittlich aus vier blassgrauen oder -braunen Eiern. Die Brutdauer beträgt 12–15 Tage. Nach knapp zwei Wochen verlassen die Jungvögel das Nest.

Verbreitungsgebiet:
Die Goldammern bevorzugen offene, abwechslungsreiche Kulturlandschaften mit Sträuchern, Hecken, Waldrändern, Lichtungen oder Randlagen von Ortschaften. Sie leben bei uns als Standvögel, weichen jedoch stärkeren Kälteeinbrüchen aus. In Europa vermutet man noch einen Bestand von etwa 19 Mill. Brutpaaren, für Deutschland wird eine Zahl von 2 Mill. als realistisch eingestuft.

1. Begründe anhand des Steckbriefes, inwieweit die Goldammer an den Lebensraum Hecke angepasst ist.

2. Im Gegensatz zu Deutschland stehen die Goldammern in Belgien und in den Niederlanden bereits auf der Roten Liste der gefährdeten Arten. Nenne mögliche Gründe für diese Erscheinung.

3. Wie bei allen bodenbrütenden Arten können die Verluste an Gelegen und Jungvögeln recht hoch sein. Welche biotischen bzw. abiotischen Ursachen siehst du dafür?

74 Das Leben einer Bienenarbeiterin im Überblick

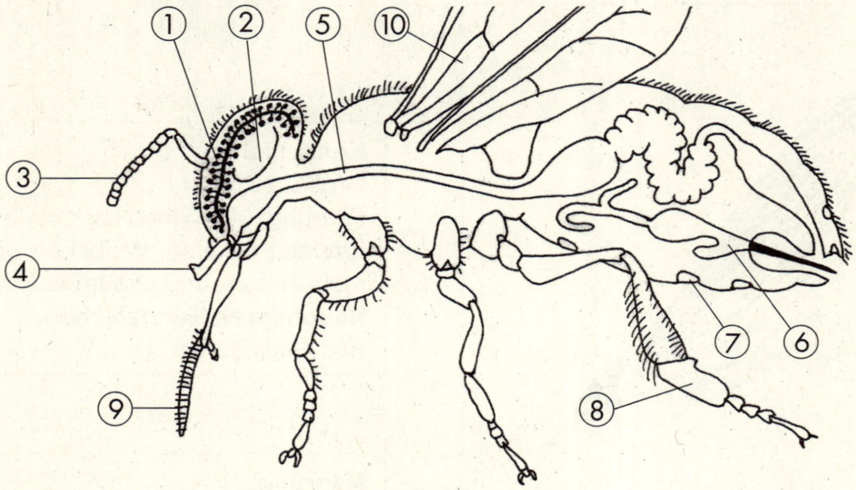

Lebenszeit (Tage)	Funktion (Stichwort)	Tätigkeit	Welche Organe werden besonders gebraucht?
1–3	Putzbiene		
4–6	Kindermädchen		
6–10	Amme		
11–16	Baubiene		
17–20	Pollenstampfer		
	Honigmacher		
	Ventilator		
	Wächter		
20-Lebens-ende	Sammelbiene		

1. Beschrifte die Abbildung, indem du die Zahlen richtig zuordnest: Saugrüssel ( ), Oberkiefer ( ), Fühler ( ), Speiseröhre und Honigmagen ( ), Flügel ( ), Wachsdrüsen ( ), Facettenauge ( ), Stachel ( ), Futtersaftdrüse ( ), Sammelbein ( ).

2. Bearbeite die Tabelle. Beschreibe dazu die jeweilige Tätigkeit und gib die Ziffern derjenigen Organe an, welche dabei besonders gebraucht werden.

Name	Drohne	Arbeitsbiene	Königin
Entsteht aus			
Entwickelt sich in			
Wird als Larve gefüttert mit			
Entwicklungszeit			
Lebensalter			
körperliche Merkmale			
Aufgaben			

Arbeitsbiene, Drohne und Königin sind unterschiedliche Mitglieder des Bienenvolkes. Vergleiche sie miteinander, indem du die Tabelle ausfüllst.

Die Tanzsprache der Bienen

Es ist 14 Uhr am Nachmittag, sechs Sammelbienen kehren zu ihrem Stock zurück und führen auf den senkrechten Waben den Schwänzeltanz auf.

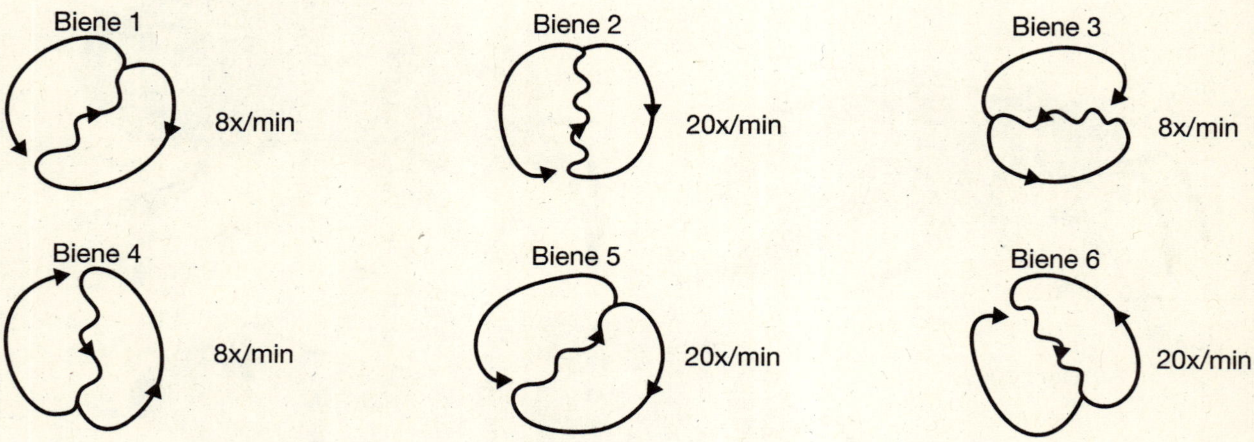

1. Trage in die Skizze unten die Lage der von der jeweiligen Biene entdeckten Futterquelle (F_1–F_6) ein und begründe deine Entscheidung.

2. Welche Eigenschaften der Futterquelle können Bienen noch übermitteln und wie machen sie das?

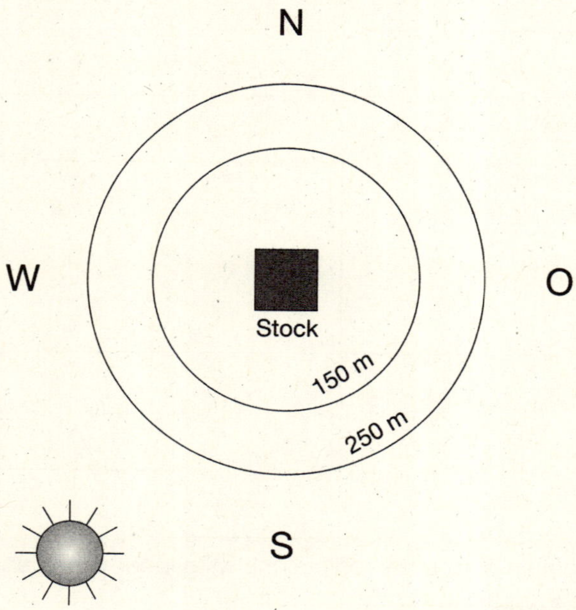

Blattlaus und Marienkäfer – ein biologisches Gleichgewicht

Die Marienkäfer und ihre Larven ernähren sich von Blattläusen. Man hat gezählt, dass eine Marienkäferlarve in 13 Tagen 267 Blattläuse frisst.
Die Verhältnisse zwischen den beiden Insektenarten kann man folgendermaßen darstellen:

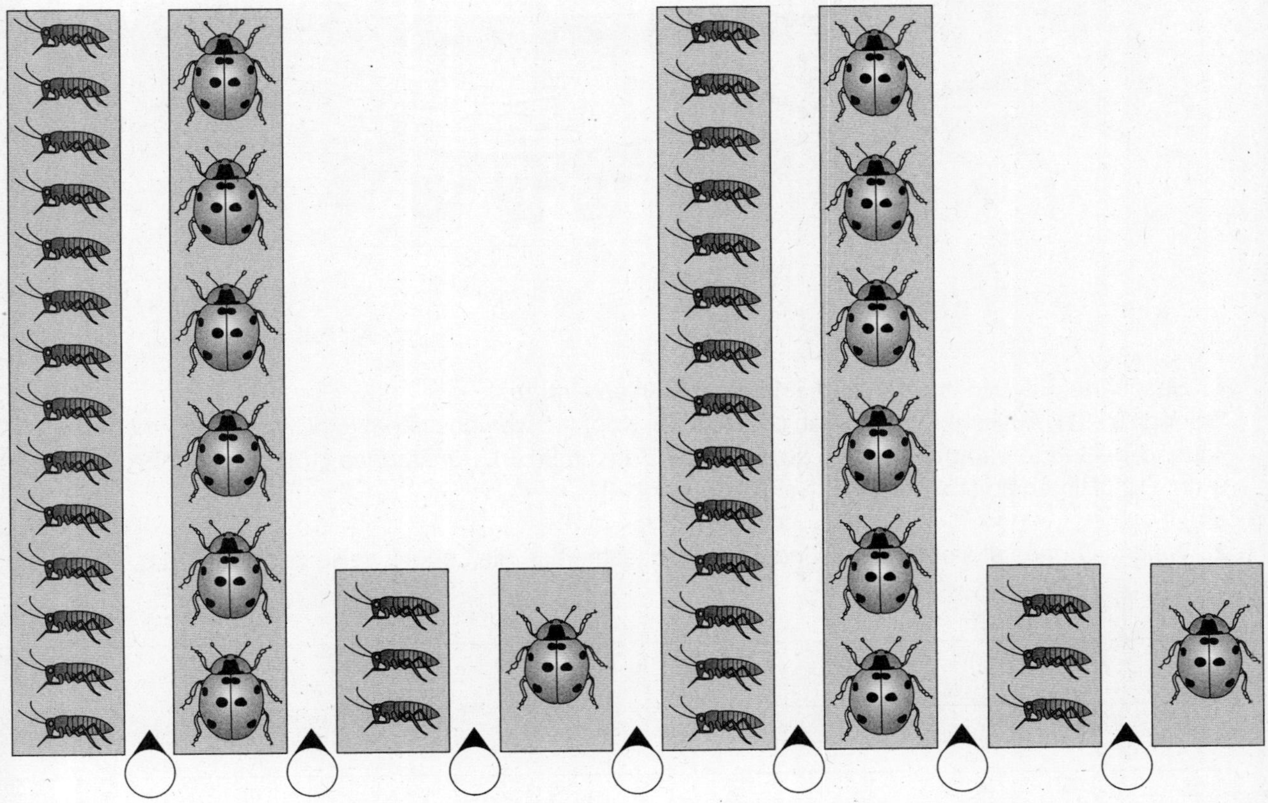

1. Mit vier lückenhaften Sätzen lassen sich die Verhältnisse beschreiben:

A Je mehr ______________________________, desto mehr ______________________________.

B Je mehr ______________________________, desto weniger ______________________________.

C Je weniger ______________________________, desto weniger ______________________________.

D Je weniger ______________________________, desto mehr ______________________________.

2. Jeder Satz ist mit einem Buchstaben gekennzeichnet. Trage die richtigen Buchstaben in die Abbildung ein (Kreise !).

3. Wenn man die Verhältnisse zwischen Blattlaus und Marienkäfer beschreiben will, spricht man auch kurz vom biologischen Gleichgewicht. Was heißt das?

____

____

____

Die Raupe ist die Larve des Schmetterlings

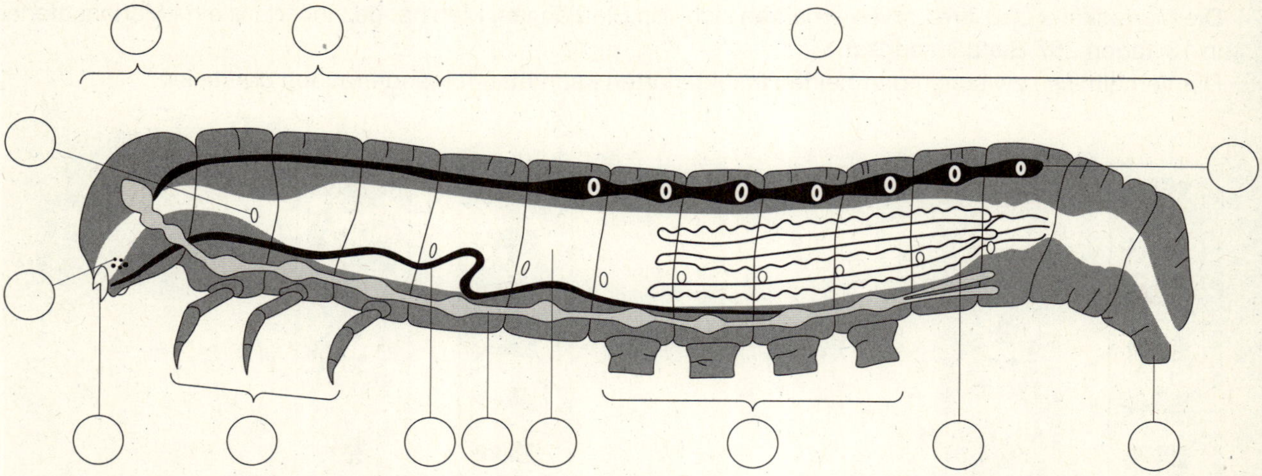

1. Beschrifte das Bild, indem du die richtigen Zahlen einträgst:
Spinndrüse (1), Ausscheidungsorgan (2), Herz (3), Kopf (4), Nervensystem (5), Darm (6), Atemöffnungen (7), kauend-beißende Mundwerkzeuge (8), vier Paar Bauchfüße (9), Punktaugen (10), drei Paar Brustbeine (11), Brust (12), Hinterleib (13), ein Paar Nachschieber (14).

2. Welche Organe stellen eine besondere Angepasstheit an die Lebensweise der Raupe dar?

____

____

____

____

3. Was geschieht mit den Organen während der Puppenruhe?

Erhalten bleibt: ____

____

Verändert wird: ____

____

Zurückgebildet wird: ____

____

Neugebildet wird: ____

____

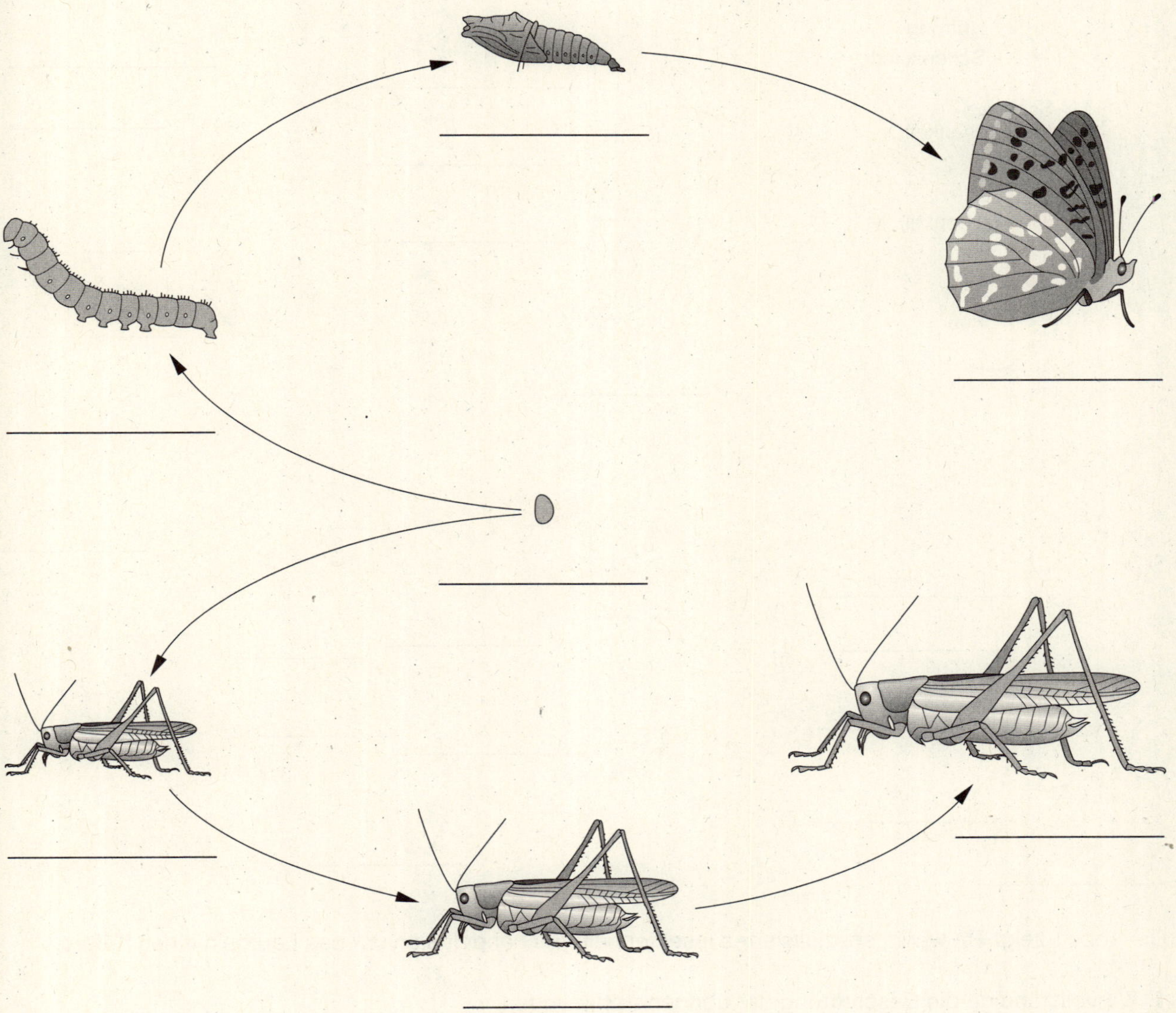

1. Trage die folgenden Begriffe in die Abbildung ein:
Vollinsekt, Ei, junge Larve, Larve, alte Larve, Puppe.

2. Worin unterscheiden sich die beiden Entwicklungstypen?

3. Finde für jeden Typ zwei Insektenarten als Beispiele.

80 Das Insektenbein: Abwandlungen vom Grundbauplan

1
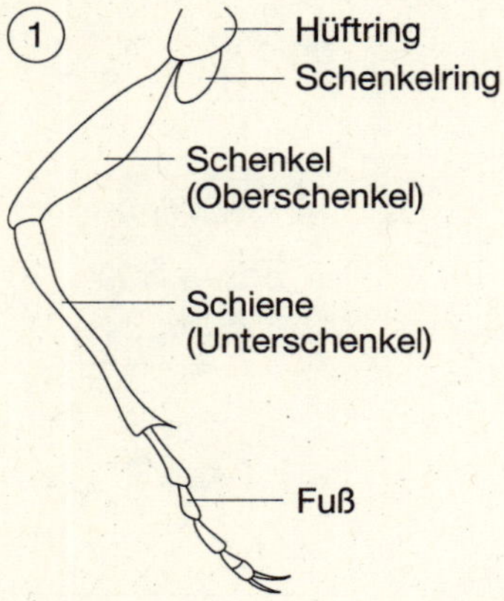

2
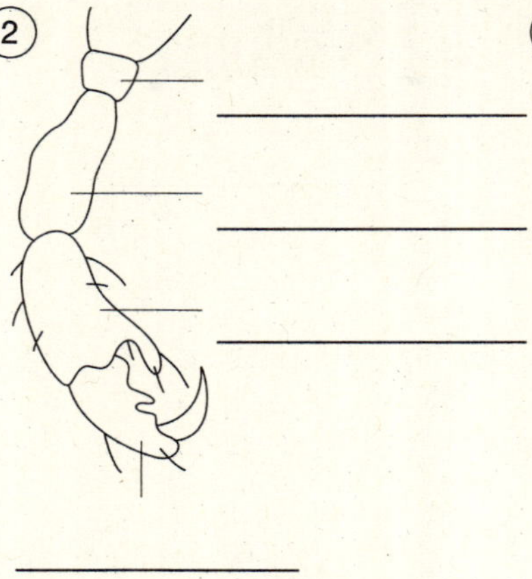

3
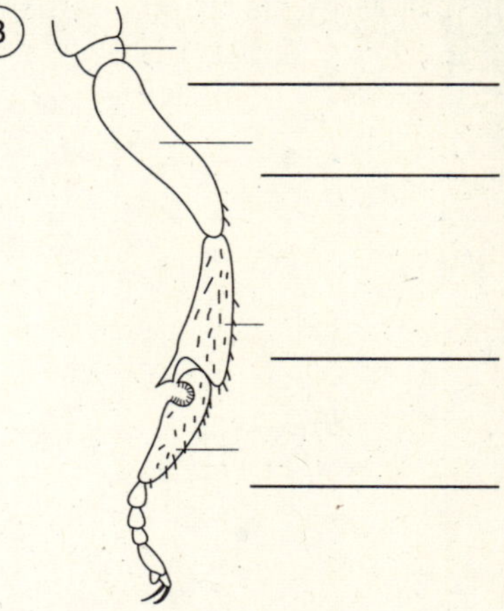

4
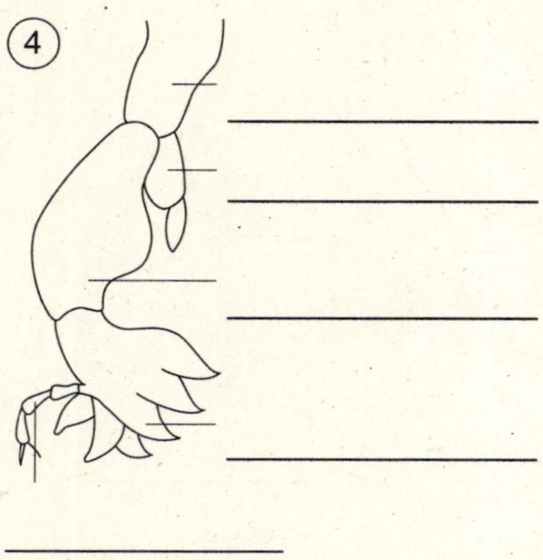

5
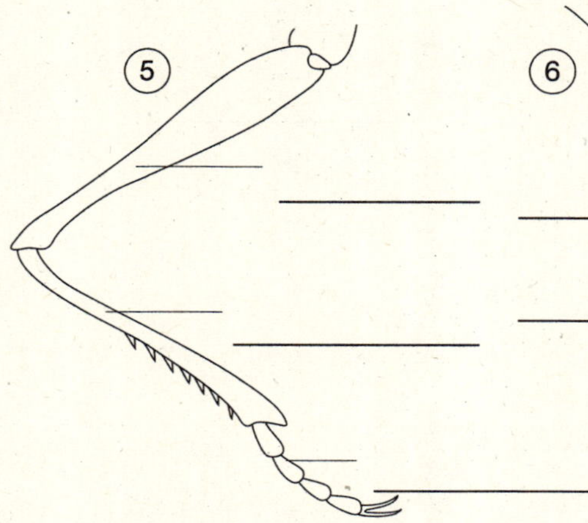

6
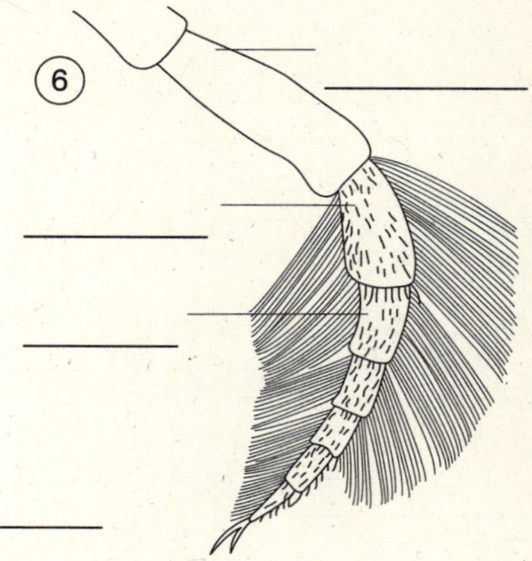

Die Abb. 1 zeigt ein wenig spezialisiertes Insektenbein. Es handelt sich um das Laufbein eines Käfers.

1. Vervollständige die Beschriftung der übrigen Abbildungen.

2. Finde heraus, welche Bilder zu den folgenden Bezeichnungen gehören:

Sammelbein (   ), Schwimmbein (   ), Sprungbein (   ), Grabbein (   ), Klammerbein (   ).

3. Inwiefern stellen die Beine Angepasstheiten an die Lebensweise des jeweiligen Insekts dar?

Insekt	② Kopflaus	③ Biene	④ Maulwurfsgrille	⑤ Heupferd	⑥ Gelbrandkäfer
Lebensweise					

Wir bestimmen Insekten

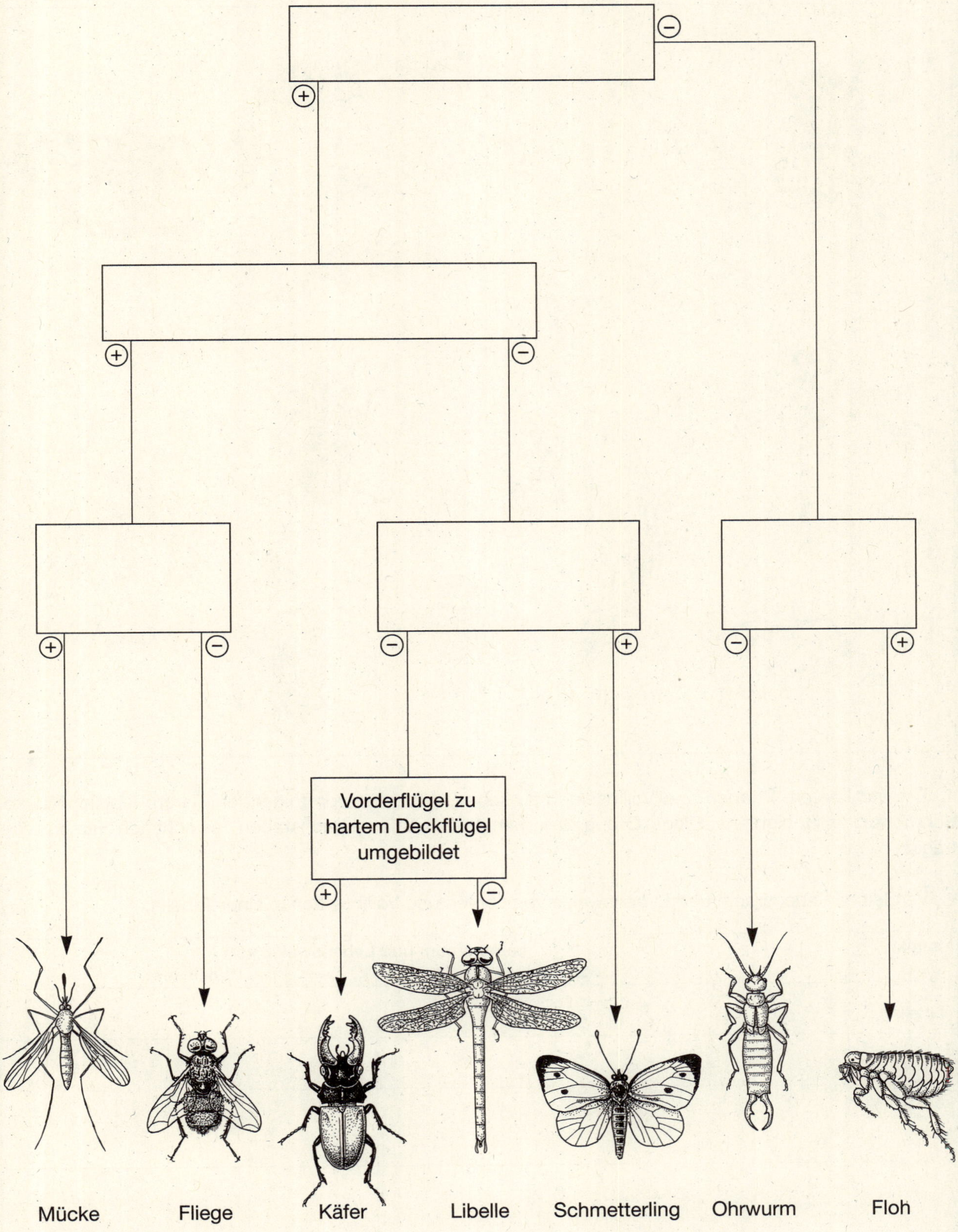

Vervollständige den Bestimmungsbogen, indem du dir die geeigneten Unterschiedsmerkmale überlegst.
⊕ bedeutet JA ⊖ bedeutet NEIN.

Insekten: Kennübung

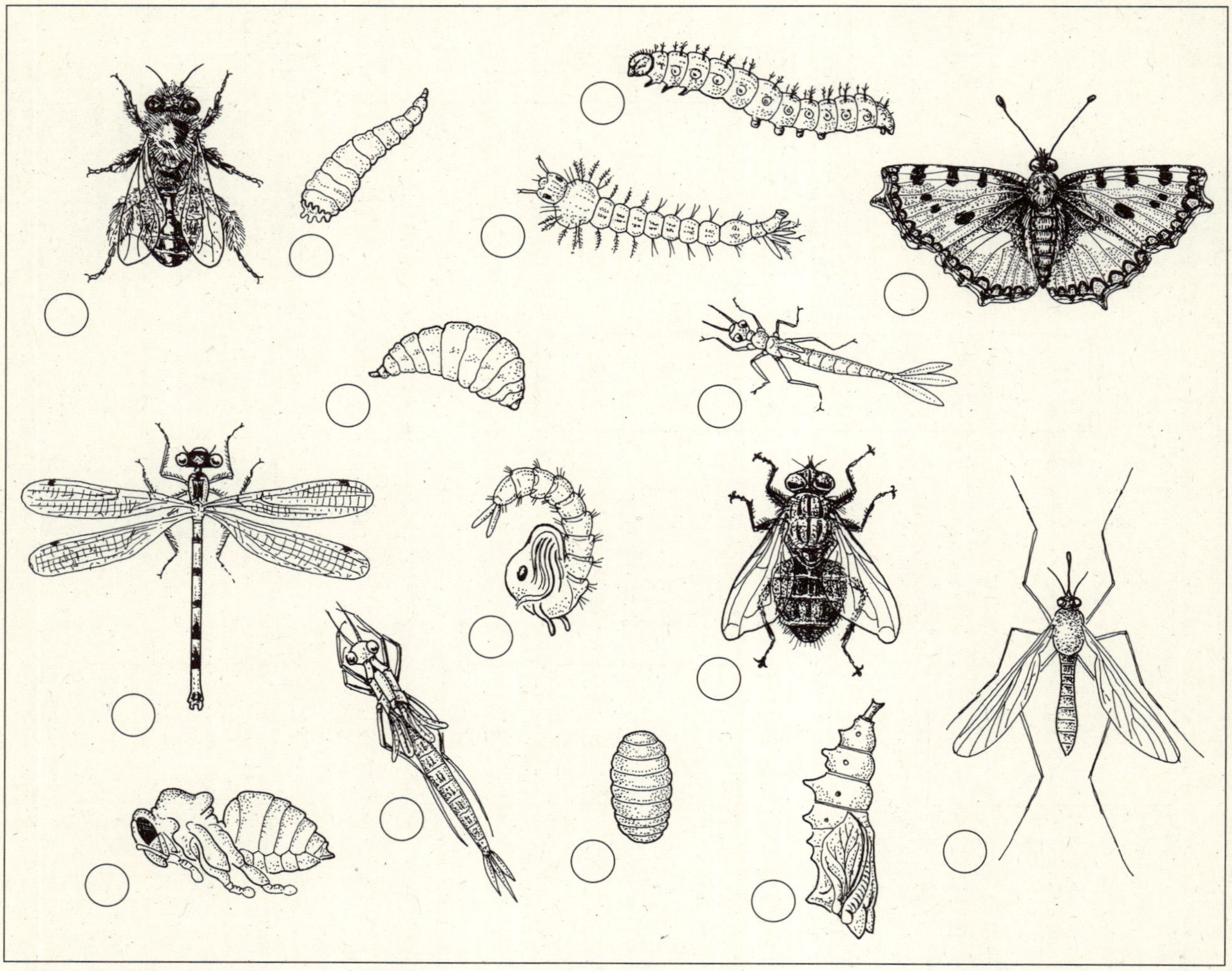

1. Es sind Larven, Puppen und Vollinsekten zu sehen, und zwar von folgenden Tieren: **L**ibelle, **M**ücke, **S**chmetterling, **H**onigbiene, **F**liege. Ordne zu, indem du den Anfangsbuchstaben des richtigen Namens einträgst.

2. Vergleiche Lebensraum und Lebensweise von Larven und Vollinsekten in einer Tabelle:

Insekt	**Lebensraum und Lebensweise von**	
	Larve	**Vollinsekt**
Libelle		
Mücke		

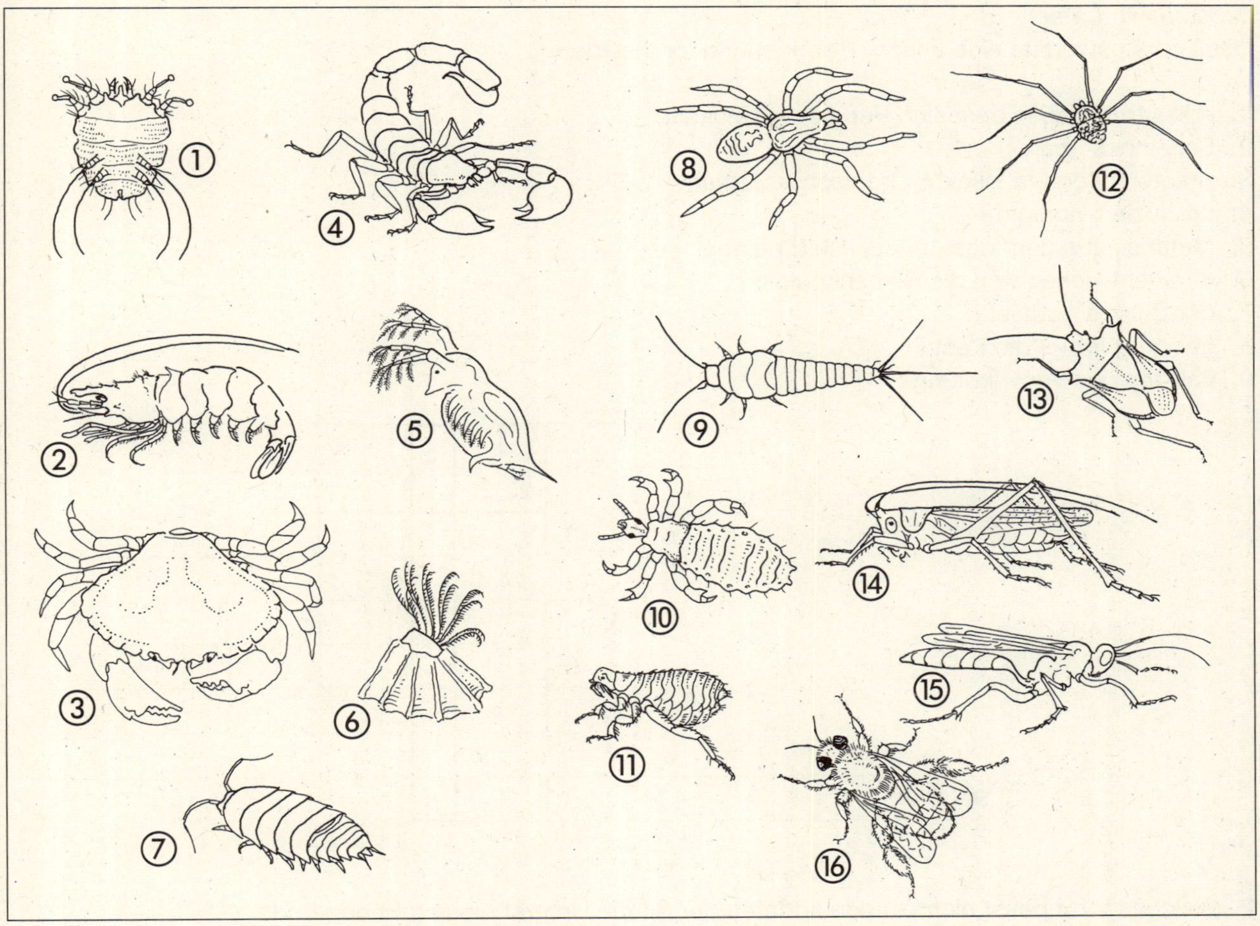

1. Trenne durch zwei gerade Linien die drei Tiergruppen voneinander.

2. Folgende Tiere sind dargestellt. Trage die richtigen Ziffern ein.

Weberknecht (   )
Milbe (   )
Skorpion (   )
Wolfsspinne (   )

Seepocke (   )
Garnele (   )
Wasserfloh (   )
Assel (   )
Taschenkrebs (   )

Floh (   )
Silberfischchen (   )
Kopflaus (   )
Wanze (   )
Heupferd (   )
Schlupfwespe (   )
Biene (   )

3. Nenne die wichtigsten äußeren Unterscheidungsmerkmale.

Insekten	Spinnen	Krebstiere

Insekten – Teste dein Wissen

1. Kreuzworträtsel

Das Lösungswort ist eine andere Bezeichnung für Insekten

1. edles Material, in dem sich Puppen entwickeln
2. Sehsinnesorgan
3. Staaten bildende Insekten tropischer Gebiete
4. produziert Honigtau
5. Material, aus dem das Außenskelett besteht
6. darin entwickelt sich die Bienenkönigin
7. der Blutkreislauf ist …
8. übertrug früher die Pest
9. vollständige Verwandlung

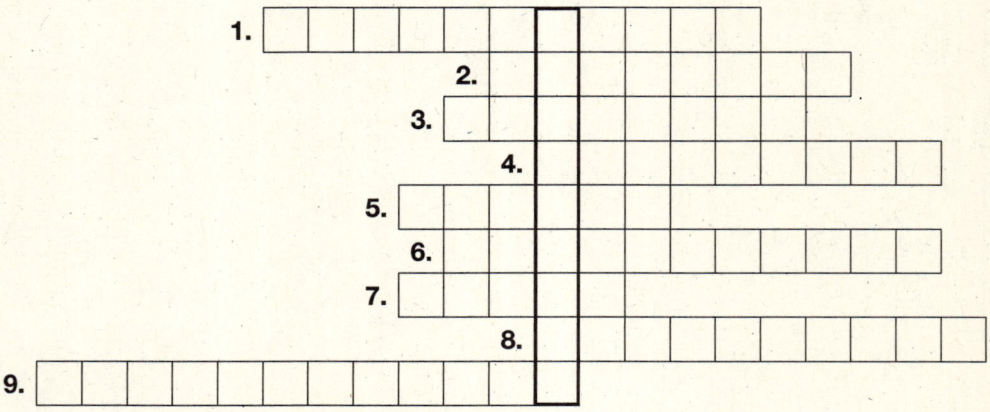

2. Welches Wort passt nicht zu den anderen der Serie? Unterstreiche und begründe.

- Tracheen – Kiemen – Lungen – Haare – Haut ______________________
- Biene – Milbe – Schmetterling – Käfer – Libelle ______________________
- Flügel – Beine – Fühler – Rückenherz – Mundwerkzeuge ______________________
- Larve – Vollinsekt – Raupe – Puppe – Ei ______________________
- Netzauge – Sehen – Tracheensystem – Einzelauge – Rasterbild ______________________ ______________________
- Rückenherz – Tracheensystem – Flügel – Darm – Bauchmark ______________________
- Schwänzeltanz – Duftmarken – Melken – Betrillern – Zirpen ______________________ ______________________

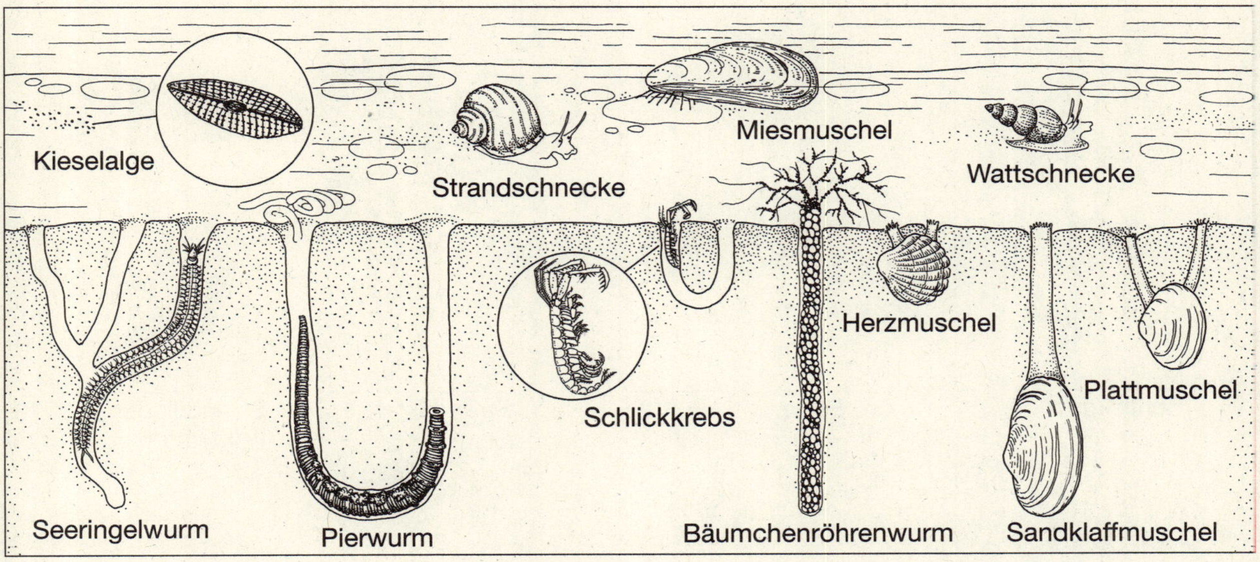

1. Erläutere kurz die Ernährungsweise der abgebildeten Wattbewohner.

Kieselalge: ______________________________

____

____

Strand- und Wattschnecke: ______________________________

Miesmuschel: ______________________________

Schlickkrebs: ______________________________

Bäumchenröhrenwurm: ______________________________

____

____

Herz-, Platt- Sandklaffmuschel: ______________________________

____

Pierwurm: ______________________________

Seeringelwurm: ______________________________

2. Nenne einige extreme Bedingungen, denen die Wattbewohner ausgesetzt sind.

____

____

86 Pflanzen der Salzwiesen

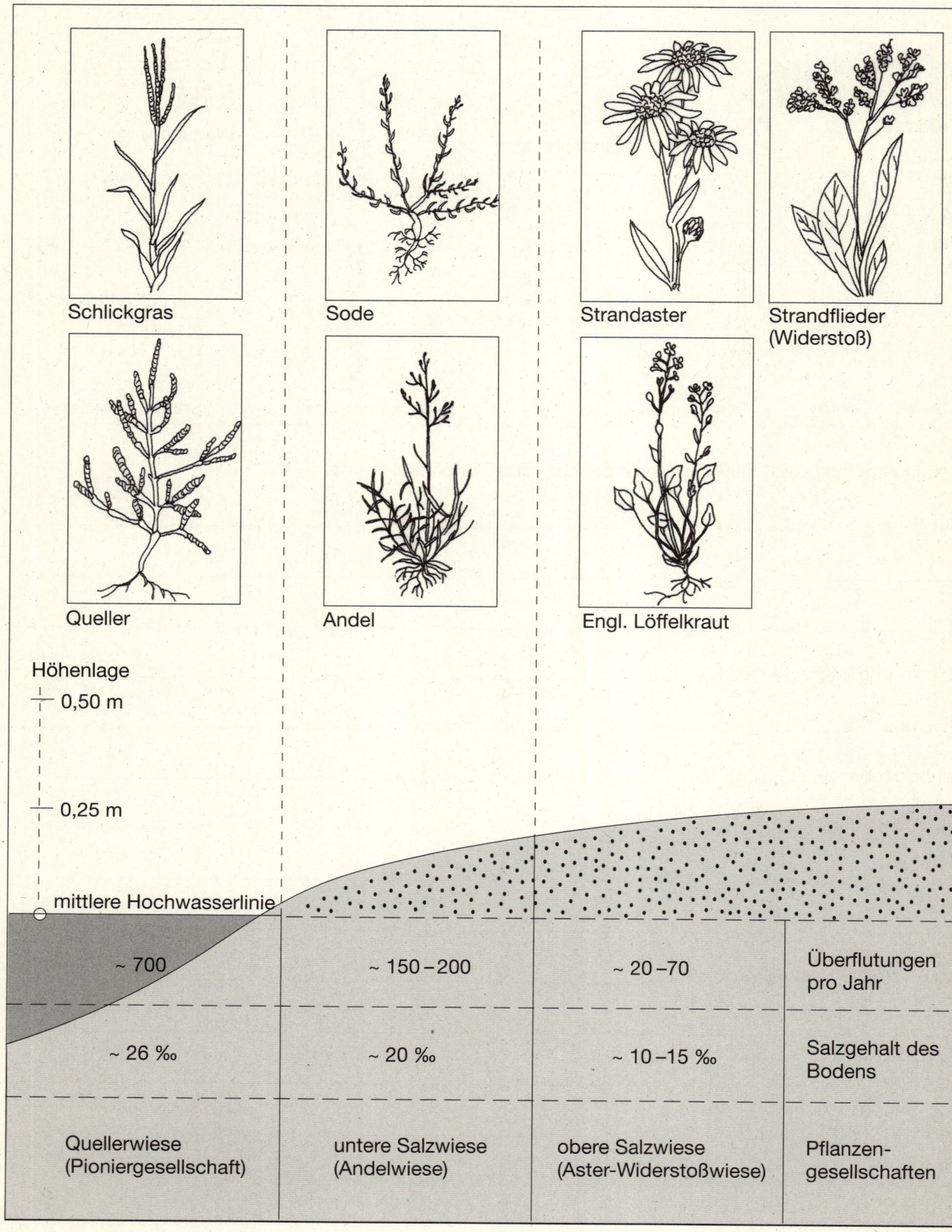

1. Erläutere die Faktoren, die das Vorkommen der abgebildeten Pflanzen bestimmen.

2. Beschreibe, wie der Queller seinen Salzgehalt regulieren kann.

Strandhafer befestigt Dünen

1. Strandhafer ist extremen Standortfaktoren ausgesetzt. Zähle möglichst viele solcher Standortfaktoren auf.

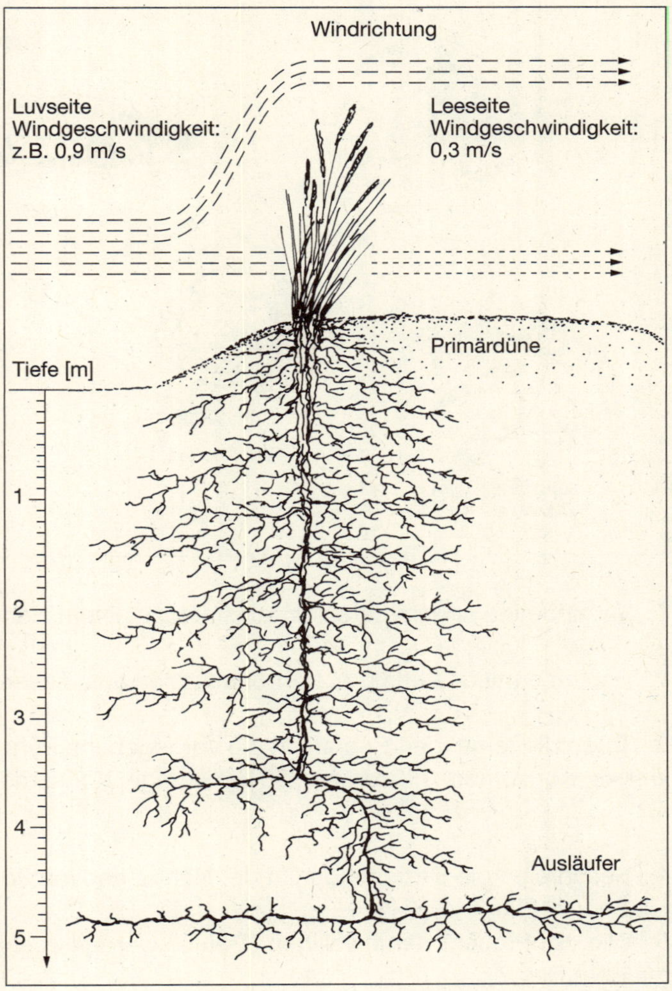

2. Strandhafer ist in der Natur an der Dünenbildung beteiligt. Er wird auch vom Menschen zur Dünenbefestigung angepflanzt. Erläutere mithilfe der Abbildung die Eigenschaften des Strandhafers für Dünenbildung und Dünenbefestigung.

Nahrungsbeziehungen im Meer

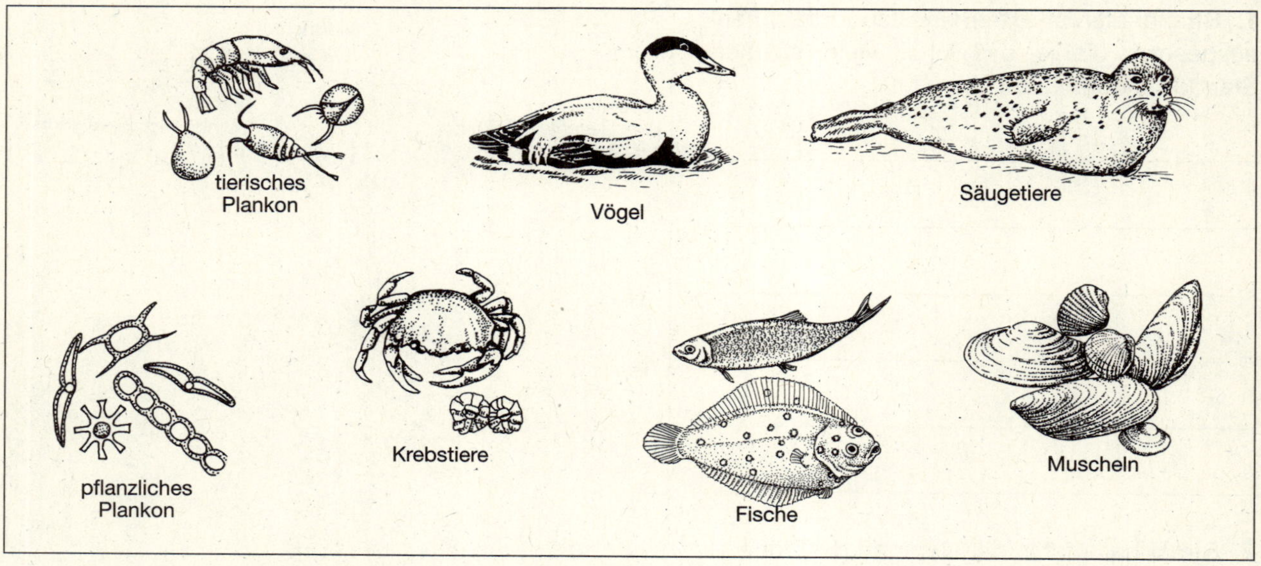

1. Verbinde die abgebildeten Organismen zu einem Nahrungsnetz.

2. Schreibe mindestens drei Nahrungsketten aus diesem Netz auf.

3. Trage die folgenden Begriffe in die vorgegebene Pyramide ein: 5 kg Kabeljau, Produzent, 500 kg Kleinkrebse, Konsument 3. Ordnung, 50 kg Heringe, Konsument 1. Ordnung, 5000 kg Algen, Konsument 2. Ordnung.

4. Beschreibe die Beziehungen in der Nahrungspyramide.

5. Wie viel Prozent der jeweiligen „Beute“ werden in eigene Körpermasse umgewandelt? Was geschieht mit dem Rest?

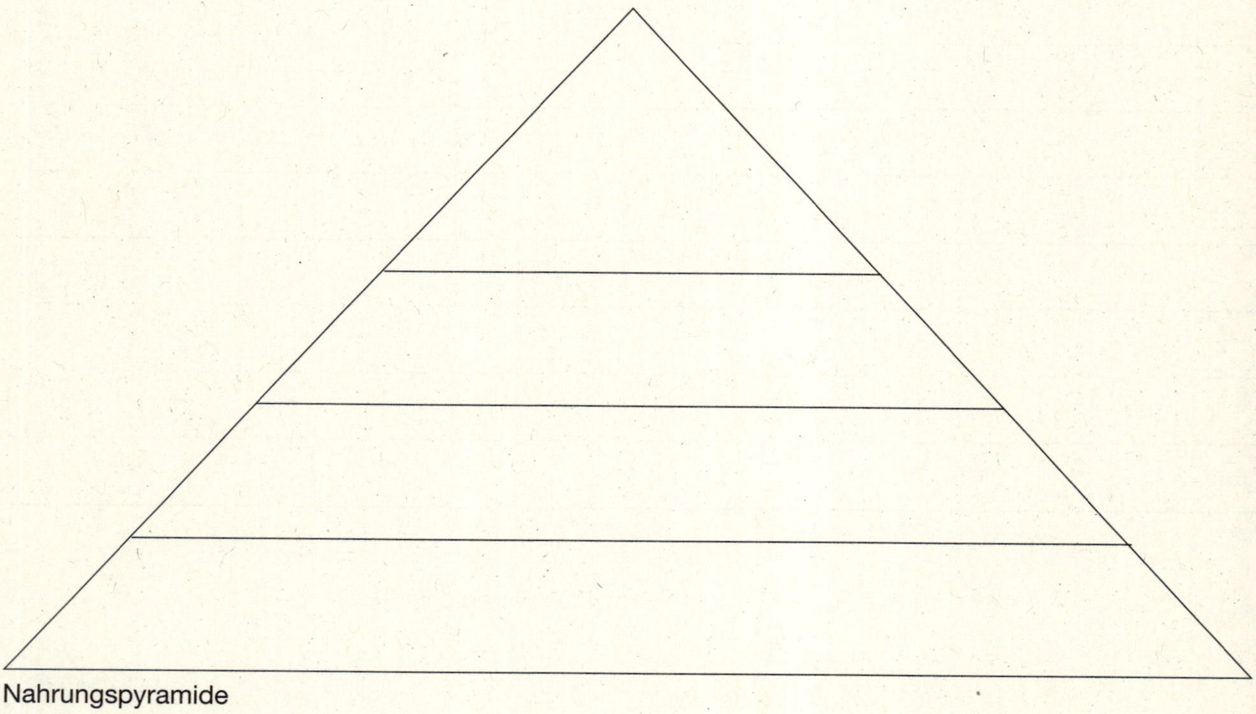

Nahrungspyramide

Information:
Insgesamt leben etwa 2000 verschiedene Tierarten im Wattenmeer. Auf jedem Quadratzentimeter wachsen jedes Jahr 300 g Mikroalgen. Weitere 200 g Algen schwemmt die Nordsee zusätzlich heran. Ein Quadratmeter Watt kann über 1 Mio. Wattschnecken und bis zu 40 000 Schlickkrebse beherbergen. Diese Tiere dienen wiederum zahllosen Durchzüglern und Überwinterern unter den Vögeln als Nahrung, darunter je etwa eine halbe Million Austernfischer, Knutts und Alpenstrandläufer sowie 30 000 Nonnengänse.

1. Erläutere, warum das Wattenmeer als Rast- und Überwinterungsgebiet für Millionen von Gänsen und Wattvögeln dient.

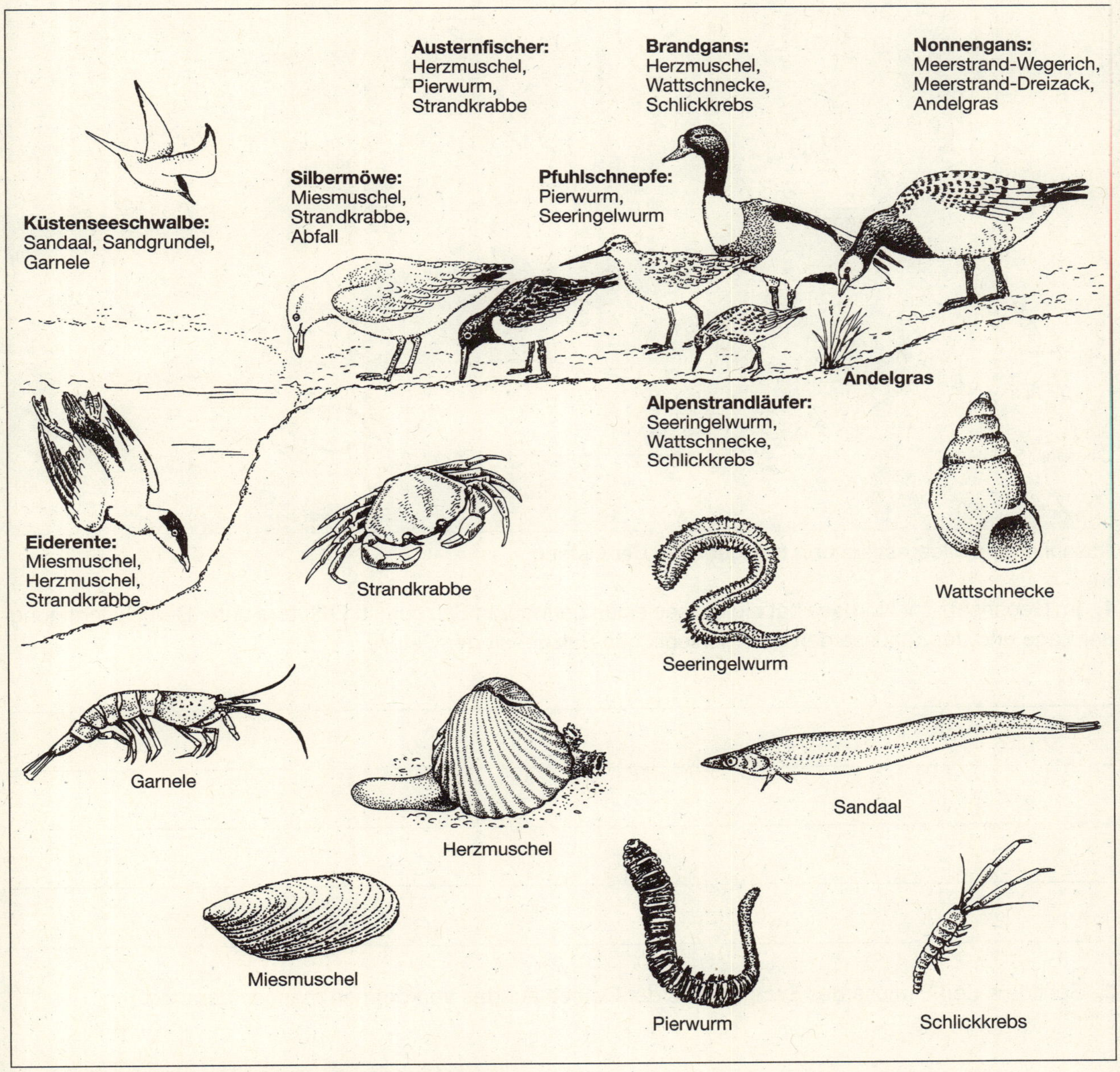

Ernährung verschiedener Vogelarten im Watt

2. Beantworte mithilfe der Abbildung die Frage, warum so viele verschiedene Vogelarten vom Wattenmeer leben können.

3. Diskutiere die Frage, warum weite Teile des Wattenmeeres als Nationalpark geschützt sind.

90 Meerestiere in der Ostsee

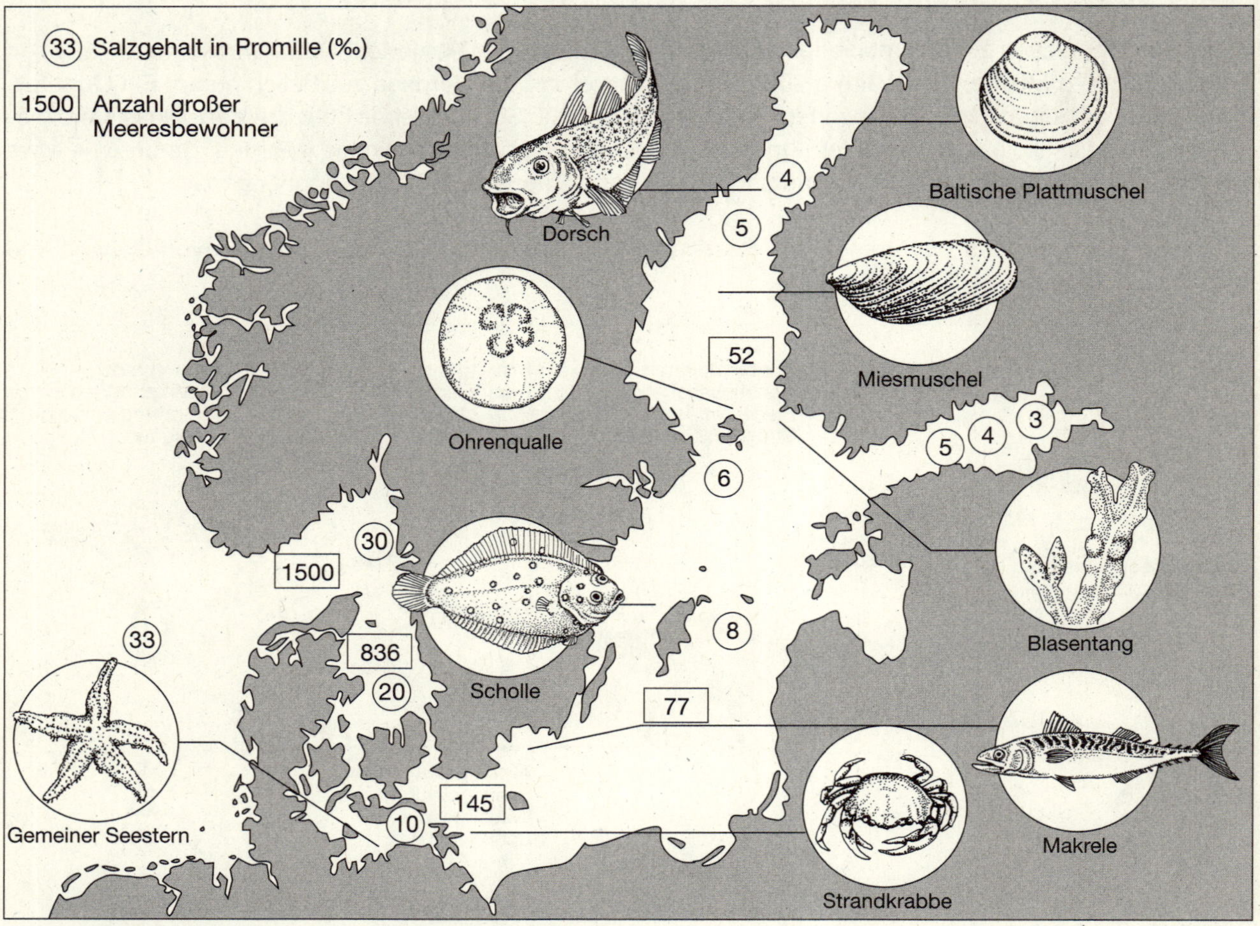

Anzahl großer Meerestiere und Salzgehalt in der Ostsee

1. Im Gegensatz zur Nordsee hat die Ostsee einen geringeren Salzgehalt. Erläutere unter Berücksichtigung der Lage und der Zuflüsse den unterschiedlichen Salzgehalt der Ostsee.

2. Schildere den Einfluss des Salzgehaltes der Ostsee auf das Vorkommen mariner Tierarten.

Planktonproduktion in der Ostsee

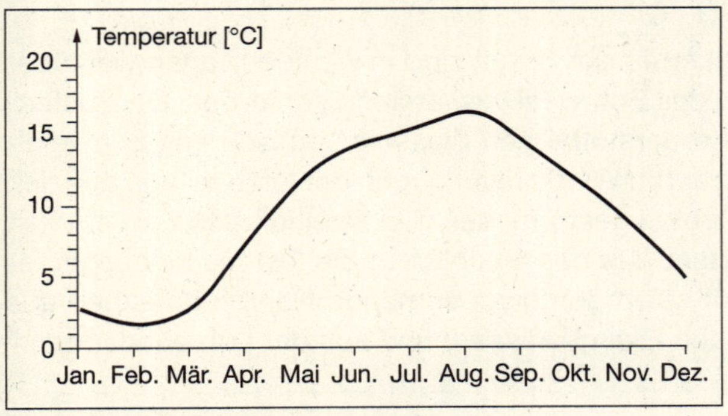

A Oberflächenwassertemperatur

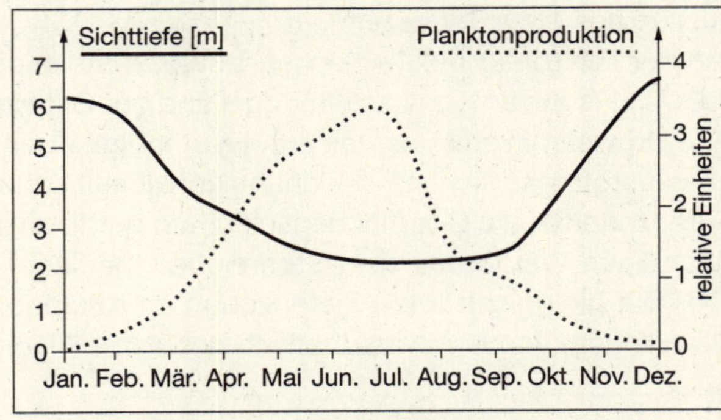

B Sichttiefe und pflanzliche Planktonproduktion

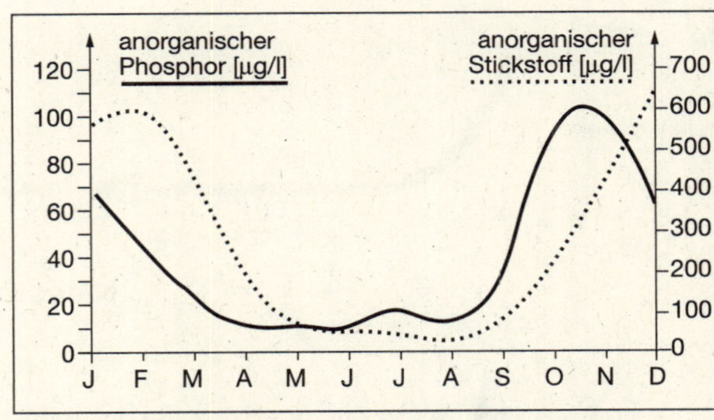

C Phosphor- und Stickstoffgehalt (Nährsalze)

1. Nenne fünf abiotische Faktoren, die das pflanzliche Planktonwachstum beeinflussen.

① ______________________

② ______________________

③ ______________________

④ ______________________

⑤ ______________________

2. Erläutere den Verlauf der Kurven und stelle Zusammenhänge her.

A: ______________________

____

____

B: ______________________

____

____

C: ______________________

____

____

____

____

____

____

Fischsterben in der Eckernförder Bucht

Auszug aus einer Tageszeitung:

„An der schleswig-holsteinischen Ostseeküste in der Eckernförder Bucht sind in wenigen Tagen weit über 100 000 Fische an Sauerstoffmangel und der Giftwirkung des Schwefelwasserstoffs gestorben. Der zuständige Umweltminister verwies auf die ständige Zunahme sauerstoffarmen Wassers gemischt mit Schwefelwasserstoff, das sich in Bodennähe entwickelt habe und durch Windeinwirkungen der letzten Tage aus den Tiefenzonen in die Oberflächenschichten der flachen Buchten geströmt sei. Gleichzeitig hätten die starken ablandigen Winde das sauerstoffreiche Oberflächenwasser aus den Buchten in die Ostsee hinausgetrieben. Die biologisch toten Tiefenzonen im Küstenbereich seien durch zunehmende Nährstoffmengen aus Kläranlagen, von landwirtschaftlich genutzten Flächen, aus Fließgewässern und aus der Luft entstanden."

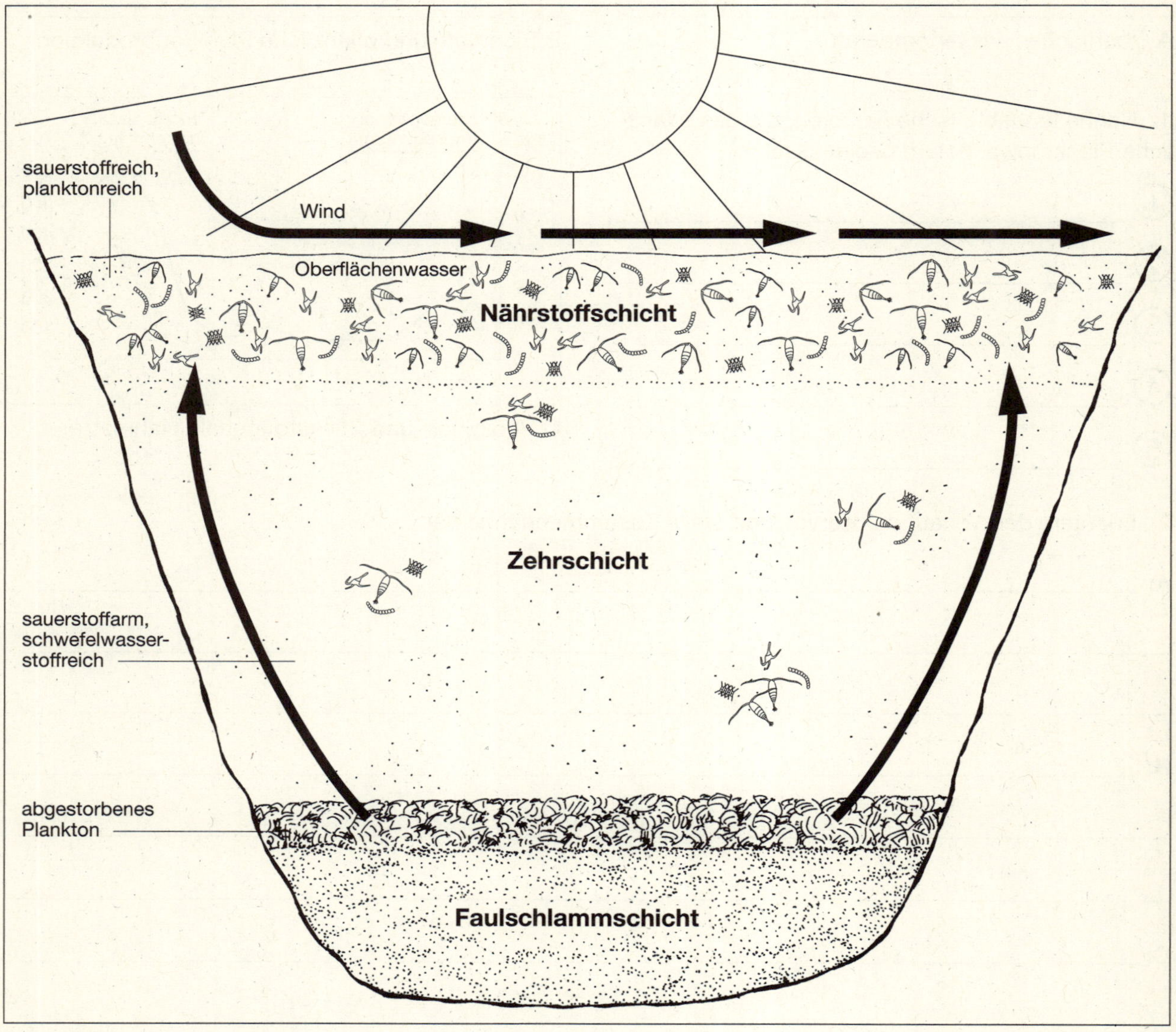

Lies die Auszüge aus der Tageszeitung aufmerksam durch und beantworte folgende Fragen:

1. Woher stammen die Nährstoffe in der Bucht? Nenne vier verschiedene Quellen.

2. Erläutere anhand der Abbildung die Entstehung einer sauerstoffreichen Oberflächen- (Nährstoffschicht) bzw. einer sauerstoffarmen und schwefelwasserstoffreichen Tiefenschicht.

3. Erläutere mithilfe der Abbildung das Fischsterben in der Bucht.

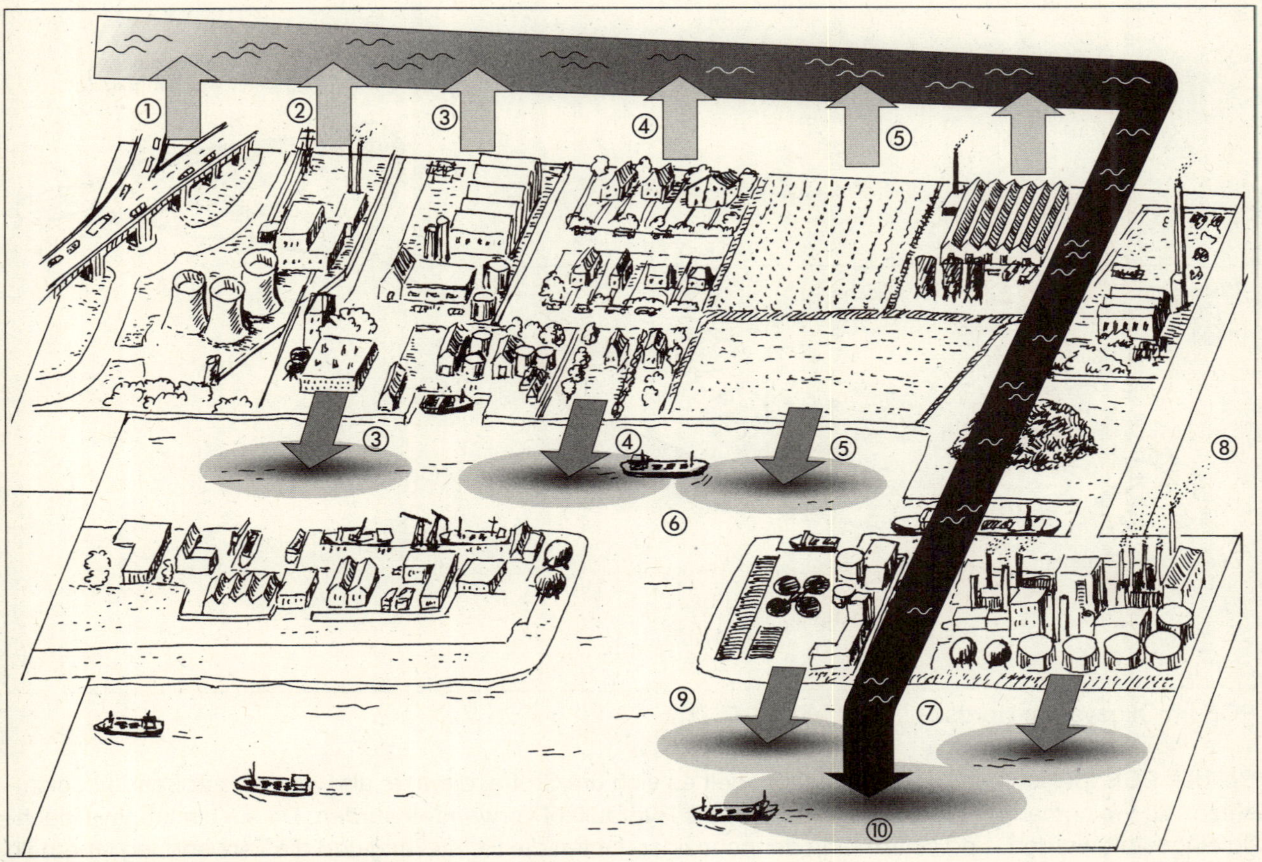

Verschmutzungsquellen der Meere

1. Bezeichne die dargestellten Verschmutzungsquellen.

① ______________________

② ______________________

③ ______________________

④ ______________________

⑤ ______________________

⑥ ______________________

⑦ ______________________

⑧ ______________________

⑨ ______________________

⑩ ______________________

2. Schildere einige Auswirkungen der verschiedenen Verschmutzungen.

____

____

____

____

____

____

Schadstoffe im Ökosystem Meer

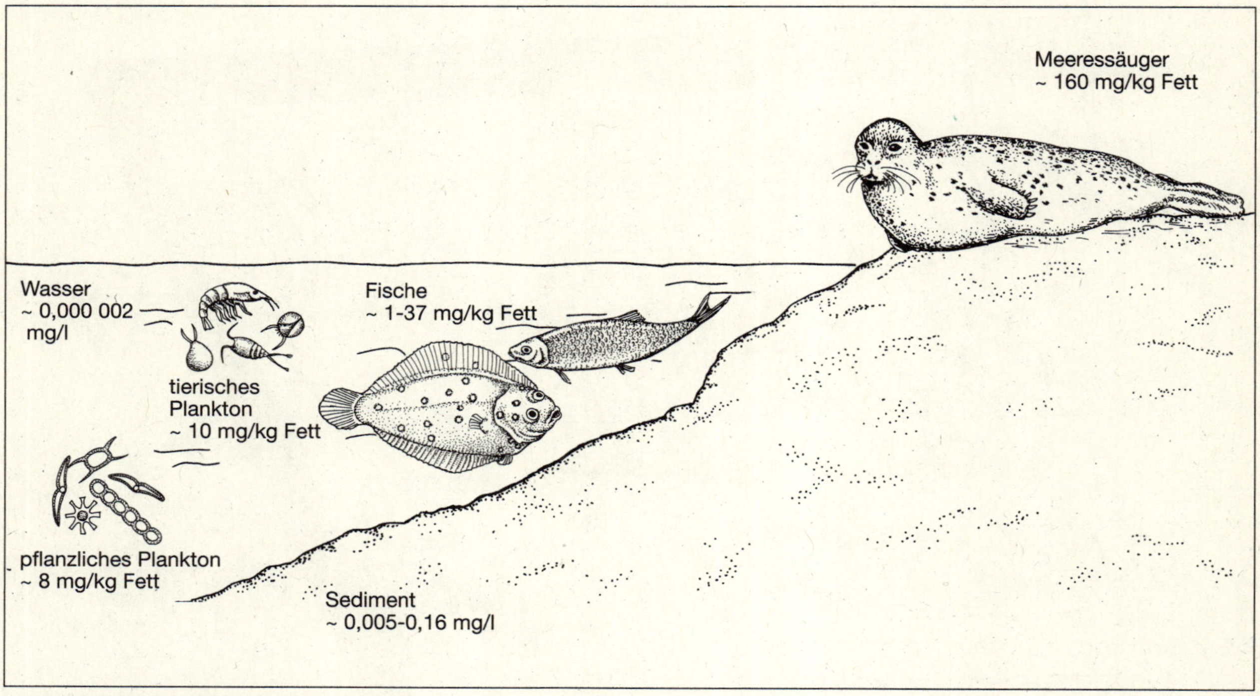

PCB im Ökosystem Nordsee

Bei den PCB (polychlorierte Biphenyle) handelt es sich um Stoffe, die u. a. als wasserabstoßende Lackzusätze, als Weichmacher in Kunststoffen oder als Hydrauliköl verwendet wurden. Da sie als krebsverdächtig eingestuft wurden, sind seit Anfang der neunziger Jahren die Herstellung und die Verwendung innerhalb der EU verboten worden. Trotzdem haben die Werte in den Lebewesen (siehe Abbildung) kaum abgenommen.

1. Beschreibe das dargestellte Problem.

____

____

____

2. Beschreibe den Weg der Stoffe in die Nordsee.

____

____

3. Diskutiere mögliche Auswirkungen auf den Menschen.

____

____

4. Nenne weitere Beispiele für Schadstoffe in der Nordsee.

____

Der Bauplan einer Muschel

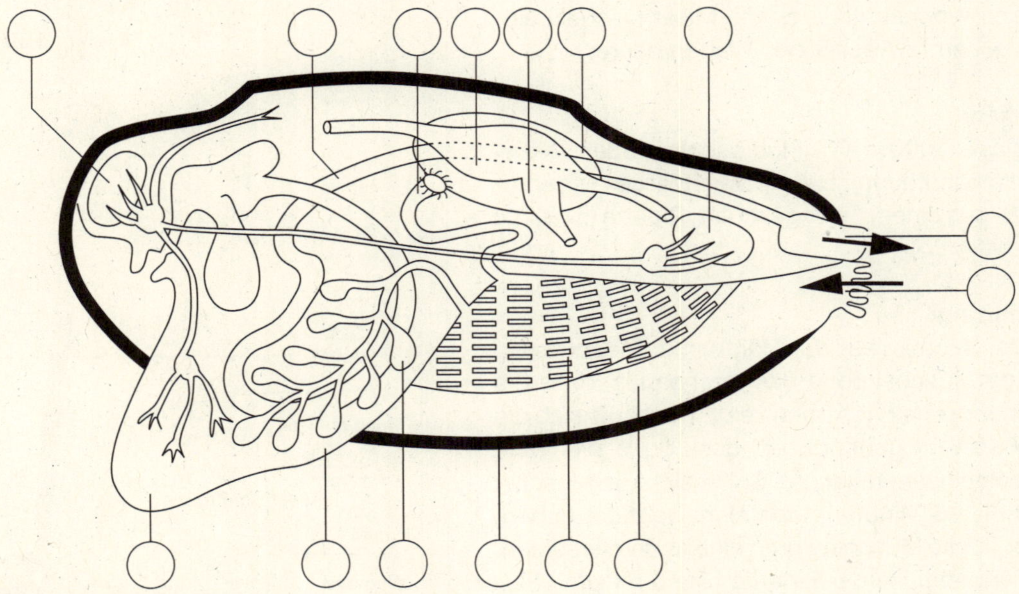

A Muschel im Längsschnitt

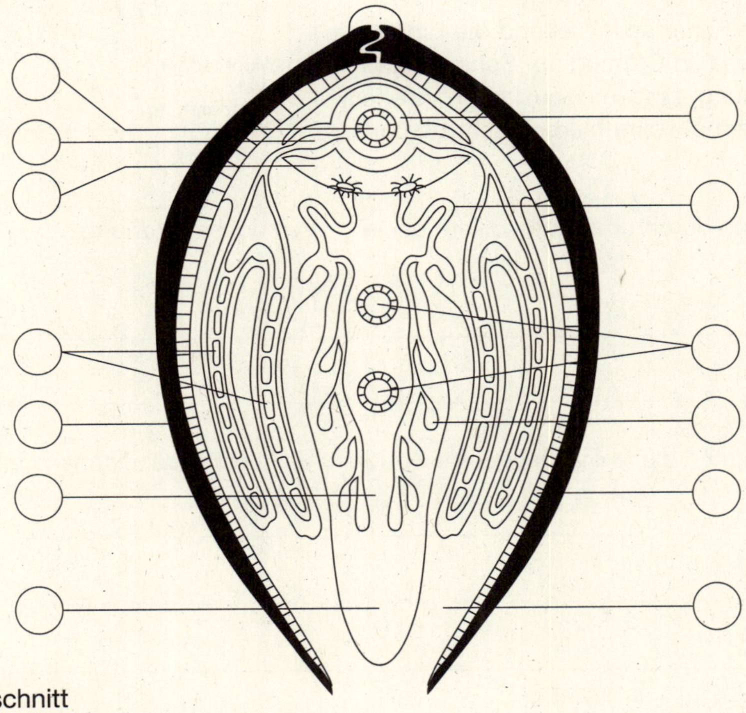

B Muschel im Querschnitt

1. Beschrifte die Abbildungen A und B, indem du die entsprechenden Zahlen in die Kreise schreibst: Vorderer Schließmuskel (1), Herz (2), Kiemen (3), Fuß (4), Eingeweidesack (5), Hinterer Schließmuskel (6), Blutgefäß (7), Herzbeutel (8), Schale (9), Einströmöffnung (10), Ausscheidungsorgan (11), Darm (12), Ausströmöffnung (13), Keimdrüsen (14), Mantel (15), Mantelhöhle (16), Nervenknoten (17).

Miesmuschel – ein Strudler und Filtrierer

Information:
In wenigen Wochen filtrieren die Miesmuscheln einmal das gesamte Wasser des Wattenmeeres.

Materialien:
Becherglas (1000 ml), Fluorescein (oder Aktivkohleaufschlämmung), 500 ml Meerwasser, Miesmuschel z. B. aus einem Fischgeschäft, Pipette (5 ml) mit Pipettierhilfe

Durchführung:
Fülle das Becherglas zur Hälfte mit Meerwasser. Setze eine Muschel so in das Becherglas, dass die Schlossbandseite nach oben zeigt. Warte bis sich die Muschel so weit geöffnet hat, dass du in die ovale Öffnung hineinsehen kannst. Sollte sich die Muschel nach 10 bis 15 Minuten noch nicht geöffnet haben, so musst du die Muschel durch eine andere ersetzen. Sauge dann mithilfe der Pipettierhilfe 5 ml einer Fluoresceinlösung (Spatelspitze Fluorescein + 10 ml Meerwasser) oder 5 ml einer Aktivkohleaufschlämmung in die Pipette. Führe anschließend die Pipette in die Nähe der schmalen Öffnung am Schlossband und lasse die Lösung langsam auslaufen (siehe Abbildung). Die Muschel sollte hierbei nicht berührt werden.

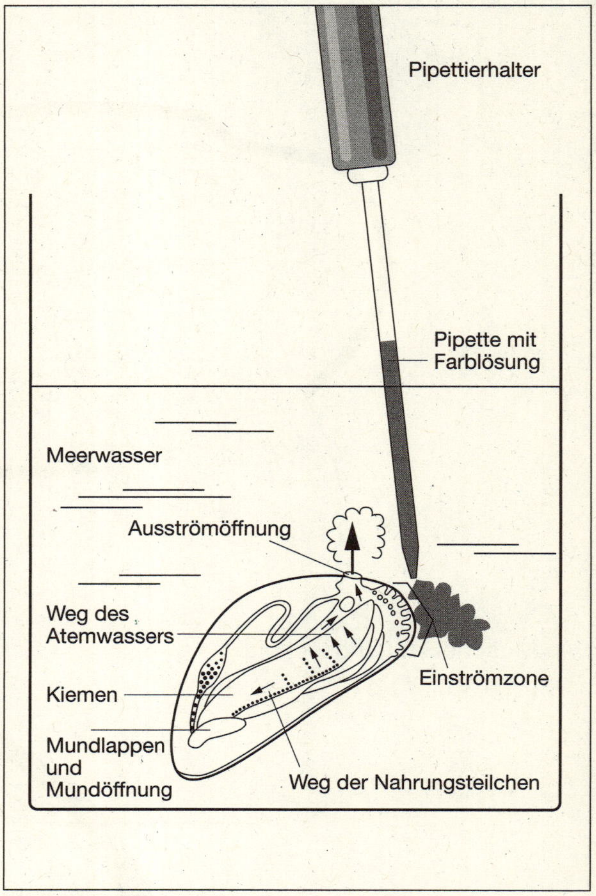

Versuchsanordnung

1. Führe den Versuch durch und protokolliere deine Beobachtungen.

2. Erläutere, warum man die Miesmuschel als Strudel und Filtrierer bezeichnen kann.

Lebensbedingungen in der Stadt

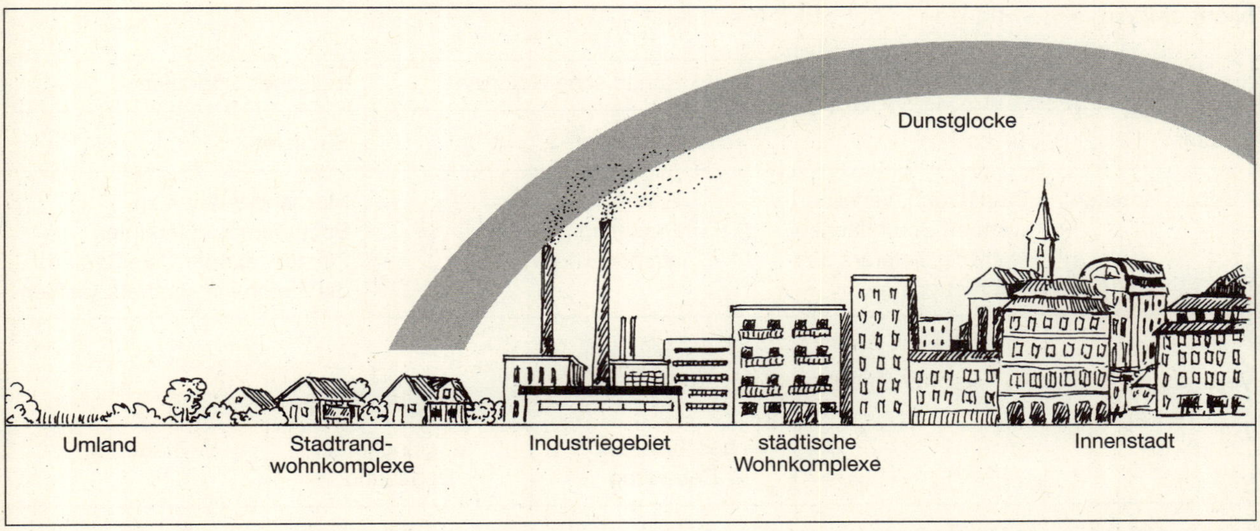

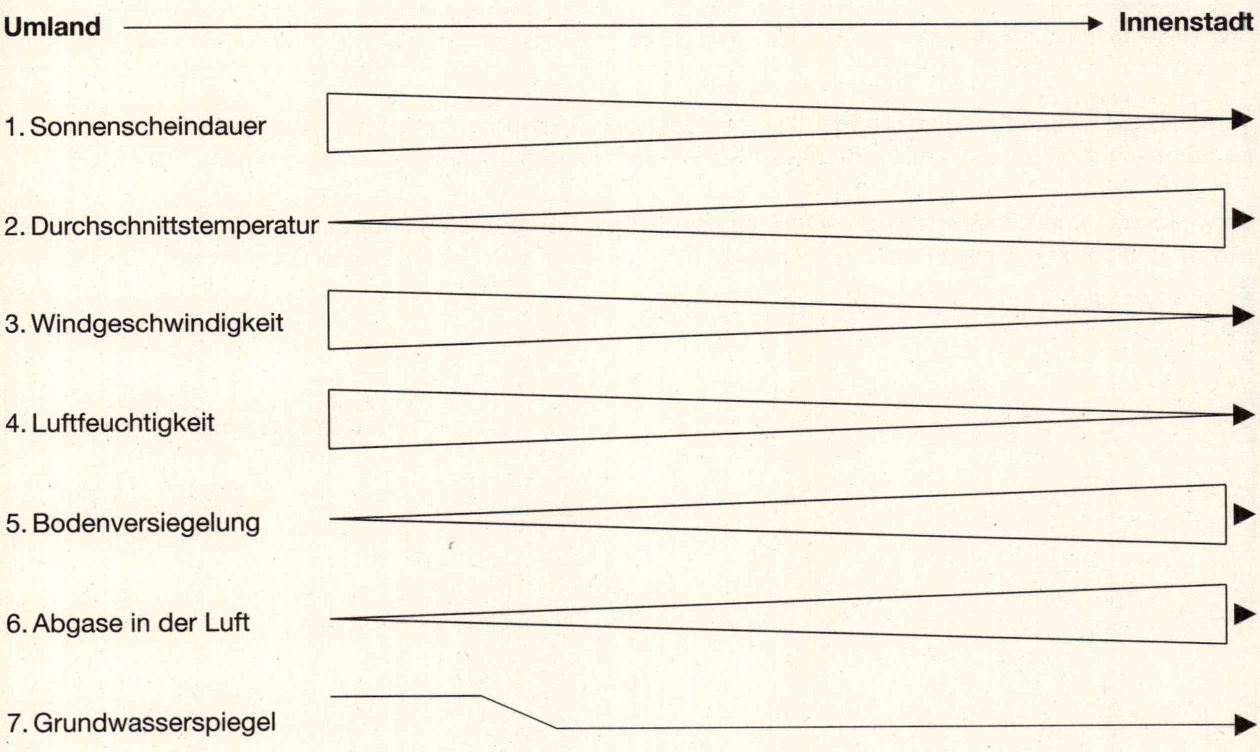

1. Beschreibe die typischen Umweltbedingungen in Städten im Vergleich zum Umland.

2. Erläutere deren Ursachen und die Folgen für das Leben von Pflanzen und Tieren in der Stadt.

Nicht einheimische Pflanzen in der Stadt (Beispiele)

	Sommerflieder	Kanadische Goldrute	Indisches Springkraut
Heimat	China	Nordamerika	Südasien
Besonderheiten	Zierstrauch, verwildert auf warmen Brachflächen, Nahrungslieferant für Schmetterlinge	Erstbesiedler von Brachflächen, sehr ausdauernd	Massenbestände an Bachufern und feuchten Plätzen, extrem viele Samen, die meterweit verstreut werden

Verteilung nicht einheimischer Pflanzen

	geschlossene Bebauung	aufgelockerte Bebauung	Stadtrand
Vegetationsbedeckte Fläche %	32	55	95
Anteil der fremdländischen Pflanzen	73,5	69,9	44,1

1. a) Nenne Gründe, warum die Pflanzen aus der oberen Tabelle in der Stadt so erfolgreich sind.
b) Finde weitere Beispiele für nichteinheimische Pflanzen und erkläre deren Vorkommen in der Stadt.

Verweildauer einer Fledermaus an einem einheimischen Baum (Eiche) und an einem nicht einheimischen (Rosskastanie). Die Zahlen geben an, wie viele Insektenarten von der jeweiligen Baumart abhängig sind.

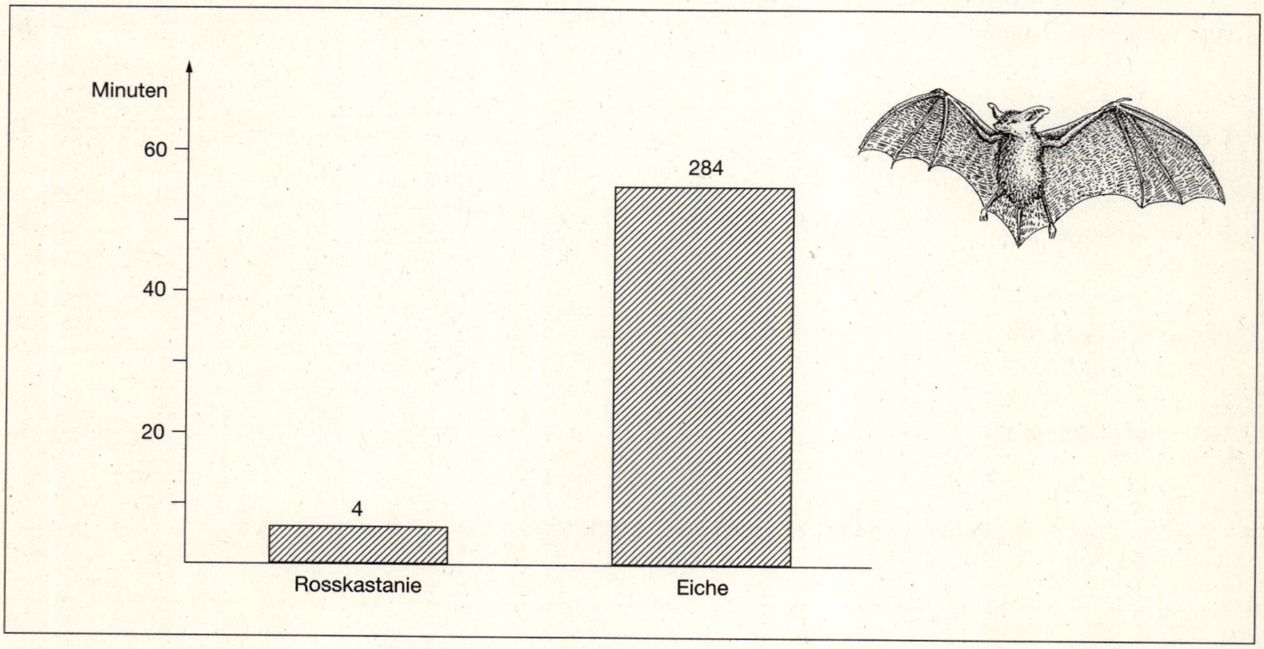

2. Ermittle aus der Abbildung die ökolgischen Folgen. Dazu musst du dich über die Ernährungsweise von Fledermäusen informieren.

Wie ernähren sich Tiere in verschiedenen Stadtlebensräumen?

Das Säulendiagramm zeigt die Häufigkeit der Ernährungsweisen in verschiedenen Stadtlebensräumen. Zur besseren Vergleichbarkeit ist die Anzahl der Pflanzenfresser stets 100 %.

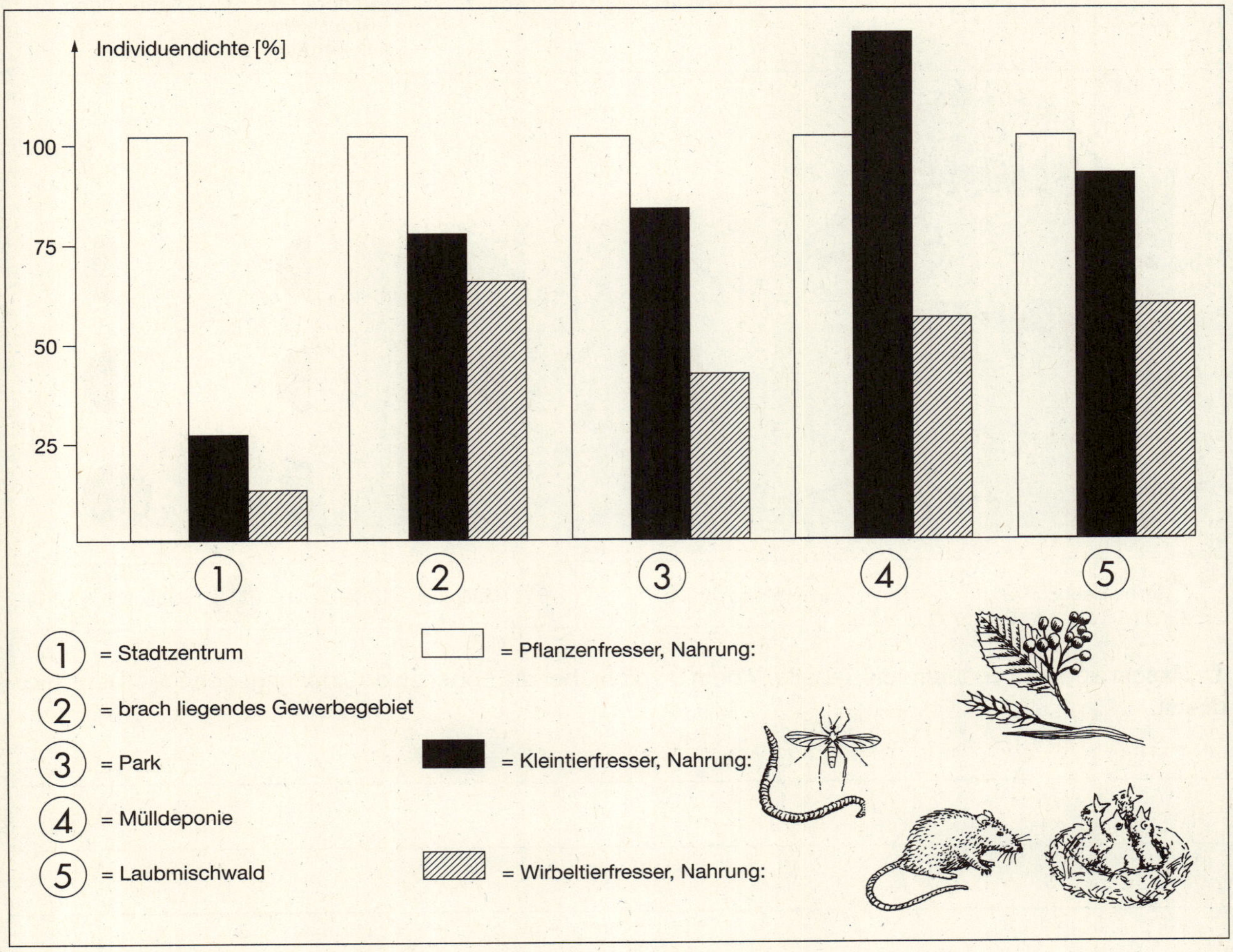

1. Beschreibe die Abbildung und erläutere, warum die Anzahl der Lebewesen von Glied zu Glied abnimmt.

2. a) Ermittle die Besonderheiten der einzelnen Stadtlebensräume.
b) Finde Beispiele für die Organismengruppen.

100 Wirbellose Tiere in der Stadt

Vorkommen einiger wirbelloser Tiere auf verschiedenen Wegetypen

	Asphalt	Schotter	Schotter mit Grünstreifen in der Mitte	Grüner Weg
Asseln	/	○	○	○
Schnecken	/	/	◐	◐
Ameisen	◐	◐	◐	◐
Wolfsspinnen	○	○	◐	●

/ keine Beobachtung ○ Einzelbeobachtung ◐ Häufigkeit < 10 % ● Häufigkeit > 10 %

1. Beschreibe und erläutere die Tabelle, indem du dich über die Lebensweise der angegebenen Tiere informierst.

____

____

____

____

____

____

____

____

2. Welche Konsequenzen ergeben sich daraus für ökologisch engagierte Städteplaner und private Hausbesitzer?

____

____

____

____

Die Luft in der Stadt

A Untersuchung der Stadtluft an drei verschiedenen Stellen

	Innenstadt 	baumbestandene 	Park 
Staubteilchen pro Liter Luft	18 370	3830	3140
relative Luftfeuchtigkeit	55 %	65 %	80 %
Lufttemperatur	14	11	9

B Widerstandfähigkeit von Bäumen

	gegen Schwefeldioxid	gegen Stickoxide
empfindlich	Tanne, Fichte	Birke, Lärche
anfällig	Linde, Esche, Buche, Hainbuche	Ahorn, Linde, Fichte, Tanne
widerstandsfähig	Pappel, Ahorn, Erle, Esche,	Hainbuche, Eiche, Buche, Kiefer

1. Vergleiche die Angaben der Tabelle A und erkläre:

____

____

____

____

____

2. Woher stammen die Abgase Schwefeldioxid und Stickoxid?

____

____

3. Welche Empfehlung würdest du für die Begrünung der Städte aussprechen?

____

____

____

102 Luftverschmutzung durch Abgase

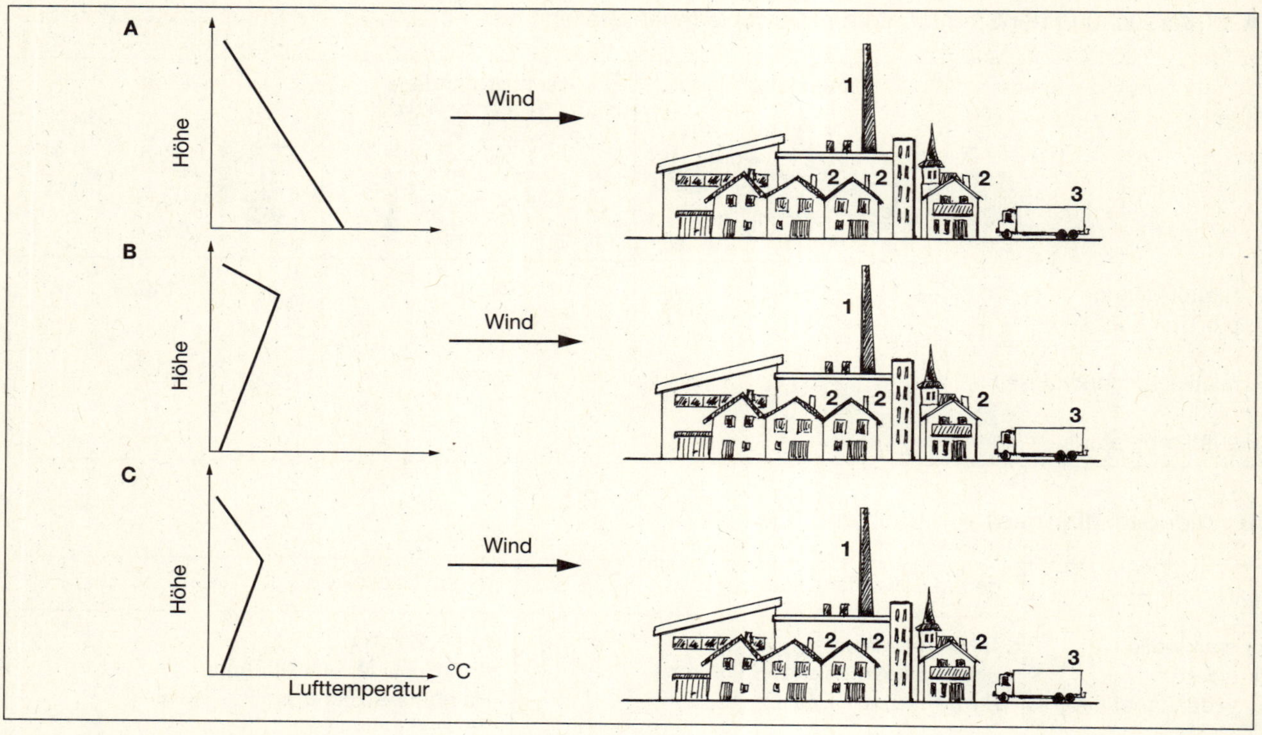

1. Das Bild zeigt die drei wichtigsten Luftverschmutzer. Es sind

1. ______________ 2. ______________ 3. ______________

2. Die Diagramme zeigen die Temperaturverhältnisse der Luft bei drei typischen Wetterlagen. Beschreibe die Situationen.

A ______________

B ______________

C ______________

3. Die Verteilung der Luftschadstoffe hängt von den Wetterlagen ab. Zeichne in die Bilder ein, welchen Verlauf die Abgaswolken aus 1, 2 und 3 vermutlich nehmen.

4. In die Bauvorschriften für die Höhe von Schornsteinen von Industrieanlagen gehen meteorologische Kenntnisse ein. Begründe.

____

____

5. Nimm zu dem folgenden Satz kritisch Stellung: Der Vorteil des Kraftfahrzeugs liegt darin, dass es durch Eigenbewegung zur Verteilung der Abgase beiträgt.

____

____

Die Stubenfliege I

Stubenfliegen sind schwer zu jagen, denn sie sind gute Flieger: 190 mal in der Sekunde schlagen die Flügel auf und nieder. Sie sind wahre Kletterkünstler, denn sie können an Decken, Wänden und Fensterscheiben laufen. Sie setzen sich auf unsere Lebensmittel und verunreinigen sie.
Sehen wir uns diese Tiere genauer an:

A Der Fliegenfuß

Bau

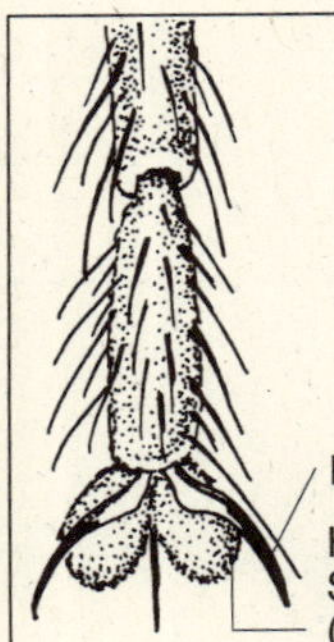

Fähigkeiten

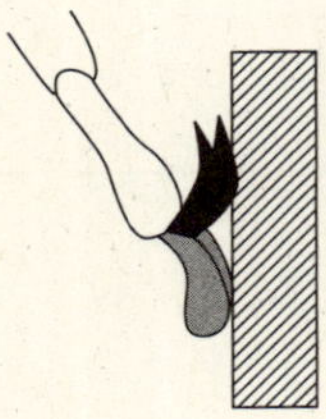

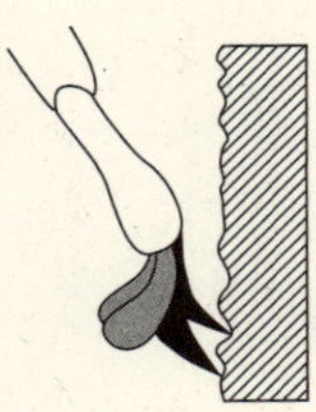

1. Beschreibe den Fuß, wenn die Fliege auf einer rauhen und auf einer glatten Unterlage sitzt.

B Der Kopf der Fliege

Bau

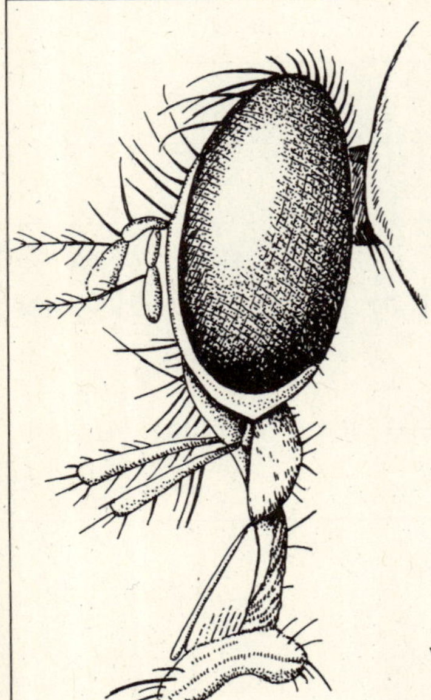

Nahrungsaufnahme

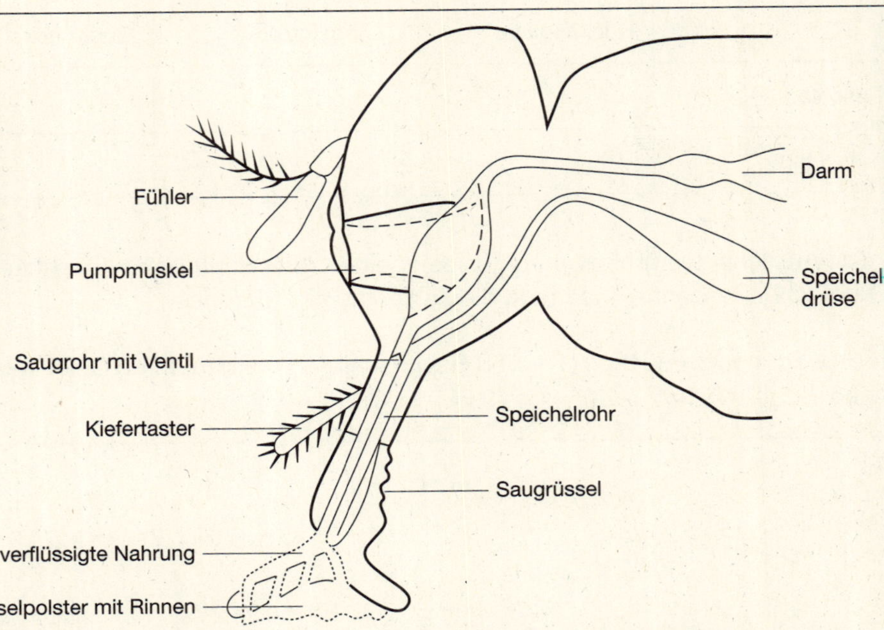

2. Beschreibe die Aufnahme flüssiger und fester Nahrung.

C Das Fliegen

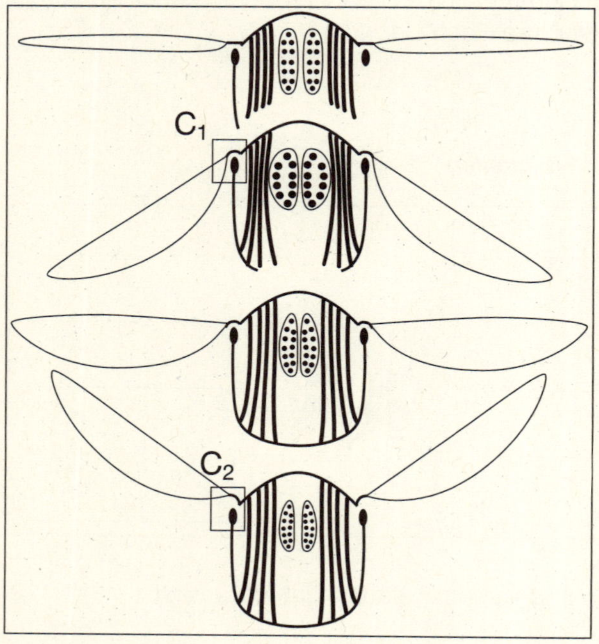

1. Deute die verwendeten Symbole.

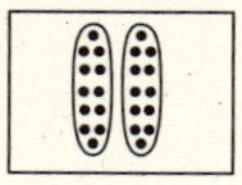

2. Beschreibe den Flügelschlag, indem du folgende Begriffe in die Tabelle einträgst: kontrahiert, entspannt, hebt sich, senkt sich.

	Rückenplatte	Längsmuskel	Quermuskel	Flügel
Abschlag				
Aufschlag				

3. Die Ausschnittvergrößerung unten zeigt einen Ausschnitt beim Abschlag (C1) und beim Aufschlag des Flügels (C2). Beschrifte, indem du die Zahlen richtig zuordnest:

Die Bewegung von Rücken (1) – und Bauchschild (2) werden durch Gelenketeile (3) auf die Flügel (4) übertragen.

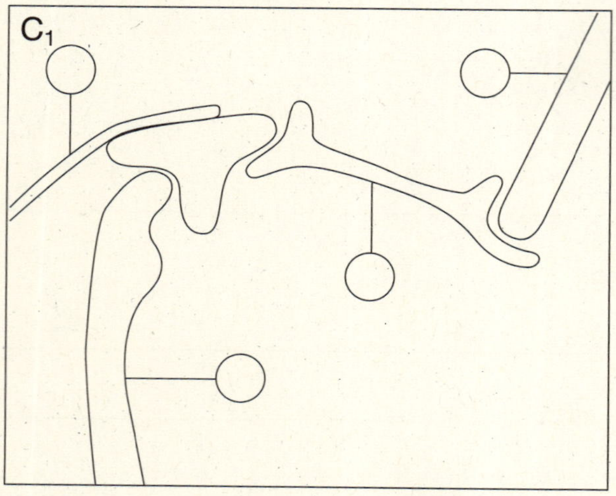

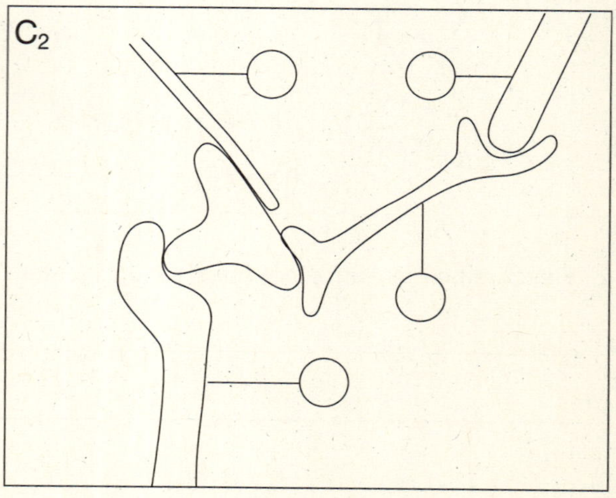